普通高等院校土建类专业“十四五”创新规划教材

BIM 技术基础

郎 逵 编著

中国建材工业出版社

图书在版编目（CIP）数据

BIM技术基础/郎羿编著．--北京：中国建材工业出版社，2022.2 （2025.2重印）
普通高等院校土建类专业“十四五”创新规划教材
ISBN 978-7-5160-3399-9

Ⅰ.①B… Ⅱ.①郎… Ⅲ.①建筑设计—计算机辅助设计—应用软件—高等学校—教材 Ⅳ.①TU201.4

中国版本图书馆CIP数据核字（2021）第247900号

BIM技术基础
BIM Jishu Jichu
郎 羿 编著

出版发行：中国建材工业出版社
地 址：北京市西城区白纸坊东街2号院6号楼
邮 编：100054
经 销：全国各地新华书店
印 刷：北京雁林吉兆印刷有限公司
开 本：787mm×1092mm 1/16
印 张：13.25
字 数：330千字
版 次：2022年2月第1版
印 次：2025年2月第3次
定 价：49.80元

本社网址：www.jskjcbs.com，微信公众号：zgjskjcbs
请选用正版图书，采购、销售盗版图书属违法行为

前　　言

BIM 技术教学与建筑业发展息息相关。近年来政府屡次出台相关指导性文件，加快推进了国内 BIM 技术的应用，突显了 BIM 技术教学的重要性和必要性。本书贯彻落实《2016—2020 年建筑业信息化发展纲要》精神，以《关于高校土木类专业推广建筑信息模型技术（BIM）教学的提案》教育部答复函为指导，结合现行建筑信息模型相关国家标准编写。

本书立足于 BIM 教学实践基础，借鉴有关教材编写的成功经验，结合多年来本科教学实践，力图保持 BIM 基本内容系统性的同时，突显其创新性，体现工具性与知识性的结合，满足个性化教学的需求。考虑到 BIM 技术的快速发展，适当介绍部分新软件和新技术的应用内容。

本书分为 4 部分，即：基础知识（第 1 章）、模型创建（第 2～4 章）、模型应用（第 5～6 章）以及问题汇总（第 7 章）。各高校可依据学生实际水平与教学需要适当选择和使用，从而实现相应的教学目标。

BIM 技术在建筑领域发展迅猛，新技术和新软件更新快速，但基础内容保持相对稳定。因此在编写过程中，本书笔者结合多年的教学实践，注重 BIM 基础内容的介绍，不过分追求内容的复杂性、软件的多样性。随着《建筑信息模型应用统一标准》《建筑信息模型技术员国家职业技能标准》等国家标准的颁布，我国 BIM 技术的应用将有序开展。希望本书的出版为高校 BIM 技术教学发展贡献力量。最后，感谢宿迁学院对本书的支持。

编者水平有限，书中难免存在不足，望广大读者批评指正。

郎　戛

2022 年 3 月

目　　录

1 建筑信息模型基础知识

【学习目标】

（1）掌握 BIM 的多重含义及其本质；

（2）熟悉 BIM 的软件体系及各软件的作用；

（3）了解 IFC 标准的发展，熟悉我国的 BIM 规范体系；

（4）掌握我国相关规范规定的 BIM 应用典型流程。

1.1 建设工程 BIM 概述

1.1.1 BIM 的概念

20 世纪 70 年代中期，基于计算机辅助设计系统中的不足，佐治亚理工学院教授 Charles M. Eastman 提出了“建筑描述系统（Building Description System）”和“建筑产品模型（Building Product Modeling）”，后来重新命名为 Building Information Modeling（BIM）。BIM 经历了几十年，直到近年来信息技术的迅速发展，新的工程技术以及管理方法的出现，制造业的先进理念带来的启示，都在一定程度上推动着 BIM 的快速发展。航空、汽车和船舶等制造业所取得的突破性进展表明，将设计数字化并形成数据库，而不是单独的文件，会极大地促进行业的发展。这个数据库可作为某种产品所有实体和功能特征的中央数据库，而建筑信息模型就是建筑项目可视化中央数据库，而各类文件（包括设计文件）应当是根据特定目的从数据库中提取的成果。一般地，建筑信息模型（Building Information Model，BIM）是指在建设工程及设施全生命期内，对其物理和功能特性进行数字化表达，并依此设计、施工、运营的过程和结果的总称。

事实上，“BIM”可以指代“Building Information Model”“Building Information Modeling”“Building Information Management”三个相互独立又彼此关联的概念。Building Information Model，是建设工程（如建筑、桥梁、道路）及其设施的物理和功能特性的数字化表达，可以作为该工程项目相关信息的共享知识资源，为项目全生命期内的各种决策提供可靠的信息支持。Building Information Modeling，是创建和利用工程项目数据在其全生命期内进行设计、施工和运营的业务过程，允许所有项目相关方通过不同技术平台之间的数据互用在同一时间利用相同的信息。Building Information Management，是使用模型内的信息支持工程项目全生命期信息共享的业务流程的组织和控制，其效益包括集中和可视化沟通、更早进行多方案比较、可持续性分析、高效设计、多专业集成、施工现场控制、竣工资料记录等。一般将建筑信息模型的创建、使用和管理统称为“建筑信息模型应用”。而单提“建筑信息模型”时，是指“Building Information Model”。

建筑信息模型具有基本的组成单元，一般称之为模型元素。它包括工程项目的实际构件、部件（如梁、柱、门、窗、墙、设备、管线、管件等）的几何信息（如构件大小、形状和空间位置）、非几何信息（如结构类型、材料属性、荷载属性）以及过程、资源等组成模型的各种内容。

1.1.2 BIM 与 CAD

一直以来，建筑设计人员主要使用绘图和实物模型的方法，向项目决策和最终使用者传递他们的构思。渐渐地，绘图有了标准格式文件（平面图、立面图、剖面图以及详图等）。通过与其他文件（规范、标准图集等）的相互补充，基本可以满足设计信息表达的需求。然而在实践中，每项工程都有成百上千份文件，这些分散的资料必须依靠人力解读才能相互联系成一个可理解的整体，我们将这种信息交互方式称为“以图纸为中心的人力解读”，如图 1.1（a）所示。资料即为信息，信息的交互和传递不仅需要靠工程人员去解读，而且往往需要在解读之后向另一方传递。这种几乎是“点对点”的信息交互方式不仅效率低，而且由于项目涉及人员众多，最终导致的结果虽然不如“传话游戏”般荒谬，但是信息传递偏差、丢失或低效率等问题在每个项目运营过程中都经常会出现。

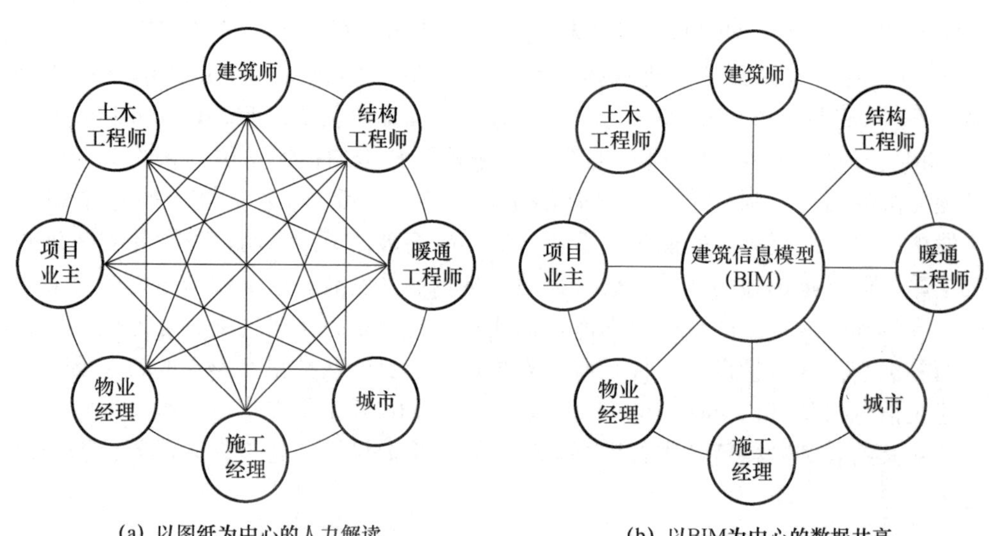

(a) 以图纸为中心的人力解读　　(b) 以BIM为中心的数据共享

图 1.1 信息交互方式

“以图纸为中心的人力解读”方式在 20 世纪 90 年代的工程建设行业中经历了最重要的一次信息化过程，即“甩图板”过程。工程设计人员放弃了落后的、效率低的手工绘图方式，取而代之的是效率更高、精度更好的“计算机辅助设计（Computer Aided Design)”制图手段，简称 CAD 技术。多年来，以 AutoCAD 为代表的 CAD 工具极大地提高了工程行业制图、修改和管理的效率，提升了工程建设行业的发展水平。然而，

CAD 技术并未在本质上改变“以图纸为中心的人力解读”过程中信息创建、使用和管理的方式。

工程建设是一个复杂的行业，任何一项工程均涉及设计、施工及运营维护等多个不同工作阶段和环节，即便是在设计环节中，也会涉及建筑、结构、水暖电等多个不同专业，是典型的多人协作工作模式。在依靠传统的“以图纸为中心的人力解读”方式传递工程信息过程中，不同专业图纸之间信息难以协同、人工解读图纸容易理解错误、已建成工程与设计方案相去较远等问题经常出现，这不仅影响着工程成本，也反映了传统的项目建设过程的确面临着一些现实的问题。例如，在施工过程中管线安装人员按照施工图操作，却发现某些管线无法顺利安装，还必须打穿墙面或是切开管线等。这些问题的出现，大部分与建筑、结构、安装等多专业、设计施工等各阶段信息缺乏科学融合有关。

从建筑工程的全生命周期管理过程来看，也需要对建筑工程不同阶段涉及的不同信息和数据进行整合。在高度复杂化的工程建设项目中，多专业间的协作共享和各阶段间的信息高度整合的工作模式显得更加重要，这样的工作模式再次向以 CAD 技术为主体，以工程图纸为核心的设计和工程管理模式发出了挑战。

倘若一个构件所有的几何实体和功能特征都存储在“数据库”中，这为项目团队成员与其技术工具间进行顺畅直接的信息交换和共享开启了大门，为更加协调的设计、施工、管理等活动提供了可能性。这种新的信息交互方式称为“以 BIM 为中心的数据共享”，如图 1.1（b）所示。工程项目参与各方无须过多地对这些数字化信息进行人力解读，直接从该“数据库”中获取各自所需的信息即可，例如，图纸、三维模型、成本、时间、技术指标等。而业主也可以得到一份从规划设计到后期运维整合到一起的项目信息“数字化备份”，可用于今后几十年的数字化管理、运营和维护，提高建筑物的可持续发展的需求。

BIM 软件主要使用的是模型元素，而 CAD 软件使用的是图形元素。由于数字模型包含比图形元素更丰富的数据，BIM 软件可以比 CAD 软件处理更丰富的信息，如技术指标、时间、成本、生产厂商等。BIM 软件具有结构化程度更高的信息组织、管理和交换能力。因此，一般将专业技术能力、信息管理能力和信息互用能力作为判断是否为 BIM 软件以及软件 BIM 能力的基本指标。

1.1.3 BIM 软件体系

美国 buildingSMART 联盟主席 Dana K. Smith 先生在其 2009 出版的专著《Building Information Modeling：A Strategic Implementation Guide for Architects，Engineers，Constructors，and Real Estate Asset Managers》中写道：“依靠一个软件解决所有问题的时代已经一去不复返了”。《为什么 BIM 应用不容易成功?》这篇文章里也提到：BIM 不是一个软件的事，其实 BIM 不止不是一个软件的事，准确一点应该说 BIM 不是一类软件的事，而且每一类软件的选择也不止是一个产品，这样一来，充分发挥 BIM 价值为项目创造效益涉及常用的 BIM 软件数量就有十几个到几十个之多了。

目前并没有一个科学的、系统的、严谨的、完整的 BIM 软件体系分类方法，因此本书试图通过对目前在国际上具有一定市场影响或占有率，并且在国内市场具有一定认知和应用的 BIM 软件（包括能发挥 BIM 价值的软件）进行梳理和分类，希望能对 BIM

软件有个总体了解。这里给出了 BIM 软件体系示意图，并对其进行简单分类，如图 1.2 所示，再分别对属于这些类型软件的主要软件进行简单介绍。

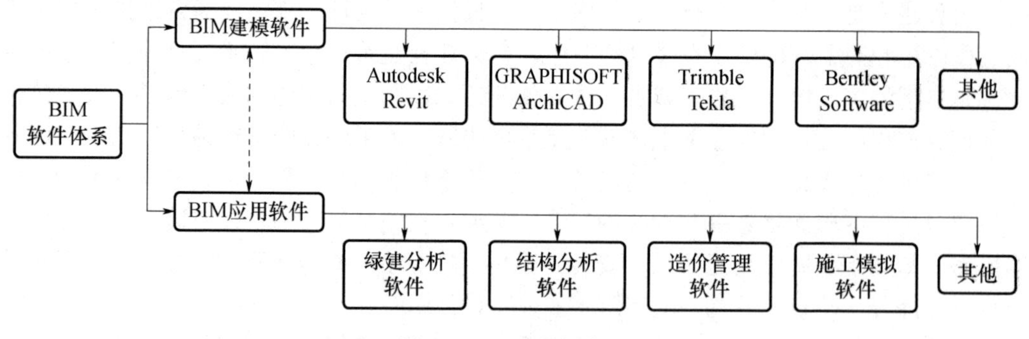

图 1.2　BIM 软件体系

BIM 软件是对建筑信息模型进行创建、使用、管理的软件，而 BIM 软件体系基本上可以划分为两个大类：第一大类是创建 BIM 模型的软件，简称 BIM 建模软件；第二大类是应用 BIM 模型的软件，简称 BIM 应用软件。

（1）BIM 建模软件

BIM 建模软件是 BIM 技术实现的重要载体，是几何模型成为 BIM 的基础，换句话说，正是因为有了这些软件才有了 BIM，也是从事 BIM 的人员首先要碰到的软件。BIM 建模软件主要有以下几款：

①Autodesk Revit

Autodesk 公司自 Revit 2013 起，将建筑、结构和机电三大模块合并在一个产品中，直到 Revit 2022 版本，软件整合了“钢”和“预制”模块，这给多专业协同带来更多的便利性和可能性。借助其全专业的建模特点和 AutoCAD 在民用建筑市场的优势，Revit 软件在 BIM 建模软件市场中的用户庞大。也正是因为如此，很多软件都建立了与 Revit 软件的接口协议，这也从另一方面帮助了用户群的增长。

②GRAPHISOFT ArchiCAD

ArchiCAD 是由 1984 年成立的 GRAPHISOFT 公司开发的专门针对建筑专业的三维建筑设计软件，它是最早的一个具有市场影响力的 BIM 核心建模软件。ArchiCAD 在建筑专业设计中坚持专业化和轻量化，但这也同样带来了多专业协同的局限性。虽然在 ArchiCAD 24 版本中集成了 MEP 建模功能，但是在结构建模、自建模型等方面仍然较为欠缺。而且在国内由于其专业配套的功能（仅限于建筑专业）与多专业一体的设计院体制不匹配，用户数量增长较为平缓。

③Trimble Tekla

Tekla 是 Trimble 公司旗下的钢结构详图设计软件。Tekla Structures 软件能够创建精确、信息丰富的混凝土或钢结构的三维结构模型，其中包含构建和维护任何类型结构所需的所有结构数据；指导用户完成从概念到制造的整个过程，并且图纸的创建过程是非常便捷和自动化的。Tekla 模型可以提供 LOD500 最高细度级别的模型开发，使其真正可构建。由于 Tekla 软件价格昂贵，自 2021 年开始，销售方式进行转变，仅提供与其他软件类似的按年租赁方式。

④Bentley Software

Bentley 系列软件不仅包括三维参数化建模、曲面和实体造型、管线建模、设施规划、GIS 映射、3D HVAC 建模等功能模块，还包括 3D 协调和 4D 规划功能，以方便项目团队之间的协同管理。Bentley 软件在工厂设计（石油、化工、电力、医药等）和基础设施（道路、桥梁、市政、水利等）领域具有较为明显的优势。

（2）BIM 应用软件

建筑信息模型技术的发展，离不开 BIM 建模软件的发展。但事实是依靠一款 BIM 软件无法解决所有问题，因此在 BIM 的应用过程中，往往需要多个应用软件与 BIM 建模软件协作进行。BIM 应用软件的类型很多，下面介绍常见的几种类别：

①绿色建筑分析软件

绿色建筑（绿建）分析软件可以使用 BIM 模型的信息对项目进行日照、风环境、热工、景观可视度、噪声等方面的分析，主要软件有国外的 Echotect、Green Building Studio 以及国内的 PKPM 等。

②结构分析软件

结构分析软件通常能使用 BIM 模型的信息对项目进行内力计算、变形分析、结构和基础设计施工图设计等。同样地，结构分析软件对结构的优化调整以及分析结果也可以传递到 BIM 建模软件中，更新 BIM 模型。国外的 ETABS、SAP2000 以及国内的 YJK（盈建科）等软件都可以在一定程度上与 BIM 建模软件配合使用。

③造价管理软件

造价管理软件利用 BIM 模型提供的信息进行工程量统计和造价分析，由于 BIM 模型结构化数据的支持，基于 BIM 技术的造价管理软件可以根据工程施工计划动态提供造价管理需要的数据，这就是所谓 BIM 技术的 5D 应用。国外的 BIM 造价管理软件有 Innovaya 和 Solibri，国内的 BIM 造价管理软件有鲁班、广联达等。

④施工模拟软件

利用 BIM 模型，施工模拟软件可以直观地模拟施工方案并生成详细的方案说明。结合时间或成本因素进行 4D 甚至 5D 的施工模拟具有很多优点，不仅可以帮助发现施工工序间的“碰撞”问题，还可以帮助有效地控制分部或分项工程进度，验证原定进度计划的可行性，减少人工、材料以及设备资源的浪费。常用的施工模拟软件有 Fuzor、Navisworks 等。

1.2 建筑信息模型的发展

1.2.1 IFC 标准的发展

1997 年，为了实现不同工程软件的数据交换，提升项目参与方和利益相关方的信息交互，国际协作联盟（International Alliance of Interoperability，IAI）发布了工业基础类（Industry Foundation Classes，IFC）模型结构，IFC 标准（第一版）为工程建设行业提供了一个中性、开放的建筑数据表达和交换标准，工业基础类模型结构也是目前广泛采用的公开模型结构。2005 年，为了更好地反映组织性质和目标，将晦涩难懂的

IAI 名称重新更改为 building SMART。2012 年，作为该联盟分会之一的国际标准协会（bSI），发布了最新的 IFC4 版本。

第一版 IFC 1.0 主要描述建筑模型部分（包括建筑、暖通空调等）；1999 年发布了 IFC 2.0，支持对建筑维护、成本估算和施工进度等信息的描述；2003 年发布的 IFC 2×2 则在结构分析、设施管理等方面做了扩展；2006 年发布的 IFC 2×3 版本实现了对建筑绝大多数信息的描述。2012 年，bSI 发布了最新的 IFC 4 版本，在内容上进行了较大扩展和调整，包括扩展和完善构件类型、属性表达、过程定义等；简化成本信息定义；重构和调整施工资源、结构分析等部分的信息描述；增加了 4D、GIS 等应用模型的支持，数据格式升级为 ifcXML4，并新增了 mvdXML。经历十几年的不断发展和完善，IFC 标准已被采纳为国际标准 ISO 16739，并成为目前国际上建筑数据表达和交换的事实标准。其核心部分已被等同采用为国家标准《工业基础类平台规范》（GB/T 25507—2010）。

随着 BIM 技术的发展和应用，针对模型数据互用需要解决三个关键问题：（1）对所需要交换信息的格式进行规范；（2）对信息交换过程的描述；（3）对所交换信息的准确定义。bSI 继推出 IFC 标准后，于 2006 年推出信息交付手册（Information Delivery Manual，IDM），用于指导 BIM 数据的交换过程，提出国际字典框架（International Framework for Dictionaries，IFD），建立建筑行业术语体系，避免不同语种、不同词汇描述信息产生的歧义。IFC、IDM 和 IFD 分别对应并解决以上三个关键问题，对 BIM 的数据信息存储与表达、交换与交付、术语与编码进行了规范。IFC、IDM、IFD 均已被列为 ISO 国际标准，三者相结合成为当前 BIM 应用的系列标准。

IFC 标准采用面向对象的数据建模语言 EXPRESS 进行模型数据表达，以“实体”（Entity）作为数据定义的基本元素，通过预定义的类型、属性、方法及规则来描述建筑对象及其属性、行为和特征。一个完整的 IFC 模型由类型（Type）、实体（Entity）、函数（Function）、规则（Rule）、属性集（Property Set）以及数量集（Quantity Set）组成。IFC 模型划分为四个功能层次：资源层、核心层、共享层和领域层。每个层次又分为不同的模块，并遵守“重力原则”，即每个层次只能引用同层次和下层的信息资源，而不能引用上层信息资源，这有利于保证信息描述的稳定。IFC 4 版本定义的模型结构如图 1.3 所示，每个功能层的各模块分别由不同类型的模型元素组成，其中资源层包含资源数据，核心层与共享层包含共享核心元素和共享模型元素，领域层包含专业模型元素。

（1）资源数据：能支持共享模型元素和专业模型元素的基础信息描述。资源数据主要包括以下几类：

①几何资源：建筑的空间几何信息，包含几何模型、几何约束、拓扑关系及其相关资源；

②材料资源：建筑构件的材料及材质，包含材料名称、类别、材质、成分比例、关联构件及位置等；

③日期时间资源：事件时间、任务时间和资源时间信息，包含其日期、时间和持续时长等；

④角色资源：参与方的组织和个人信息，包含企业和个人的名称、角色、地址、从

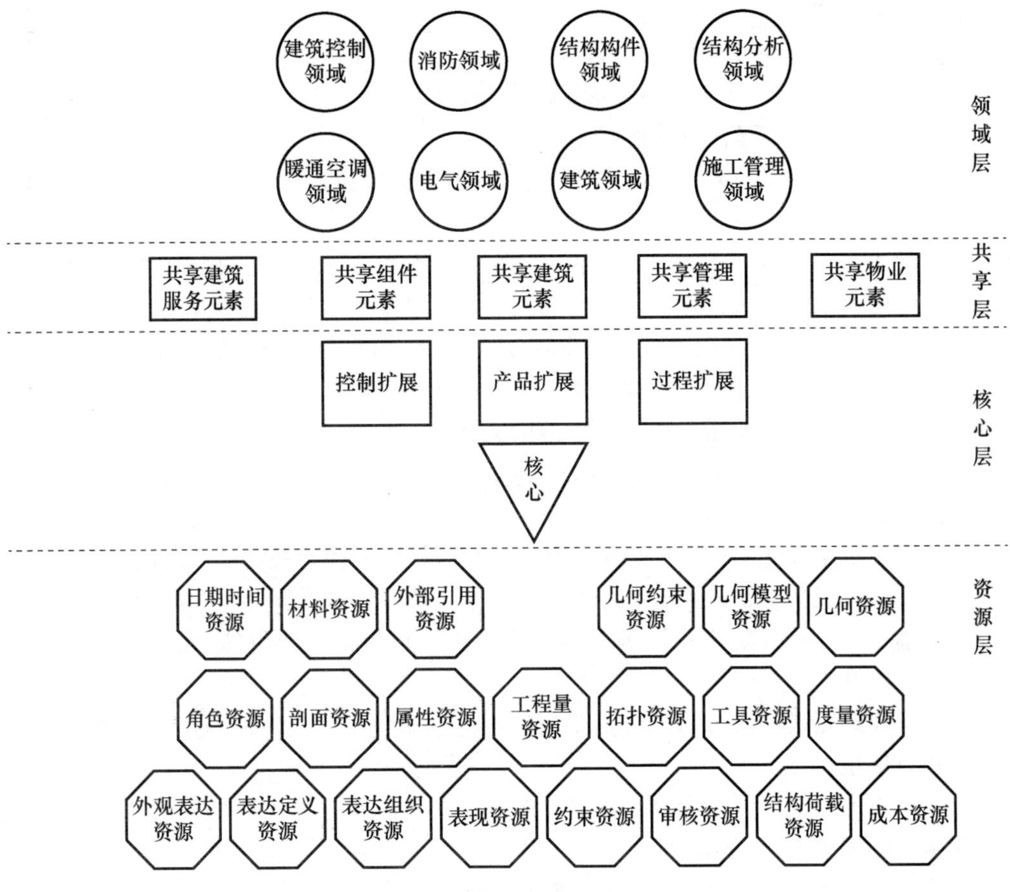

图 1.3　IFC 模型结构示意图

属关系以及其他相关描述等；

⑤成本资源：建设成本信息，包含成本项、成本量、关联构件/属性、关联清单、计算公式、币种及兑换关系等；

⑥荷载资源：结构荷载信息，包含荷载类型、大小、作用位置或区域等；

⑦度量资源：度量单位，包含字符及数字变量、国际标准单位、导出单位等；

⑧模型表达资源：模型表达定义和信息，包含表达定义、外观表达、表达组织以及表现资源等；

⑨其他资源：包含属性、工程量、剖面、工具、约束、审核以及外部引用等资源数据。

（2）共享核心元素：IFC 核心层定义了 IFC 模型的基本框架和扩展机制。在 IFC 模型中，除资源层类型外，所有实体类型均由核心层实体 IfcRoot 继承而来。核心层主要定义了各类模型元素的抽象父类型，包含核心、控制扩展、产品扩展、过程扩展四个模块，提供了一系列共享的模型元素抽象父类型，包括以下几类：

①产品（Product）：项目中所需供应、加工或生产的物理对象；

②过程（Process）：描述逻辑有序的工作方案、计划以及工作任务的信息；

③控制（Control）：控制和约束各类对象、过程和资源的使用，可以包含规则、计

划、要求和命令等；

④资源（Resource）：用于描述过程中所使用的对象的资源元素；

⑤人员（Actors）：参与项目生命期的人和代理人；

⑥组（Group）：任意对象的集合；

⑦关系（Relationship）：表达模型对象之间关联关系的元素，包含一对一关系和一对多关系两类；

⑧对象类型（Object Type）：描述一个类型的特定信息，可通过与实例的关联来指定一类实例的共同属性；

⑨属性（Property）：表达对象特性信息的元素，可以与模型对象相关联；

⑩代理（Proxy）：一种可以通过相关属性定义的实体对象，可以具有一定的语义含义并且可附加属性，主要用于扩展 IFC 的语义结构。

（3）共享模型元素：能表达模型的共享信息，可用于不同应用领域之间的信息交互。主要包含以下几类：

①共享建筑服务元素：用于暖通、电气、给水排水和建筑控制领域之间信息互用的基本元素，主要包括水、暖、电系统相关的基本实体、类型、属性集和数量集；

②共享组件元素：定义不同种类的小型组件，包括部件、附件、紧固件等基本实体、类型、属性集；

③共享建筑元素：建筑结构的主要构件，包括墙、梁、板、柱等基本实体、类型、属性集和数量集；

④共享管理元素：包括指令、要求、许可、成本表、成本项等建筑生命期各阶段通用管理相关的实体、类型和属性集；

⑤共享设施元素：包括家具设备、资产、资产清单、资产占有者等设施管理相关的实体、类型和属性集。

（4）专业模型元素：专业模型元素包括建筑、结构、给水排水、暖通、电气、消防、建筑控制、施工管理等专业特有的模型元素和专业信息，以及所引用的相关共享模型元素。专业模型元素可以是专业特有的元素类型，也可以是共享模型元素的扩展和深化。

1.2.2 我国 BIM 的发展

2010 年，国务院做出了“坚持创新发展，将战略性新兴产业加快培育成为先导产业和支柱产业”的决定。现阶段，重点培育和发展的战略性新兴产业包括节能环保、新一代信息技术、生物、高端装备制造、新能源、新材料、新能源汽车等。对于其中“新一代信息技术产业”的培育发展，具体包括了促进物联网、云计算的研发和示范应用，提升软件服务、网络增值服务等信息服务能力，加快重要基础设施智能化改造，大力发展数字虚拟等技术要求和内容，详见《国务院关于加快培育和发展战略性新兴产业的决定》（国发〔2010〕32 号）。2011 年，住房城乡建设部在《2011—2015 年建筑业信息化发展纲要》中明确提出，在“十二五”期间加快建筑信息模型（BIM）、基于网络的协同工作等新技术在工程中的应用。

在经济新常态的时代背景下，为了更好地推进建筑业的改革与发展，2014 年 7 月住房城乡建设部颁布了建筑业改革的指导性文件《关于推进建筑业发展和改革的若干意见》(建市〔2014〕92号，以下简称《意见》)。《意见》涵盖转变行业发展方式、促进企业转型升级、规范建筑市场、转变政府职能、改革资质管理、深化项目管理、坚持绿色发展、推进工程总承包、提高产品质量和保障安全生产等方面，目的是进一步坚持创新驱动发展，加快转变发展方式，促进建筑业健康、协调、可持续发展。《意见》提出“推进建筑信息模型等信息技术在工程设计、施工和运行维护全过程的应用，提高综合效益”。

住房城乡建设部颁布的《2011—2015年建筑业信息化发展纲要》(建质〔2011〕67号)及《2016—2020年建筑业信息化发展纲要》(建质函〔2016〕183号)将建筑信息模型(以下简称BIM)技术列为重点研究和应用的技术，并于2015年6月16日印发了《关于推进建筑信息模型应用的指导意见》(建质函〔2015〕159号)，包含BIM技术应用的重要意义、指导思想与基本原则、发展目标、工作重点、保障措施等五方面。

为推进BIM技术在本市的进一步应用推广，2014年10月，上海市人民政府办公厅发布了《关于在本市推进建筑信息模型技术应用的指导意见》(沪府办发〔2014〕58号)。该《指导意见》为上海市BIM技术的应用提出了明确目标和要求，也为上海市BIM技术深入应用和发展提供了支撑。2017年11月，上海市人民政府办公厅发布延长《关于在本市推进建筑信息模型技术应用的指导意见》的通知，要求该《指导意见》有效期延长至2022年11月30日。

根据《关于上海市推进建筑信息模型技术应用的指导意见》，上海将分阶段、分步骤地推进BIM技术试点和推广应用。从2015年起，选择一定规模的医院、学校、保障房等政府投资工程和部分社会投资项目作为BIM技术应用试点，形成一批在提升设计施工质量、协同管理、减少浪费、降低成本、缩短工期等方面成效明显的示范工程。到2016年年底，基本形成满足BIM技术应用的配套政策、标准和市场环境。届时，上海主要的设计、施工、咨询服务和物业管理等单位将普遍具备BIM技术应用能力。从2017年起，上海投资额1亿元以上或单体建筑面积2万平方米以上的政府投资工程、大型公共建筑、市重大工程以及申报绿色建筑、市级或国家级优秀勘察设计、施工等奖项的工程，将实现设计、施工阶段BIM技术应用；世博园区、虹桥商务区、国际旅游度假区、临港地区、前滩地区、黄浦江两岸六大重点功能区域内的此类工程，将全面应用BIM技术。到2017年年底，上海市规模以上政府投资工程全部应用BIM技术，规模以上社会投资工程普遍应用BIM技术。

2017年11月，江苏省人民政府发布了《省政府关于促进建筑业改革发展的意见》(苏政发〔2017〕151号)。对于“加强数字建造技术应用”的意见中指出，加快推进建筑信息模型(BIM)技术在规划、勘察、设计、施工和运营维护全过程的集成应用，实现工程建设项目全生命周期数据共享和信息化管理，为项目方案优化和科学决策提供依据，促进建筑业提质增效。制定江苏省推进BIM技术应用指导意见，建立BIM技术推广应用长效机制。加快编制BIM技术审批、交付、验收、评价等技术标准，完善技术标准体系。制定BIM技术服务费用标准，并在3年内作为不可竞争费用计入工程总投资和工程造价。选择一批代表性项目进行BIM技术应用试点示范，形成可推广的经验和方法。推广数字建造中传感器、物联网、动态监控等关键技术使用，推进数字建造标准和技术体系建设。至 2020 年，全省建筑、市政甲级设计单位以及一级以上施工企业掌握并实施 BIM 技术一体化集成应用，以国有资金投资为主的新立项公共建筑、市政工程集成应用 BIM 的比例达 90%。

2020 年，天津住房城乡建设委员会发布了关于住房城乡建设领域“十四五”规划的主要提纲，提出将围绕建筑能效提升、绿色建筑和装配式建筑发展等重点方向展开编制绿色建筑发展“十四五”规划。推动装配式高质量发展，推进 BIM、智慧化建造发展。

2021 年，十三届全国人大四次会议通过《中华人民共和国国民经济和社会发展第十四个五年规划和 2035 年远景目标纲要》，提出完善城市信息模型平台和运行管理服务平台，构建城市数据资源体系，推进城市数据大脑建设；发展智能建造，推广绿色建材、装配式建筑和钢结构住宅，建设低碳城市。

BIM 技术给建筑业带来巨大影响的同时，现代建设市场的发展也快速地推动着 BIM 人才的培养。2012 年，中国图学学会开展“全国 BIM 技能等级考试”考评工作，通过“以考促学”的方式为国内 BIM 人才培养提供平台。与此同时，建筑类企业也通过各种方式鼓励员工积极学习 BIM 技术，加强 BIM 业务能力。2019 年，教育部、国家发展改革委、财政部、市场监管总局联合印发了《关于在院校实施“学历证书+若干职业技能等级证书”制度试点方案》，确定了将“建筑信息模型（BIM）职业技能等级证书”作为参与首批试点的职业技能等级证书。2021 年，人力资源和社会保障部制定了《建筑信息模型技术员》国家职业技能行为规范从业者的从业行为，引导职业教育培训的方向，为职业技能鉴定提供依据。

2016 年，住房城乡建设部与国家质量监督检验检疫总局联合发布了第一部关于 BIM 的国家标准，即《建筑信息模型应用统一标准》。该标准结合了我国多年的 BIM 研究与实践结果，提出了基于工程实践的建筑信息模型应用方式，简称 P-BIM 方式。从国内外实际情况而言，BIM 的基本概念和发展目标是比较清楚和一致的，但实现 BIM 应用目标和价值的具体方法、步骤，目前世界各国都还处于探索阶段，因此基于已有的工程建设实践开展 BIM 应用是一种比较可行和切实有效的方式。P-BIM 方式针对工程建设参与方的各项任务，在组合应用各种软件时，以信息资源互用为抓手，收集、组织并聚合相关任务应用软件成果信息，为其他任务应用软件提供可互用的信息资源。在实际应用过程中，不同工程建设领域的项目，均可以按照一定规则划分为若干子项目，子项目又可以划分为若干任务。每个参与方的任务分工，以及与其他参与方的任务衔接都是明确的。在完成任务的过程中，每个参与方都需要利用相关的信息资源，使用与任务相关的应用软件，得到相应的任务成果信息以及为其他任务准备的交换信息。P-BIM 方式使 BIM 应用更加符合我国工程实践需要，可以作为在我国实现 BIM 应用的主要技术路线之一。

1.2.3 建筑工业化和信息化

建筑工业化和建筑业信息化是建筑业可持续发展的必由之路，信息化又是工业化的重要支撑。建筑业信息化乃至工程建设信息化，是工程建设行业贯彻执行国家战略性新兴产业政策、推动新一代信息技术培育和发展的具体着力点，也将有助于行业的转型升级。

建筑工业化是以构件预制化生产、装配式施工为生产方式，以设计标准化、构件部品化、施工机械化、管理信息化为特征，能够整合设计、生产、施工等整个产业链，实现建筑产品节能、环保、全生命周期价值最大化的可持续发展的新型建筑生产方式。长期以来，建筑业的劳动生产率提高速度慢，与其他行业和国外同行业相比，大多数企业施工技术比较落后，科技含量低，施工效率差，劳动强度大，工程质量和安全事故频发，工程质量通病屡见不鲜，建设成本不断增大。建筑工业化是建筑业从分散、落后的手工业生产方式逐步过渡到以现代技术为基础的大工业生产方式的全过程，是建筑业生产方式的变革。

工程建设信息化可有效提高建设过程的效率和建设工程的质量。尽管我国各类工程项目的规划、勘察、设计、施工、运维等阶段及其中的各专业、各环节的技术和管理工作任务都已普遍应用计算机软件，但完成不同工作任务可能需要用到不同的软件，而不同软件之间的信息不能有效交换，以及交换不及时、不准确的问题普遍存在。BIM 技术支持不同软件之间进行数据交换，实现协同工作、信息共享，并为工程各参与方提供各种决策的基础数据。

BIM 技术的应用，一方面是贯彻执行国家技术经济政策，推进工程建设信息化，另一方面可以提高工程建设企业的生产效率和经济效益。BIM 技术可广泛应用于建筑工程、铁路工程、公路工程、港口工程、水利水电工程等工程建设领域。对某一具体的工程项目而言，又可以在其全生命期内的各阶段（规划、勘察、设计、施工、运维、拆除）应用。在不同工程建设领域、不同类型工程项目、项目全生命期不同阶段，可采用不同的 BIM 技术应用方式。

工程建设信息化既是行业发展的重要方向之一，也是对于业内各家企业的发展要求。因此，企业应根据自身实际，制订并执行企业信息化战略规划，同时充分考虑 BIM 技术的实施应用。当前，企业信息化基本停留在管理信息化和技术信息化互相孤立的阶段，如能结合 BIM 技术实现两者的集成或融合，能使企业信息化更加全面和完善。

1.3　建筑信息模型标准概述

截至 2021 年，我国正式发布了六部关于建筑信息模型的国家标准，分别是《建筑信息模型应用统一标准》（GB/T 51212—2016）、《建筑信息模型施工应用标准》（GB/T 51235—2017）、《建筑信息模型分类和编码标准》（GB/T 51269—2017）、《建筑信息模型设计交付标准》（GB/T 51301—2018）、《制造工业工程设计信息模型应用标准》（GB/T 51362—2019）和《建筑信息模型存储标准》（GB/T 51447—2021）。这些标准提出了建筑信息模型应用的具体要求，是我国建筑信息模型应用及其他相关标准研究和编制的依据。

1.3.1　建筑信息模型应用统一标准

模型应用能实现建设工程各相关方的协同工作和信息共享，是 BIM 技术能够支持工程建设行业工作质量和工作效率提升的核心理念和价值。为了最大限度地发挥 BIM

技术的作用，提高效率和效益，我们期望将模型应用贯穿于建设工程的全生命期。由于目前BIM技术应用尚处于初级阶段，限于各种条件，可根据工程实际情况和需要，在工程全生命期内的若干阶段（规划、勘察、设计、施工、运行维护或拆除）或若干项任务中应用BIM技术。

模型应用应根据实际情况，如工程特点、协作方BIM应用能力等，选择合适的方式。以建设工程全生命期的不同任务为驱动因素，采用基于工程实践的BIM应用方式（practice-based BIM mode，P-BIM）是较为实用的BIM应用方式之一。为了保证信息安全，模型创建、使用和管理过程中应采取有关措施，包括适宜的软硬件环境、设置操作权限、进行防灾备份等。

BIM软件需具有查验模型及其应用符合我国相关工程建设标准的功能，以保证BIM技术应用时的工程质量、安全和性能。此外，还需对BIM软件的专业技术水平、数据管理水平和数据互用能力进行评估。这不仅是由于BIM软件是工程项目各参与方（包括技术和管理人员）执行标准、完成任务的必要工具，还因为BIM应用水平与BIM软件的专业技术水平、数据管理能力和数据互用能力密切相关（图1.4）。

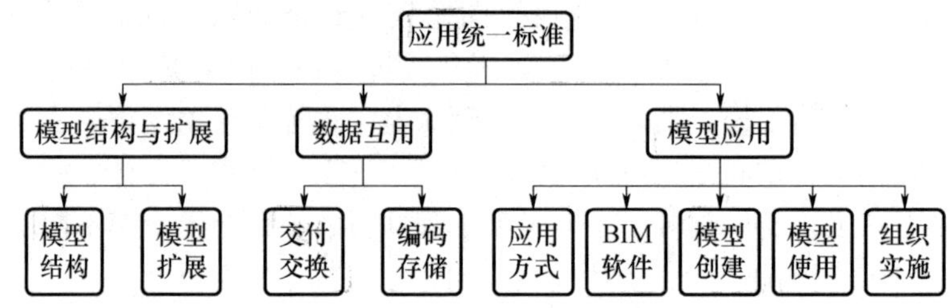

图1.4　BIM应用统一标准体系

（1）模型结构与扩展

模型中需要共享的数据应能在建设工程全生命期各个阶段（规划、勘察、设计、施工、运行维护、改造、拆除等阶段）、各项任务（建筑、结构、给水排水、暖通空调、电气、消防等专业任务）和各相关方（建设单位、勘察设计单位、施工单位、监理单位以及材料设备供应商等）之间交换和应用。共享模型元素在建设工程全生命期内能够被唯一识别是模型共享和数据互用的必要条件，一般可以通过设置模型元素的唯一标识属性来实现。

通过不同途径获取的同一模型数据应具有唯一性，这样可有效减少数据冗余，是建设工程全生命期海量模型数据管理的重要条件。采用不同方式表达的模型数据应具有一致性，这样可避免数据差异和逻辑矛盾，基本保证了建设工程全生命期各个阶段、各项专业任务、各相关参与方的模型共享和数据互用。

为了实现面向应用需求的模型扩展和应用，支持模型在建设工程全生命期内应用，通常需要模型结构应具有开放性和可扩展性。模型结构的开放性是通过提供开放的或标准的接口、服务和支持形式，以满足采用不同模型应用软件对模型数据的共享和互用。因此，BIM软件适合采用开放的模型结构，可以是IFC标准的模型结构，也可采用自定义的模型结构。所使用的标准应能保证BIM软件创建的模型数据能被完整提取和使用。

模型结构的可扩展性是根据专业或任务需要，增加新的模型元素种类及模型元素数据。增加模型元素种类宜采用实体扩展方式，增加模型元素数据宜采用属性或属性集扩展方式。在国际标准《建设和设备行业的数据共享用工业基础类（IFC）》（ISO 16739：2013）中，定义了实体扩展和属性集扩展方式。保持模型扩展前后模型结构的一致性，是保障模型在建设工程全生命期不同阶段、不同专业和任务以及不同参与方应用的必要条件。

（2）数据互用

BIM 技术应用过程中，建设工程全生命期各个阶段、各项任务和各相关方都需要获取、更新和管理信息，包括在模型中插入、获取、更新和修改信息，以履行修改完善模型数据的职责，并完成相应任务。数据互用是解决信息孤岛、实现信息共享和协同工作的基本条件和具体工作。

模型、子模型应具有正确性、协调性和一致性，才能保证数据交付、交换后能被数据接收方正确、高效地使用。为便于多个软件间的数据交换与交付，这些软件可采用 IFC 等开放的数据交换格式。通常情况下模型不是一次性完成的，而且完成每个专业或任务所需要使用的数据和用于交付或交换的数据也是不完全一样的。因此，在交付或交换前对模型进行正确性、协调性和一致性检查是保证模型数据可靠性的必要工作，具体检查内容包括：数据经过审核、清理；数据是经过确认的版本；数据内容、格式符合数据互用标准或数据互用协议。

不同的专业和任务需要的模型数据内容是不一样的，互用数据的内容应根据专业或任务要求确定，并应符合规定：包含任务承担方接收的模型数据；包含任务承担方交付的模型数据。理论上任何不同形式和格式之间的数据转换都有可能导致数据错漏，因此互用数据的格式应符合规定：互用数据宜采用相同格式或兼容格式；互用数据的格式转换应保证数据的正确性和完整性。当然，接收方在使用互用数据前，应进行核对和确认。

模型数据应根据模型创建、使用和管理的需要进行分类和编码，这是提高数据可用性和数据使用效率的基础。分类和编码除应满足数据互用的要求外，还需符合《建筑信息模型分类和编码标准》的有关规定。模型数据应根据模型创建、使用和管理的要求，按《建筑信息模型存储标准》的规定进行存储。

（3）模型应用

①应用方式

建设工程全生命期内模型的应用包括模型的创建、使用和管理。我国目前的 BIM 应用总体还处于起步阶段，BIM 应用受限于从业人员技能、软硬件条件、各参与方协同模式以及模型应用范围等因素。针对不同的协同方式与应用范围，BIM 应用可根据建设工程的实际选择合适的模型应用方式，如综合应用以及专业任务单项应用两种方式。BIM 应用宜按照“重点突破，渐进发展”的策略，从重点的单任务应用到多任务应用，循序渐进，不断提升，最终实现建设工程全生命期 BIM 集成应用。

②BIM 软件

BIM 软件是对建筑信息模型进行创建、使用、管理的软件。在工程应用 BIM 软件前，应确保其具有相应的专业功能和数据互用功能，还应采用相似条件对其专业功能和数据互用功能进行测试，可以避免 BIM 应用过程中因为模型组织不合理等因素而不得不返工重做或更换软硬件等问题的出现。

专业功能是指其满足专业工作或任务要求的能力。BIM 软件如果能支持专业功能定制开发，不仅可提升软件的专业功能，还能提高使用的效率和效益。数据互用功能是指其与其他相关软件进行数据交换的能力。BIM 软件数据互用功能实现方式有 IFC 支持、不同软件之间双方约定以及提供开发工具等方式。不同类型或内容的模型创建宜采用数据格式相同或兼容的软件。当采用数据格式不兼容的软件时，应能通过数据转换标准或工具实现数据互用。

③模型创建

模型可采用集成方式创建，也可采用分散方式按专业或任务创建。集成方式创建模型可支持各专业和任务基于同一个模型完成工作。分散方式是指不同专业和任务基于各自创建的不同模型完成工作。

模型创建前，各相关方应根据任务需求建立统一的模型创建流程、坐标系及度量单位、信息分类和命名等模型创建和管理规则。在模型创建过程中，各相关方应严格遵循统一的规程和协议，并定期进行模型会审，及时协调并解决潜在的模型和专业冲突，确保各相关方采用不同方式、不同软件创建的模型，符合专业协调和模型数据一致性要求，同时避免建模失败、成本增加及工期延误。

④模型使用

建设工程全生命期包括规划、设计、施工、运行维护等多个阶段，参与方涉及众多专业、部门和企业。模型创建和使用通常是随着工程进展和需要分阶段、按任务由不同的参与方完成。各参与方应充分利用前一阶段或前置任务子模型，通过对其模型数据进行提取、扩展和集成，形成本阶段或任务子模型，并在模型应用过程中不断补充、完善模型数据。即模型创建和使用与相关专业工作或任务同步进行，实现模型对完成相关任务的支持。

模型使用过程中，模型数据交换和更新可参照 buildingSMART 发布的 IDM ISO 29481 标准，采用面向工作流程的数据交换方式。模型创建、使用、管理的过程可能贯穿建设工程全生命期，时间跨度大、牵涉人员广。模型创建和使用过程中，应确定相关方各参与人员的管理权限，并应针对更新进行版本控制。权限和版本控制是最基本和重要的保障措施，可保证信息的更新可追溯。

⑤组织实施

为了实现协同工作、数据共享，建设工程参与企业应首先做好数据软、硬件方面的准备工作，并根据职责确立包括各类用户的权限控制、软件和文件的版本控制、模型的一致性控制等在内的管理运行机制，以保障 BIM 应用顺利进行。企业应按建设工程的特点和要求制定建筑信息模型应用实施策略。实施策略具体包含内容有：工程概况、工作范围和进度，模型应用的深度和范围；为所有子模型数据定义统一的通用坐标系；建设工程应采用的数据标准及可能未遵循标准时的变通方式；完成任务拟使用的软件及软件之间数据互用性问题的解决方案；完成任务时执行相关工程建设标准的检查要求；模型应用的负责人和核心协作团队及各方职责；模型应用交付成果及交付格式；各模型数据的责任人；图纸和模型数据的一致性审核、确认流程；模型数据交换方式及交换的频率和形式；建设工程各相关方共同进行模型会审的日期。

1.3.2 建筑信息模型施工应用标准

(1) 施工模型

施工 BIM 应用是深化设计、施工模拟、预制加工、进度管理、预算与成本管理、质量与安全管理、施工监理、竣工验收等 BIM 应用的统称。施工模型包括深化设计模型、施工过程模型和竣工验收模型。深化设计模型一般包括现浇混凝土结构深化设计模型、装配式混凝土结构深化设计模型、钢结构深化设计模型、机电深化设计模型等。施工过程模型包括：施工模拟模型、预制加工模型、进度管理模型、预算与成本管理模型、质量与安全管理模型、监理模型等。其中，预制加工模型包括：混凝土预制构件生产模型、钢结构构件加工模型、机电产品加工模型等。施工模型的关系如图 1.5 所示。

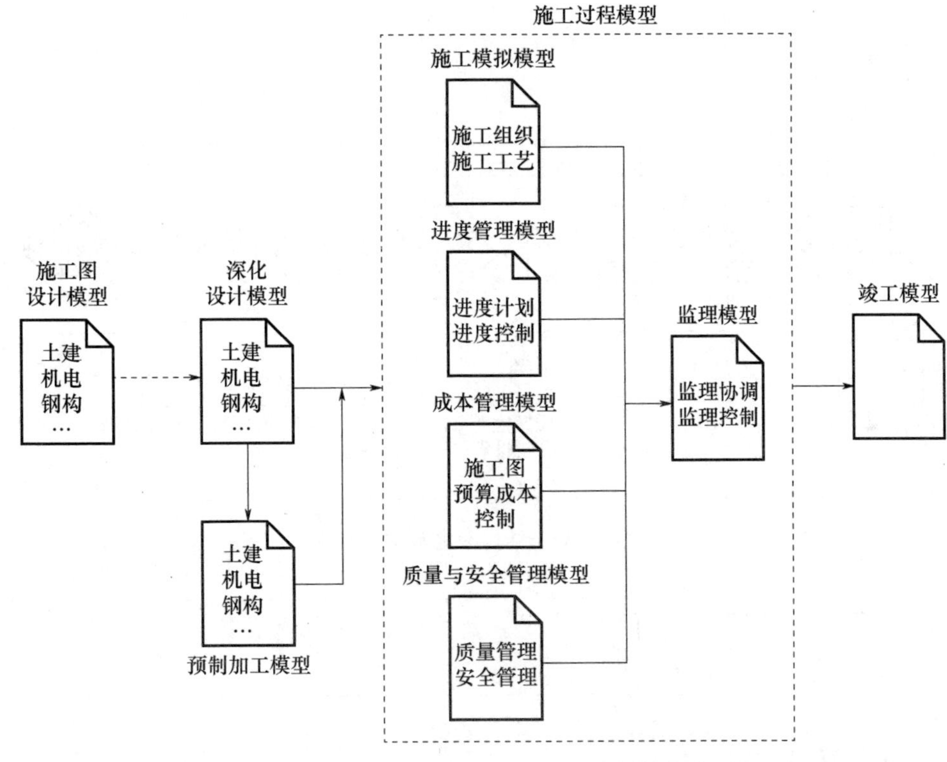

图 1.5 BIM 施工应用标准体系

深化设计模型可在施工图设计模型基础上，通过增加或细化模型元素等方式进行创建。施工过程模型可在施工图设计模型或深化设计模型基础上创建，并根据工作分解结构（Work Breakdown Structure，WBS）和施工方法对模型元素进行必要的拆分或合并处理，并按要求在施工过程中对模型及模型元素附加或关联施工信息。竣工验收模型常在施工过程模型的基础上，根据工程项目竣工验收要求，通过增加质量验收、竣工验收等信息或删除进度信息、临时设施模型等进行创建。

以上对模型或模型元素进行的操作中，增加是指增加模型、增加模型元素；细化是指增加模型元素信息，几何形体与实际形体更接近；拆分是指单个模型过大时可将模型拆分为小模型，例如，按照专业或楼层拆分模型。将单个模型元素根据需求拆分两个或多个模型元素，例如，根据施工流水段划分对模型元素进行拆分；合并与模型元素拆分相对应，将两个或多个模型元素合并成一个整体；以及与模型拆分相对应，将两个或多个模型合成一个整体；集成一般指跨系统、异构数据的模型综合。

（2）常见深化设计 BIM 应用流程

本书根据现行规范，在图 1.6～图 1.9 中列举了四种常见的深化设计 BIM 应用流程。这些流程图采用标准组织 BPMI（The Business Process Management Initiative）开发的业务流程建模标记方法（Business Process Modeling Notation，BPMN）表述，并主要分为参考资料、业务流程以及数据输入和输出三个层次，基本表达了“模型深化”到“验证”再到“输出”的深化过程。在图 1.10 和图 1.11 中列举了两种常见的模拟类 BIM 应用流程，基本表达了“模型 4D 整合”到“验证”再到“输出”的模拟过程。

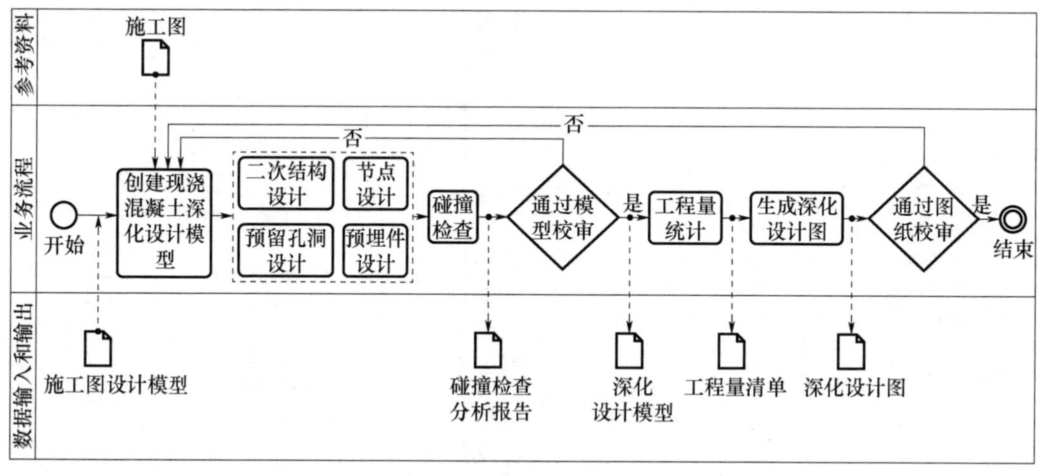

图 1.6　现浇混凝土结构深化 BIM 应用典型流程

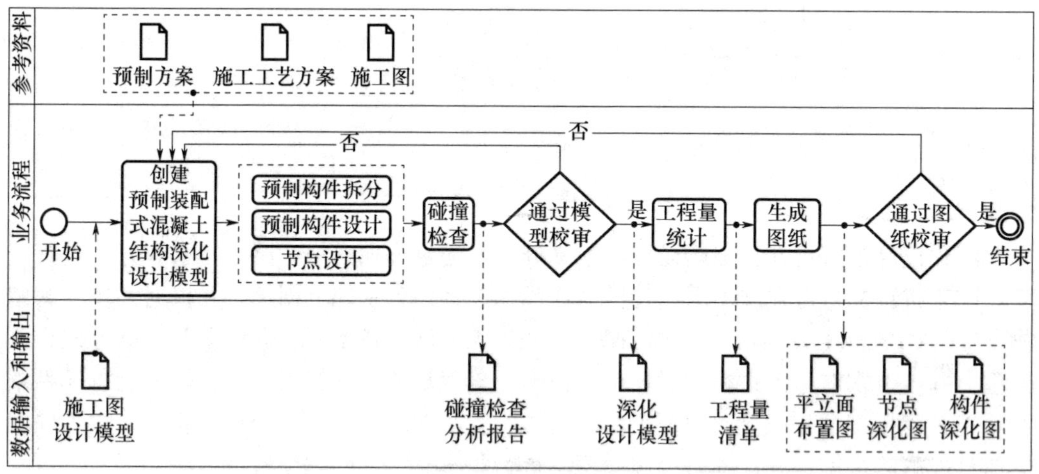

图 1.7　预制装配式混凝土深化设计 BIM 应用典型流程

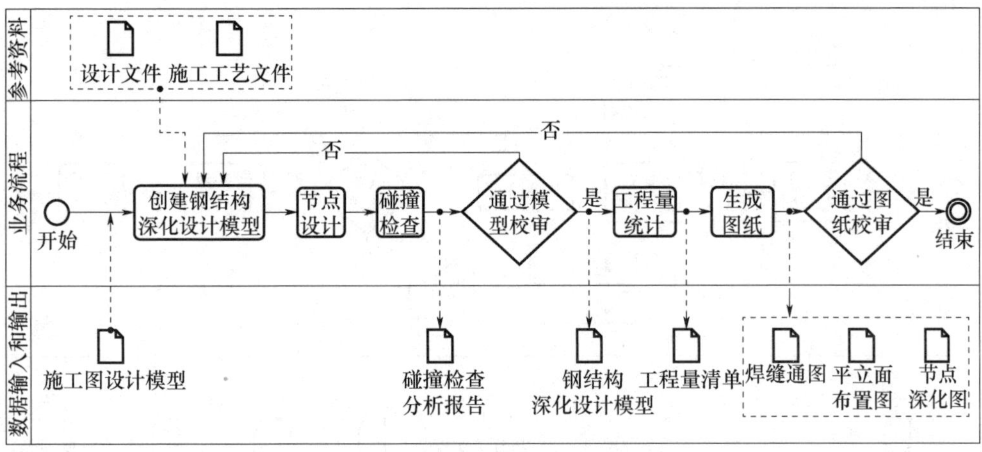

图 1.8　钢结构深化设计 BIM 应用典型流程

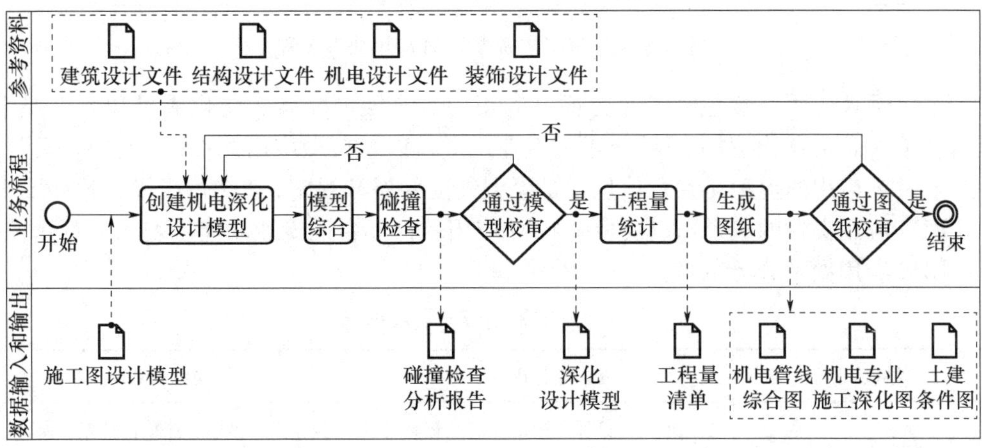

图 1.9　机电深化设计 BIM 应用典型流程

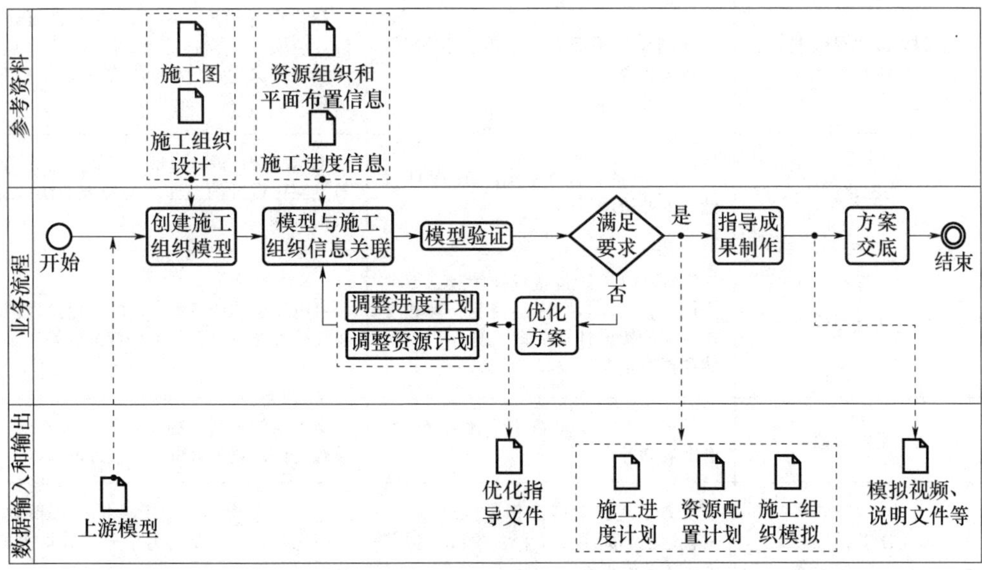

图 1.10　施工组织模拟 BIM 应用典型流程

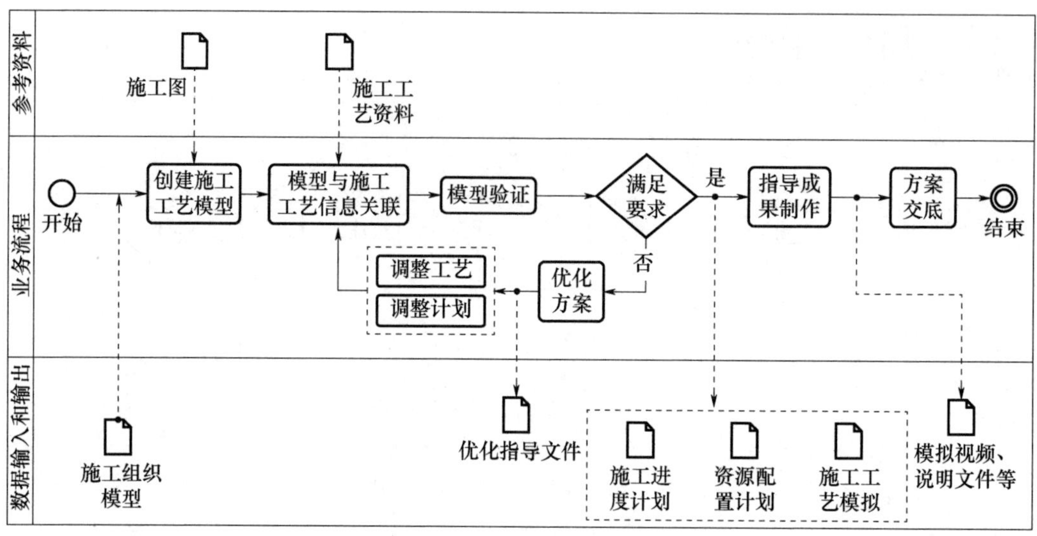

图1.11 施工工艺模拟BIM应用典型流程

施工BIM应用一般包括三个方面：应用内容、模型元素、交付成果和软件要求。“应用内容”部分给出应用BIM技术的专业任务，以及典型应用流程；“模型元素”给出具有BIM应用的模型元素及信息，是模型细度的展开规定；“交付成果和软件要求”给出BIM应用交付的成果，以及相应BIM应用软件具备的专业功能。表1.1对几种常见的BIM应用做了分类说明。

表1.1 几种BIM应用分类表

BIM应用	主要应用内容	交付成果
现浇混凝土结构深化设计	二次结构设计、预留孔洞及预埋件设计、节点设计等	深化设计模型、深化设计图、碰撞检查分析报告、工程量清单等
预制装配式混凝土结构深化设计	预制构件平面布置、拆分和设计，节点设计等	深化设计模型、碰撞检查分析报告、设计说明、平立面布置图，以及节点、预制构件深化设计图和计算书、工程量清单等
钢结构深化设计	节点设计、预留孔洞、预埋件设计、专业协调等	钢结构深化设计模型、平立面布置图、节点深化设计图、计算书及专业协调分析报告等
机电深化设计	设备选型、设备布置及管理、专业协调、管线综合、净空控制、参数复核、支吊架设计及荷载验算、机电末端和预留预埋定位等	机电深化设计模型、机电深化设计图、碰撞检查分析报告、工程量清单等
施工组织模拟	工序安排、资源配置、平面布置、进度规划等	施工组织模型、施工模拟动画、虚拟漫游文件、施工组织优化报告等
施工工艺模拟	土方工程、大型设备及构件安装、垂直运输、脚手架工程、模板工程等施工工艺模拟等	施工工艺模型、施工模拟分析报告、可视化资料、必要的力学分析计算书或分析报告等

1.3.3 建筑信息模型设计交付标准

建筑信息模型的设计交付通常需要满足阶段性交付要求，但是并不能涵盖全部建筑信息模型的应用场景，因此面向应用的交付也构成了重要的环节，这些应用直接关系到项目的各项管理。交付并不是单一行为，一个完整的交付过程一般包含交付准备、交付物、交付协同三个方面，如图 1.12 所示。即以建筑信息模型体现设计信息，由建筑信息模型输出为交付物，交付过程中各参与方之间的协同。它们应满足方案设计、初步设计、施工图设计、深化设计等各阶段设计深度的要求。其中，施工图设计和深化设计阶段的信息模型一般用于形成竣工移交成果。

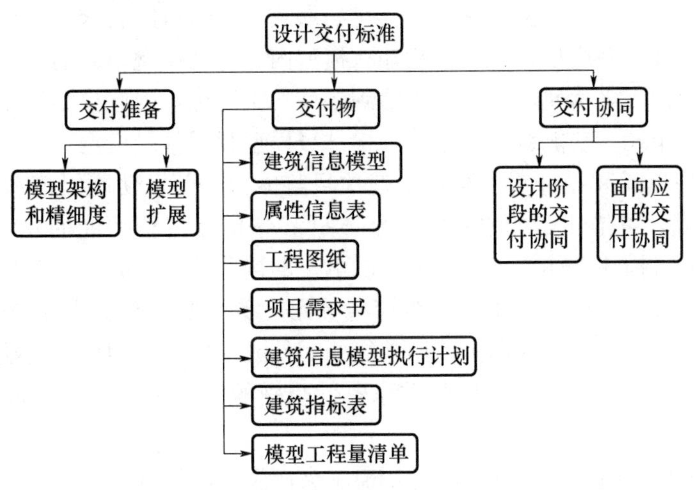

图 1.12　BIM 设计交付标准体系

(1) 命名规则

科学的对象以及参数命名，有利于模型正确使用，对于协同也非常重要，因此有必要对模型单元以及属性命名方式加以规定。建筑信息模型及其交付物的命名应简明且易于辨识，考虑到各类工程实际情况复杂，模型单元及其属性命名一般需符合如下规定：使用汉字、英文字符、数字、半角下画线“_”和半角连字符“-”的组合；字段内部组合使用半角连字符“-”，字段之间使用半角下画线“_”分隔；各字符之间、符号之间、字符与符号之间均不留空格。

文件夹的科学命名有利于项目协同，电子文件夹的名称适宜由顺序码、项目简称、分区或系统、设计阶段、文件夹类型和描述依次组成，以半角下画线“_”隔开，字段内部的词组宜以半角连字符“-”隔开。除此之外，命名还需符合如下规定：顺序码宜采用文件夹管理的编码，可自定义；项目简称采用识别项目的简要称号，可采用英文或拼音，项目简称不宜空缺；分区或系统应简述项目子项、局部或系统，应使用汉字、英文字符、数字的组合；设计阶段应划分为方案设计、初步设计、施工图设计、深化设计等阶段；文件夹类型宜符合规范规定；用于进一步说明文件夹特征的描述信息可自定义。

电子文件的命名可协助快速识别文件内容，对于社会广泛协同也有重要意义，因此电子文件的名称一般由项目编号、项目简称、模型单元简述、专业代码、描述依次组成，以半角下画线“_”隔开，字段内部的词组宜以半角连字符“-”隔开。除此之外，命名还需符合如下规定：项目编号宜采用项目管理的数字编码，无项目编码时宜以“000”替代；项目简称宜采用识别项目的简要称号，可采用英文或拼音，项目简称不宜空缺；模型单元简述采用模型单元的主要特征简要描述；专业代码符合规范相关规定，当涉及多专业时可并列所涉及的专业；用于进一步说明文件内容的描述信息可自定义。

（2）模型精度

建筑信息模型包含丰富的模型元素，然而众多的模型元素如果不能以合理的架构组织起来，势必会导致模型散乱，信息含混不清，从而给模型应用带来困难。建筑信息模型交付准备过程中，应根据交付深度、交付物形式、交付协同要求安排模型架构和选取适宜的模型精细度，并应根据设计信息输入模型内容。当模型单元的几何信息与属性信息不一致时，应优先采信属性信息。考虑到多种交付情况，因此模型单元划分为四个级别：项目级模型单元、功能级模型单元、构件级模型和零件级模型。

项目级模型单元和零件级模型可描述项目整体和局部；功能级模型单元由多种构配件或产品组成，可描述诸如手术室、整体卫浴等具备完整功能的建筑模块或空间；构件级模型单元可描述墙体、梁、电梯、配电柜的构配件或产品。多个相同构件级模型单元也可成组设置，但仍然属于构件级模型单元；零件级模型单元可描述钢筋、螺钉、电梯导轨、设备接口等不独立承担使用功能的零件或组件。模型单元会随着工程的发展逐渐趋于细微。模型单元可具有嵌套关系，低级别的模型单元可组合成高级别的模型单元。

在分解模型单元时，不同的工程应用需求会产生不同的分解方式，工程阶段的发展对建筑的描述趋于丰富和详尽，模型单元也趋于细微。最小模型单元体现了建筑信息模型描述设计信息的细致程度。建筑信息模型包含的最小模型单元应由模型精细度等级来衡量。模型精细度是全球通行的衡量建筑信息模型完备程度的指标。《建筑信息模型设计交付标准》（GB/T 51301—2018）为了规避版权风险，将模型精细度基本等级划分为LOD1.0、LOD2.0、LOD3.0和LOD4.0，基本对应了由美国建筑师协会（AIA）等组织根据工程阶段特点划分的建筑信息模型数据的细致程度。规范规定方案设计阶段模型精细度等级不宜低于LOD1.0；初步设计阶段模型精细度等级不宜低于LOD2.0；施工图设计阶段模型精细度等级不宜低于LOD3.0；深化设计阶段模型精细度等级不宜低于LOD3.0，具有加工要求的模型单元模型精细度不宜低于LOD4.0；竣工移交的模型精细度等级不宜低于LOD3.0。需要注意的是，模型精细度与工程阶段并不存在严格对应关系，实际情况是竣工移交LOD的要求反而比深化设计可能有所降低，因为在LOD4.0时，会出现零件级模型单元，这样细小的工程对象往往不是建筑物运营和维护的主要处理对象。

（3）交付物

建筑信息模型交付物具有多种形式。鉴于当前的工程实践，面向特定的应用需求或交付场景，应选取适合的交付物，以便应用更加顺畅。建筑信息模型交付物本质上是数据载体。规范规定的交付物包括D1～D7类交付物。

根据建筑信息模型的技术特点和要求，建筑信息模型（D1类交付物）并不仅指模型本身，而是一个数据体系或者数据库，包括所有已经操作的设计信息集合，因此，建筑信息模型不仅仅包括三维模型，也包含相互关联的二维图形、注释、说明以及相关文档等所有的信息介质，是最为全面的交付物，可以独立交付。为了保障信息传递过程中的正确性和完整性，模型应该是工程对象的唯一数字描述，采用移动介质等方式分发交付，容易导致版本混乱。交付和应用建筑信息模型时，宜集中管理并设置数据访问权限。

人机信息交互时，为了快速地掌握模型单元所承载的信息，以及高效的数据定位，有必要使用信息模板规范信息条目组织，避免陷入“信息海洋”。因此，采用属性信息表（D2 类交付物）交付模型单元属性信息的方式是信息移交的良好方式，适宜与 D1 类共同交付。

工程图纸（D3 类交付物）是传统的二维图形交付物，其表达方法应符合国家现行有关标准的规定。考虑到当前的实践水平，工程图纸仍然是必要的交付物。然而为了体现 BIM 的效益，要求工程图纸应主要基于建筑信息模型来生成，避免工程图纸与模型严重脱节。虽然事实表明仅交付工程图纸并不能很好地完成建筑信息模型所要求的信息传递和协同，但其仍然可以独立交付。

项目需求是项目实施 BIM 的起点。项目需求书应由工程建设单位提出，并交付 BIM 实施单位。因此，项目需求书（D4 类交付物）用来交付项目需求信息，一般与 D1 类共同交付。

不同于传统的工程图纸交付，交付本质上是交付数据库，如果缺乏说明文件，会给数据定位造成很大的困难。因此有必要交付一份说明文件，阐述模型组织、信息丰富程度、模型表达程度、交付物种类、协同方法等，以便 BIM 参与方和使用者能够迅速达成数据架构上的共识。这份说明文件就是建筑信息模型执行计划（D5 交付物），它是建筑信息模型及其应用过程中重要的说明书和指导原则，用来交付模型建立和组织状况的说明，适宜与 D1 类共同交付。

对于工程项目，很多情况下建筑指标是重要的信息。基于 BIM 的方式，可以得到更为真实和详细的数据，但是应以建筑信息模型作为基本数据来源。建筑指标表（D6 交付物）用来交付项目的各类技术经济指标，适宜与 D1 或 D3 类共同交付。

建筑信息模型的一个重点应用就是为工程量核算提供依据。需要注意的是，模型提供的工程量与现行有关标准所要求的工程量相比，计算方法有差别。根据模型提取的工程，与最小模型单元水平、几何表达精度、信息深度等指标息息相关，因此在实际应用中，应首先完成建筑信息模型执行计划的复核，然后根据应用需求进行工程量提取。因此，工程量清单（D7 类交付物）是用来交付从模型提取的工程量，适宜与 D1 或 D3 类共同交付。

【思考与练习】

（1）简述 BIM 的概念与本质。

（2）简述现浇混凝土结构深化 BIM 应用典型流程。

（3）解决信息孤岛、实现信息共享和协同工作的基本条件是什么？我国规范对互用数据的规定有哪些?

(4) 一个完整 IFC 模型的组成有哪些? 又分为哪些功能层?

(5) 为了保证模型数据的可靠性，需要做哪些必要工作，检查哪些内容?

(6) 简述建筑信息模型的交付物。

2　Revit 创建建筑专业信息模型

【学习目标】

（1）熟悉 BIM 参数化建模流程；

（2）掌握 Revit 创建建筑实体的一般工具；

（3）掌握 Revit 常用快捷键。

Revit 是目前国内外使用较为普遍的 BIM 建模软件之一，它的最大特点是可以在一个软件上进行多专业协同建模工作。基于软件开放的数据交换功能，Revit 创建的模型文件可以较好地支持第三方应用软件。考虑到与其他软件的兼容性，本书选用 Revit 2019.2 版软件结合项目案例介绍信息模型的创建。为便于阅读本书，特做出如下约定："单击"指的是"鼠标左键单击"；"双击"指的是"鼠标左键双击"。关于视图控制的基本方式请参见 7.1 节。本书附带的模型文件为教学专用，不可施工。

2.1　Revit 软件界面与工作流程

2.1.1　主页界面

（1）最近使用的文件

Revit 启动后，会首先出现启动界面，即主页界面，如图 2.1 所示。在"最近使用的文件"页面上显示的是最近打开的文件和软件默认自带的项目文件、族文件，读者可自行单击这些文件进行浏览查看。如果不希望显示"最近使用的文件"页面，可单击"（主页）"→"文件"→"选项"→进入"用户界面"选项→取消勾选"启动时启用最近使用的文件页面"。

（2）项目和族创建

位于主页界面左侧的是项目创建区，用户可以通过单击相应命令来打开或新建项目，例如单击项目创建区中的"新建"命令，则软件就会跳出新建项目对话框，读者通过选择相应样板文件，即可创建项目文件。位于项目创建区下方的是族创建区，使用方法与项目创建区相同，此处不再赘述。

（3）资源导航

通过主视图界面中的"了解"通道，读者可在联网状态下获取所使用版本软件的特性，观看基本技能和快速入门的视频。

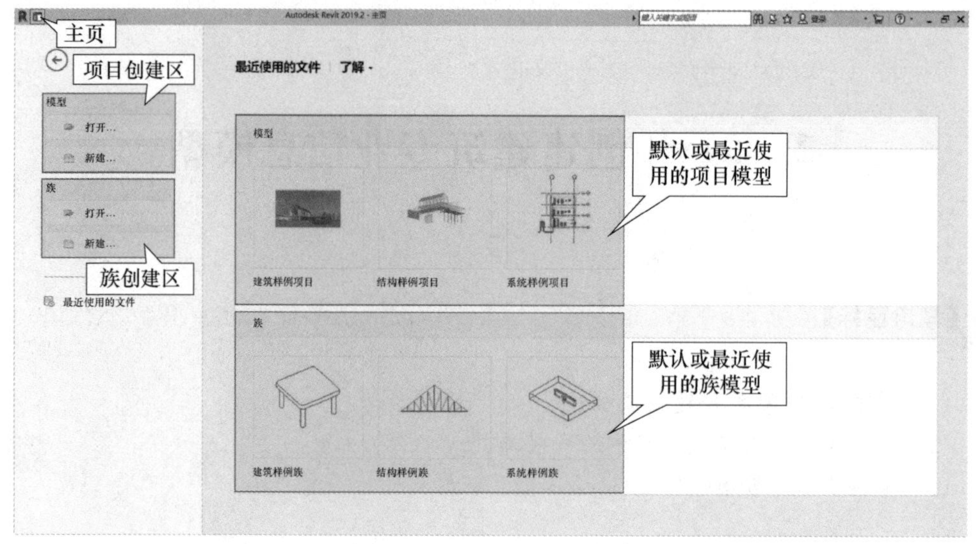

图 2.1　主页界面

2.1.2　项目编辑环境界面与布局

在 Revit 的主页界面中，单击“打开”→弹出“新建项目”对话框→单击“确定”，即可进入项目编辑环境，如图 2.2 所示。Revit 自 2010 版开始采用的 Ribbon（功能区）工作界面，并在原有基础上做了改进和调整，使之更方便、更易用。相信读者对 Ribbon 界面并不陌生，因为微软的 Office 2010 系列产品中就采用了类似的 Ribbon 界面。Ribbon 界面不再依赖传统的菜单和工具栏方式引导用户操作软件，而是按工作任务和流程，将软件的各功能按任务组织在不同的选项卡和面板中。为了更好地引导用户使用软件基本功能，在命令执行后 Ribbon 界面会显示“上下文选项卡”，如单击“墙”，则会显示“修改｜放置墙”上下文选项卡（颜色为浅绿色）。

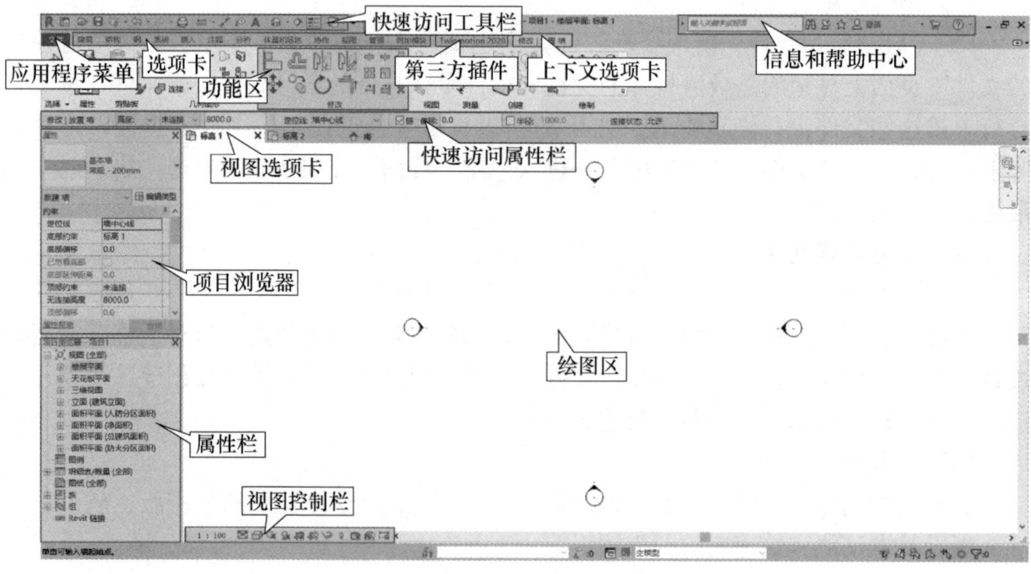

图 2.2　项目编辑环境

(1) 应用程序菜单

和主页界面中的功能类似，通过“文件”菜单，用户也可以对项目、族或体量进行“新建”“打开”或“保存”等操作。当然还可以导出模型文件供其他软件使用，也可以通过“选项”功能对软件界面等内容进行调整。

(2) 选项卡

相较于以前的版本，Revit 2019 软件集成了“钢”选项卡，进一步完善了钢结构模型的创建环境。当然，读者可通过软件提供的“建筑”“结构”“系统”等选项卡来对常见建筑信息模型进行创建、修改或是数据提取等操作。单击选项卡的名称，可以在各选项卡中进行切换，每个选项卡中都包括一个或多个由各种工具组成的面板，称之为功能区，每个功能区都会在下方显示其名称，如图 2.2 中的“修改”功能区。单击功能区面板上的工具图标，即可使用该工具。读者可自行在不同的选项卡中切换，熟悉各选项卡中所包含的面板及工具。

(3) 上下文选项卡

不同于普通的“选项卡”，“上下文选项卡”一般只在某一个命令（如“放置墙”“选择”等命令）被激活后，才会出现。不同命令激活的“上下文选项卡”内容不尽相同，这是软件为了方便用户进行下一步操作的便捷式设置。而在相应命令激活状态取消后，“上下文选项卡”则随之消失。

(4) 第三方插件选项卡

为了让 BIM 数据在项目开展过程中、在各 BIM 应用软件中“流动”起来，Revit 软件提供了丰富的二次开发接口，很多第三方软件（如 Twinmotion、Lumion、YJK 等）针对 Revit 软件做了相应的接口插件，安装好这些插件后，就会单独显示其插件选项卡或者在附加模块中显示插件面板，便于将 BIM 数据应用到第三方软件中。

(5) 项目浏览器

为了便于项目信息的管理，软件提供了“项目浏览器”工具。该工具中设置有“视图”“明细表”和“图纸”等模块，读者可根据需要对视图、工程明细表、图纸、族等文件进行管理。

(6) 绘图区

“绘图区”是一个非常重要的区域，几乎所有的模型创建工作都是在这个区域完成的。“绘图区”不仅可以承载二维视图和三维视图，还可以承载图形渲染以及简单漫游动画的制作。

(7) 属性栏

默认情况下，“属性”面板和“项目浏览器”面板应该是在一起的，但由于目前的台式电脑显示器屏幕都比较大，高性能笔记本屏幕也基本可以达到 15.6 寸及以上了，因此建议读者将“属性”面板和“项目浏览器”面板分别放置在绘图区的两侧，这样便于读取“属性栏”中的信息，如图 2.3 所示。

移动属性栏：光标移动至“属性”面板顶部位置，按住鼠标左键进行拖动，当鼠标靠近绘图区右侧边界时，就会出现吸附提示，此时放开鼠标左键即可。

(8) 视图控制栏

有时，我们需要调整二维或三维视图的显示比例以使得图形便于阅读或调整图片输

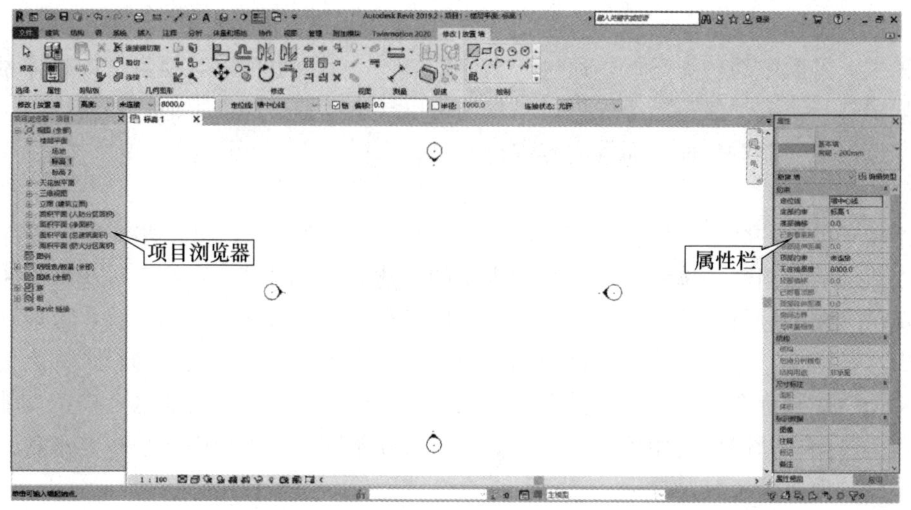

图 2.3 “项目浏览器”和“属性”面板

出大小，调整模型的粗略程度以使得软件能够更流畅地运行大模型，直观地调整物理太阳的位置以使得光照阴影符合实际情况等，这些需求都可以通过使用视图控制栏提供的工具得以实现。

(9) 其他

“快速访问工具栏”“快速访问属性栏”等工具，基本可以望文生义，这里不再赘述。Revit 软件提供了非常方便的帮助功能，只需要将鼠标指针移动至功能区的工具图标上并稍做停留，将弹出当前工具的名称及文字操作说明。如果鼠标指针继续停留在该工具处，将显示该工具的具体图示说明，对于复杂的工具，还将以演示动画的形式进行说明，方便用户直观地了解各个工具的使用方法，如图 2.4 所示。建议读者勤使用软件的帮助功能，帮助文档是软件学习最详尽的工具书。

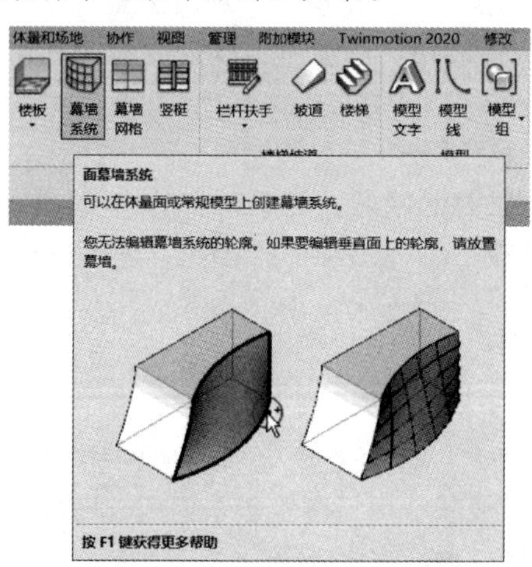

图 2.4 功能区工具提示

2.1.3 族编辑环境界面与布局

在 Revit 的项目编辑环境界面，单击“文件”菜单→鼠标移至“新建”，进入选项列表→单击“族”→弹出“新族-选择样板文件”面板，选择“公制常规模型”族样板→单击“打开”→进入族编辑环境，如图 2.5 所示。族编辑环境界面与项目编辑环境保持着高度相似性，依然具有选项卡、项目浏览器、属性栏和绘图区，依然保留了功能区布局的 Ribbon 样式。但是为了专注于族的创建，去掉了“建筑”“结构”“钢”等创建项目模型的专用选项卡，加入了“形状”“连接件”等创建族的专用工具面板。

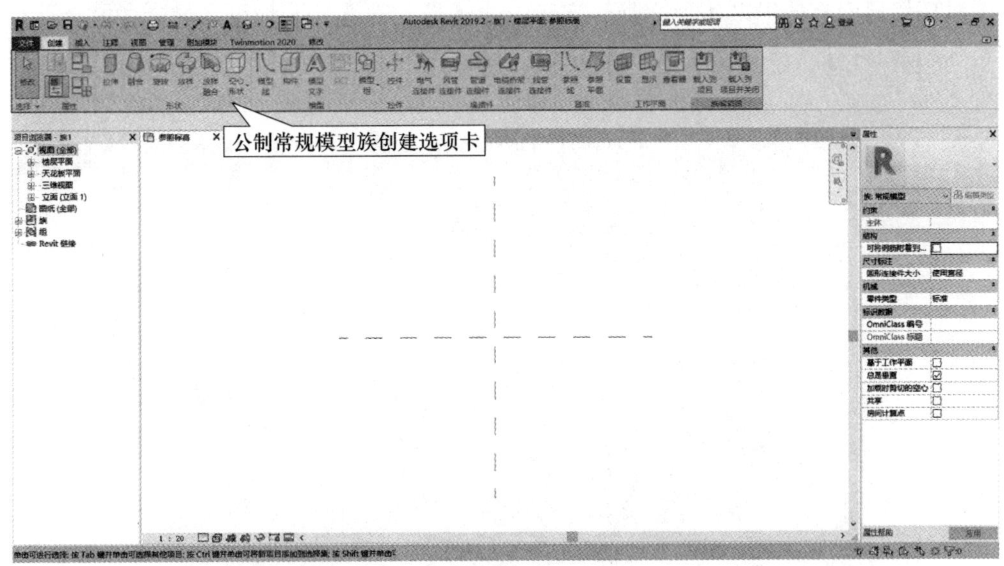

图 2.5　公制常规模型族编辑环境

有些读者可能会认为所有的族编辑环境界面都是一样的，其实不然。Revit 软件中的族是基于样板文件进行创建，因此选择不同的族样板进入的族编辑环境界面可能有区别。例如，选择“公制常规模型”族样板进入的族编辑环境界面就有别于选择“公制轮廓”，如图 2.5 和图 2.6 所示。

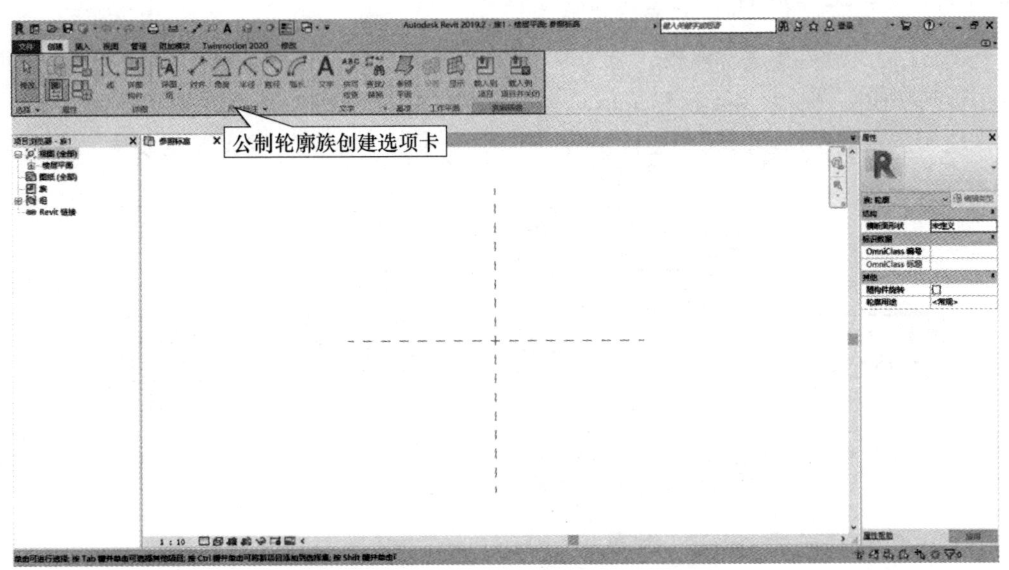

图 2.6　公制轮廓族编辑环境

2.1.4　体量编辑环境界面与布局

在 Revit 的项目或族编辑环境，单击“文件”菜单→鼠标移至“新建”，进入选项列表→单击“概念体量”→弹出“新概念体量-选择样板文件”面板，选择“公制体量”族样板→“打开”→进入体量编辑环境（图 2.7）。读者会很容易发现体量编辑环境与族编辑环境界面有着很多相似之处。实际上，体量本质上是一种更加灵活的“族”，有其特殊用途。例如，可利用体量去创建和推敲建筑方案、辅助复杂墙面或屋面等模型的创建。

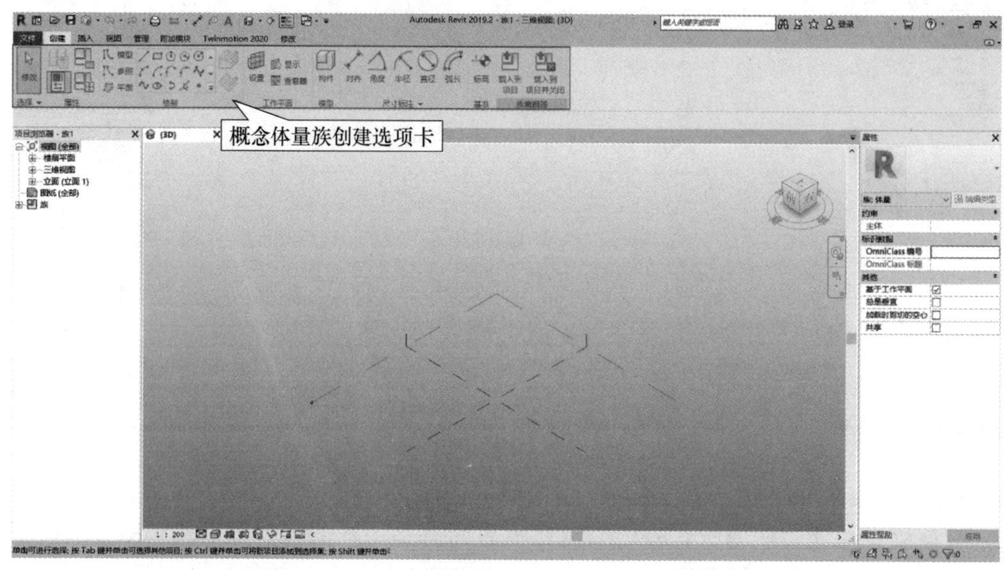

图 2.7　概念体量族编辑环境

2.1.5　基本工作流程

Revit 2019 软件集成了建筑、结构及 MEP 三大专业功能模块，更高的版本软件还集成了预制功能模块，为装配式建筑信息模型提供了更多创建工具。图 2.8 所示为 Revit 软件使用基本流程，遵循着“定位→专业建模→检查→深化→输出”的步骤，并可与

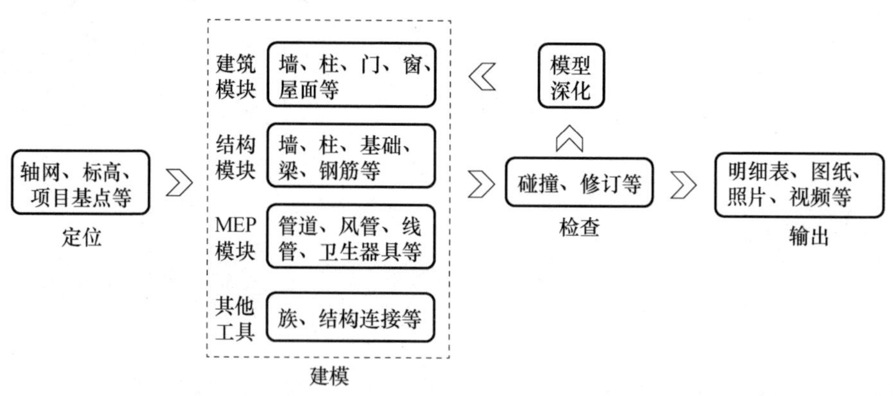

图 2.8　Revit 软件使用基本流程

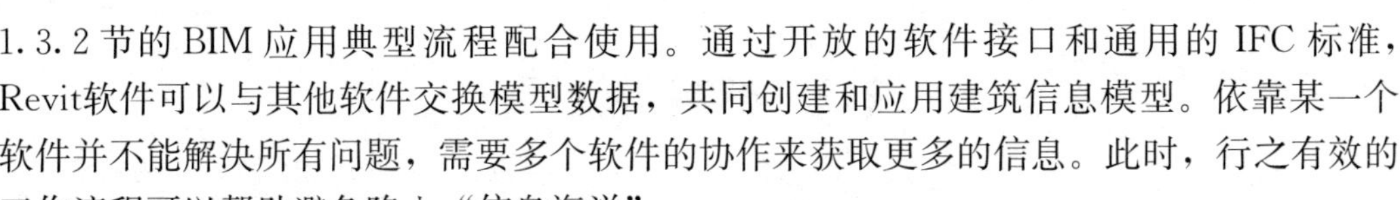

1.3.2 节的 BIM 应用典型流程配合使用。通过开放的软件接口和通用的 IFC 标准，Revit软件可以与其他软件交换模型数据，共同创建和应用建筑信息模型。依靠某一个软件并不能解决所有问题，需要多个软件的协作来获取更多的信息。此时，行之有效的工作流程可以帮助避免陷入“信息海洋”。

2.1.6 常用快捷键

本书根据初学者学习 Revit 软件的一般顺序，将常见的快捷键命令罗列成表，见表 2.1。推荐读者在学习软件的过程中，能够有意识地使用这些快捷键，不久以后，建模效率必然得到极大提高。由于 Revit 软件的快捷键数目比较多，本书不建议读者强行记忆所有的快捷键，对于不太常见的命令，我们能够知道工具图标在哪里就可以了。实际上，所有的快捷键都是能够望文生义的，比如墙体（WA）的英文是 wall，项目单位（UN）的英文是 unit，而按类别标记（TG）的英文是 tag，读者可借助其英文之意帮助记忆。

表 2.1　Revit 常用快捷键

阶段	快捷键命令			
建模	轴网（GR）	标高（LL）	项目单位（UN）	结构柱（CL）
	建筑墙（WA）	门（DR）	窗（WN）	房间（RM）
	结构梁（BM）	结构支撑（BR）	结构楼板（SB）	放置构件（CM）
	创建类似实例（CS）	参照平面（RP）	渲染（RR）	
注释	对齐尺寸标注（DI）	按类别标记（TG）	标记房间（RT）	高程点（EL）
	文字（TX）	钢筋编号（RN）		
修改	复制（CO）或（CC）	移动（MV）	偏移（OF）	旋转（RO）/定义旋转中心（空格键）
	对齐（AL）	阵列（AR）	修剪与延伸为角（TR）	删除（DE）
	镜像-绘制轴（DM）	镜像-拾取轴（MM）	临时隐藏图元（HH）	临时隔离图元（HI）
	临时隐藏类别（HC）	临时隔离类别（IC）	重设临时隐藏/隔离（HR）	永久隐藏图元（EH）
	永久隐藏类别（VH）	取消隐藏图元（EU）	取消隐藏类别（VU）	填色（PT）
	拆分面（SF）	拆分图元（SL）	锁定（PN）	解锁（UP）
	匹配类型属性（MA）	在整个项目中选择全部实例（SA）	创建组（GP）	
捕捉	垂足（SP）	最近点（SN）	中点（SM）	交点（SI）
	中心（SC）	切点（ST）	形状闭合（SZ）	关闭捕捉（SO）
其他	关闭项目（Ctrl+W）	关闭软件（Alt+F4）	细线显示模式（TL）	可见性图形（VV）
	保存（Ctrl+S）	放弃（Ctrl+Z）	重做（Ctrl+Y）	视图窗口平铺（WT）
	快捷键定义窗口（KS）	新建项目（Ctrl+N）	关闭打开文档（Ctrl+W）	

Revit 软件的快捷键使用是比较简单的，只需要连续输入两个英文字母，如 WN，即可激活“放置窗”命令，无须按 Enter 键或者空格键。为了便于初学者学习 Revit 软件，本教材主要以鼠标点击图标命令的方式进行讲解。

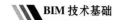

2.2　标高与轴网

2.2.1　新建项目

方法 1：启动 Revit 软件，出现主页界面→单击模型下的“新建”，如图 2.9（a）所示→弹出“新建项目”对话框→选择“建筑样板”，并确认“新建”选项为“项目”，如图 2.9（b）所示→单击“确定”，即可新建基于建筑样板的项目。

方法 2：启动 Revit 软件，可单击“▤（主页）”→单击“文件”菜单→鼠标移至“新建”，进入选项列表→单击“项目”→弹出“新建项目”对话框→选择“建筑样板”，并确认“新建”选项为“项目”→单击“确定”，即可新建基于建筑样板的项目。

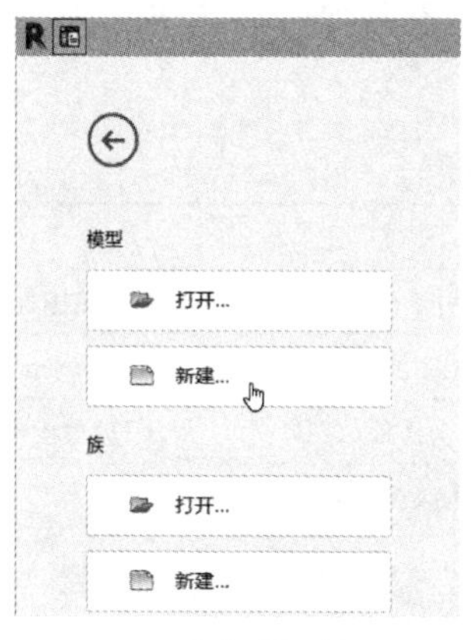

(a) 单击“新建”

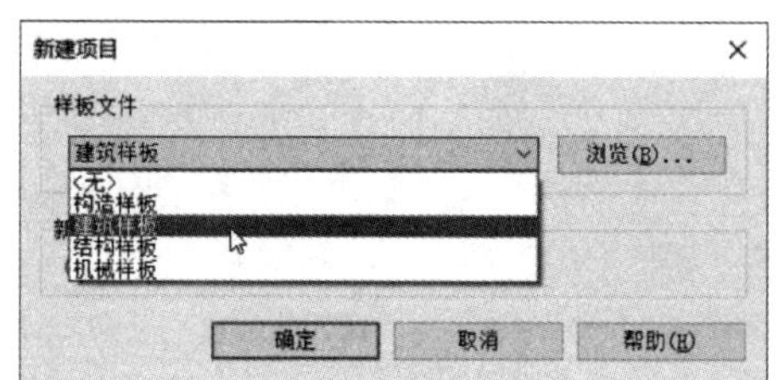

(b) 选择样板文件

图 2.9　新建项目

2.2.2　标高的创建与编辑

（1）进入立面

默认打开“标高 1”楼层平面视图→进入“项目浏览器”→展开“立面（建筑立面）”，双击“南”→进入南立面视图→双击“4.000”将其标高值修改为 3.6（标高单位默认为 m），如图 2.10 所示。

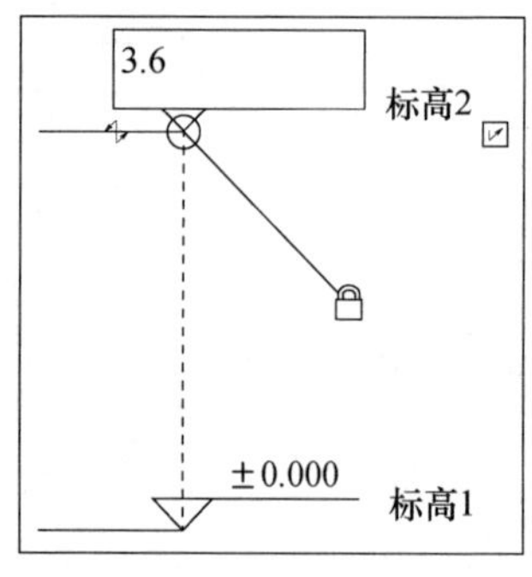

图 2.10　修改标高值

(2) 绘制标高

方法1 (绘制LL): 单击"建筑"选项卡→进入"基准"功能区→单击"标高"工具图标 (图2.11), 进入"放置标高"上下文选项卡→当鼠标移至"(起点) 标高2"左端上方距离3300位置, 出现蓝色对齐虚线, 此时单击确定标高线的左端点→同理当鼠标移至"标高2"右端上方附近, 再次出现蓝色对齐虚线, 单击确定标高线的右端点 (终点), 如图2.11所示→进入项目浏览器查看, 会发现软件已自动为绘制的标高生成了相应楼层平面视图。

提示: 软件会自动为新标高进行命名, 命名规则是按最后一位数字或字母进行递增。如果标高1的名称修改为标高A、标高2的名称修改为标高B, 那么新建的第三个标高将自动命名为标高C。当然读者可通过双击标高名称进行手动修改, 或者选择标高后, 在属性面板中修改, 如图2.12所示。

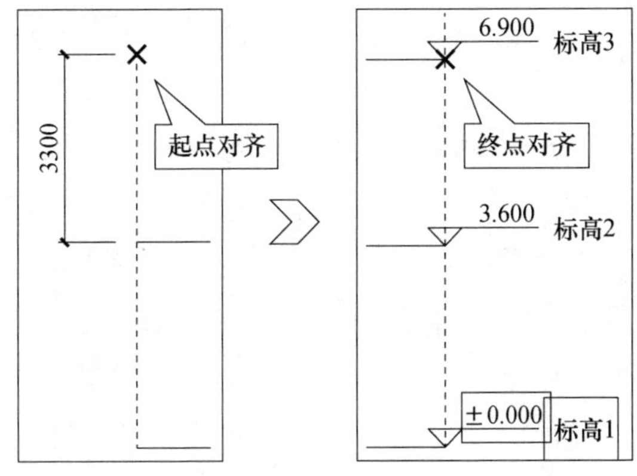

图2.11 绘制标高

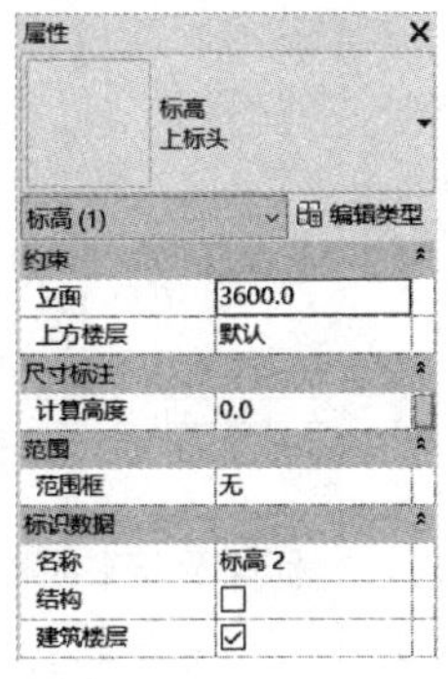

图2.12 在属性栏中修改标高名称

方法2 (复制CO): 单击选择"标高2", 进入"修改 | 标高"上下文选项卡→单击"复制"→在屏幕任意位置单击以确定起点位置→输入"3300"→按Enter键, 即可生成"标高3", 如图2.13所示→进入项目浏览器会发现, 通过复制方式创建的标高3, 其楼层平面中并未自动生成相应的"标高3"平面视图。

生成平面视图: 单击"视图"→进入"创建"功能区→单击"平面视图"→单击"楼层平面"→选择"标高3"→单击"确定", 即可生成"标高3"平面视图。读者可自行通过上述两个方法创建其他标高及其平面视图, 并将最底部的标高重命名为"室外地坪”，如图 2.14 所示。

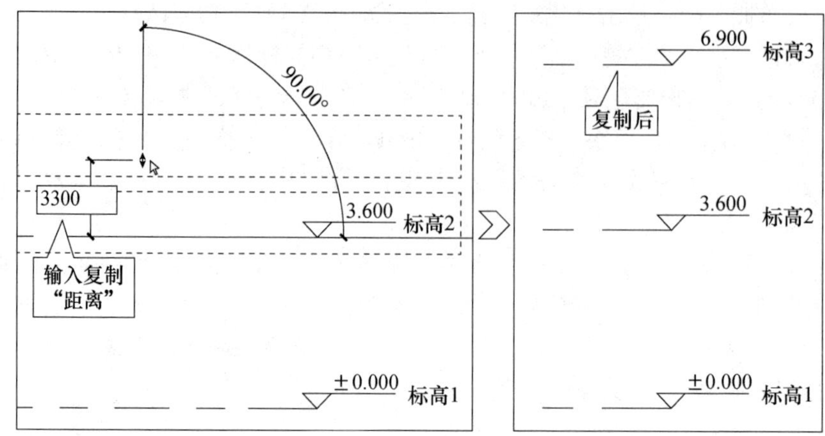

图 2.13　复制标高

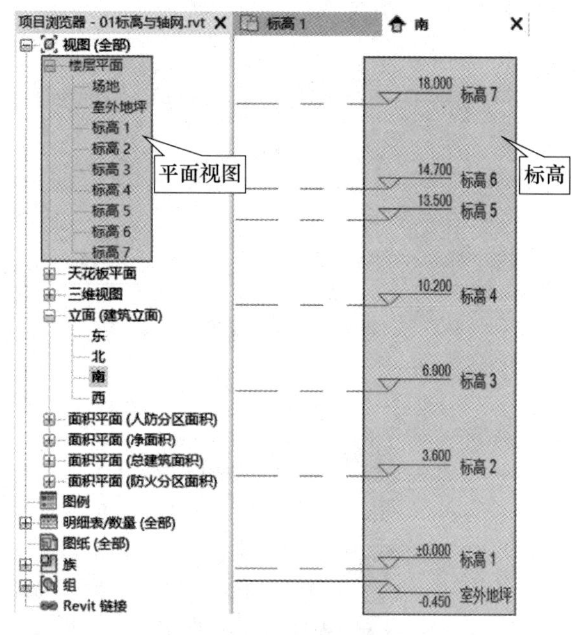

图 2.14　标高及其平面视图

(3) 编辑标高

“下标头”设置：选择“室外地坪”标高→进入属性栏→单击属性栏中的“编辑类型”→进入“类型属性”面板→将类型选择为“下标头”，端点 1 和 2 处的默认符号打上“√”，如图 2.15 所示→单击“确定”，标高符号即显示在标高线下方。关于图元对象的选择方法，可参见 7.7 节。

注意：这里的标高有三个族类型，分别是上标头、下标头和正负零标头。每个类型的标头都需要对“默认符号”分别设置一遍，才能使得立面标高线两侧均显示标高符号，如图 2.16 所示。

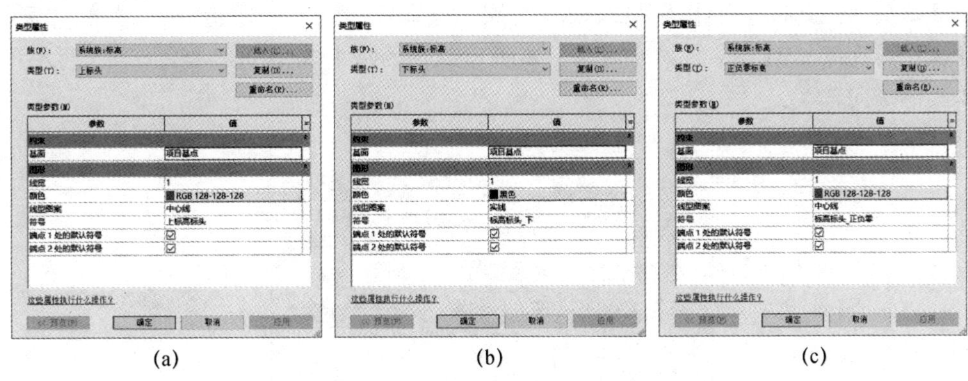

(a) (b) (c)

图 2.15 标高的类型属性面板

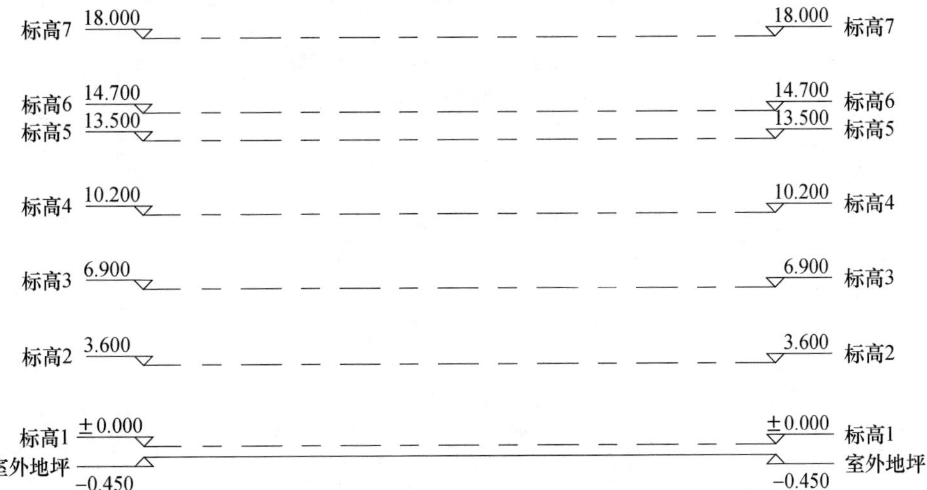

图 2.16 两端显示标高符号

2.2.3 轴网的创建与编辑

在 Revit 中轴网只需要在任意一个平面视图中绘制一次，其他平面和立面、剖面视图中都将自动显示。在项目浏览器中双击“楼层平面”项下的“标高 1”视图，进入标高 1（首层）平面视图。

（1）设置轴网属性

单击“建筑”选项卡→进入“基准”功能区→单击“轴网”命令，出现“放置 | 轴网”上下文选项卡→单击“属性”面板中的“编辑类型”，弹出“类型属性”对话框→单击“复制”，输入“行政楼轴网”，单击“确定”→按如图 2.17 所示修改参数，单击“确定”。

（2）绘制轴网

绘制竖向轴线：进入绘图区域→从上往下以“线”的方式绘制第一条竖向轴线①→选择新绘制的轴线①→单击“复制”命令，勾选“约束”和“多个”选项→单击屏幕上任意一点作为起点→水平向右移动光标，输入间距值 5000 后按 Enter 键确认后生成轴线②→始终保持光标位于新复制的轴线右侧，分别多次输入间距值 5000 并配合 Enter 键确认，可连续复制出③～⑥号轴线，如图 2.18 所示。同理，可根据图 2.28 所示尺寸绘制其他竖向轴线。

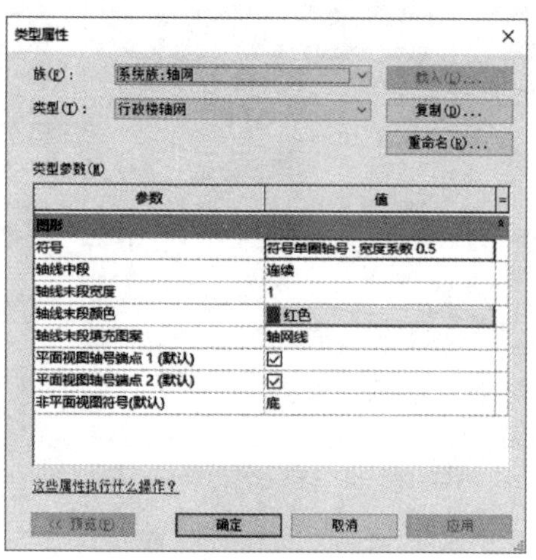

图 2.17　轴网类型属性面板

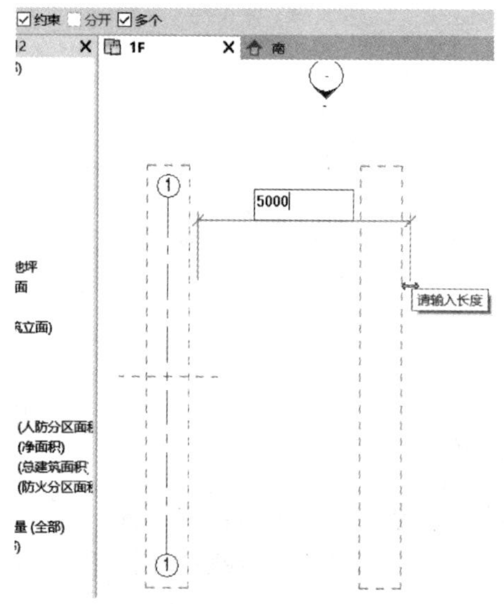

图 2.18　连续多次复制方式

注意：有些读者绘制的轴线编号并不是自己想要的，可以通过两次单击轴号进行修改。国内制图习惯一般是在立面视图中，将竖向轴网编号显示在下方，因此这也是中国样板中“非平面视图符号”默认为“底”的原因，如图 2.17 和图 2.25 所示。

绘制水平轴线：进入绘图区域→从左往右以绘制“线”的方式完成第一条水平轴线⑨→双击轴号⑨将其修改为“1/0A”→按 Enter 键，如图 2.19 所示。然后参照绘制竖向轴线的方法，根据图 2.28 所示尺寸绘制Ⓐ～Ⓓ轴线。

（3）编辑轴网

在绘制完所有轴线后，可能会出现竖向轴线和水平轴线未相交、立面符号位于轴网

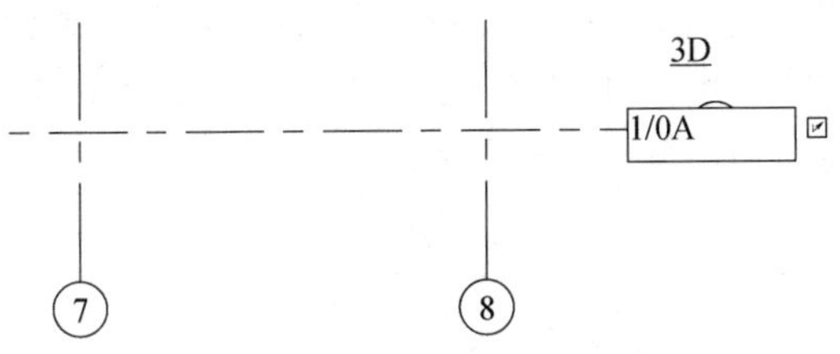

图 2.19 修改轴号

范围内等问题，如图 2.20 所示，这就需要读者对绘图区图元进一步调整。

调整轴线长度：选择轴线①→移动鼠标至轴线①的标头与轴线连接处的圆圈位置→按住鼠标左键不放→通过拖动适当调整现有竖向轴线长度。同理，也可适当修改水平方向轴线长度。

移动“立面符号”：框选“立面符号”→移动鼠标至“立面符号”上，当光标出现“✥”时，按住鼠标左键拖动其至轴网外侧（或单击“修改 | 选择多个”上下文选项卡中的“移动”工具→将“立面符号”移动到轴网外侧）。

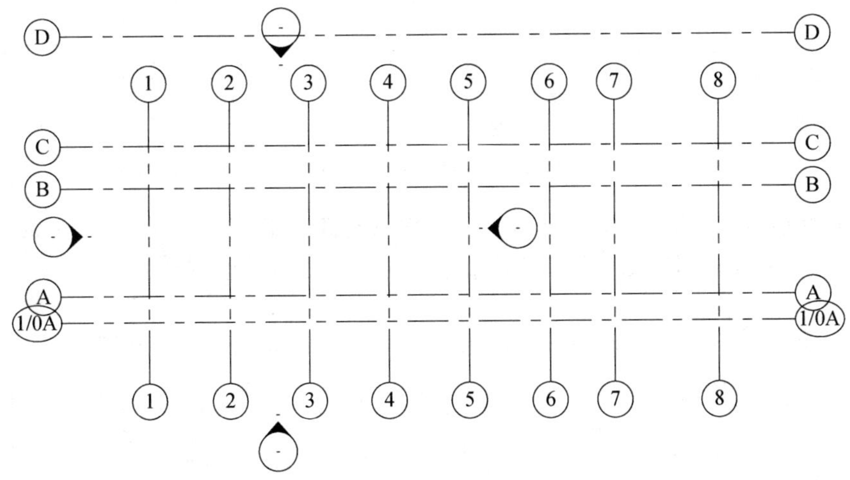

图 2.20 调整布局前的轴网

调整辅助轴线长度：选择(1/0A)轴线，轴线左端如图 2.21 所示→单击“对齐约束”→鼠标左键拖动“拖曳端点”至⑦轴→单击“隐藏编号”→进入“修改 | 轴网”上下文选

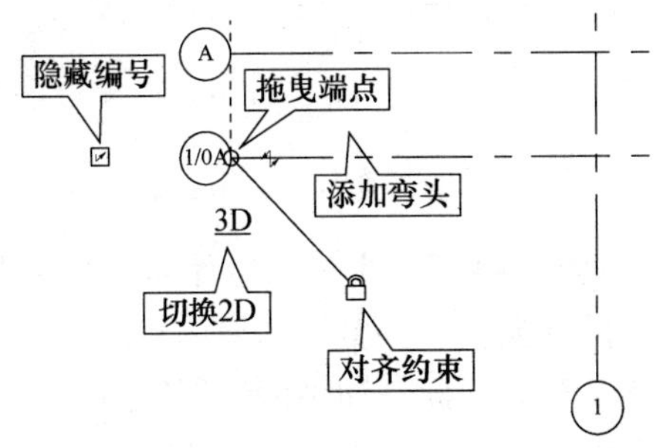

图 2.21 轴线端部功能

项卡，单击“影响范围”→弹出“影响基准范围”面板，选择“标高 2”～“标高 7”→单击“确定”，如图 2.22 所示。“影响范围”常结合轴线端部的“3D”工具使用，将轴网属性复制到其他标高视图。关于“3D”和“2D”工具的区别，可参见 7.9 节。

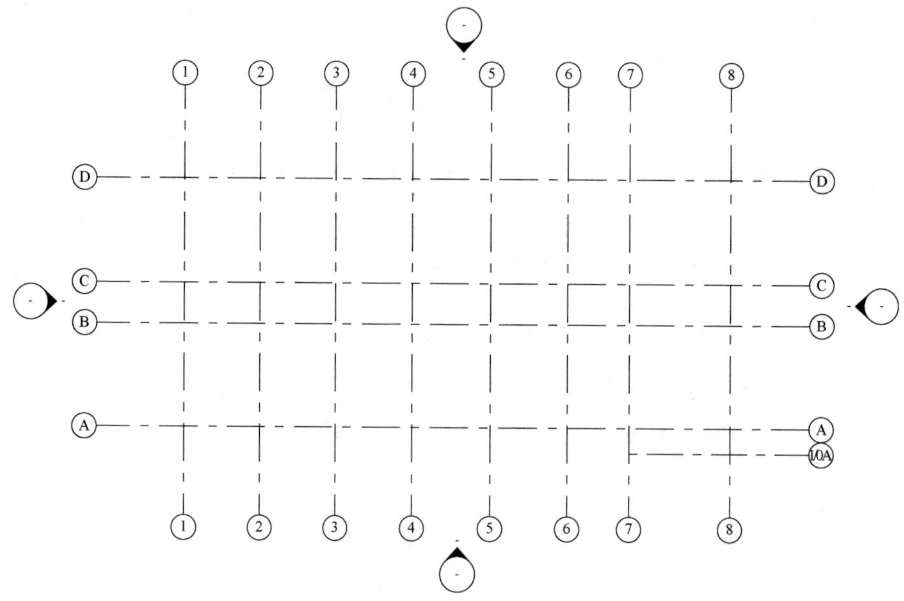

图 2.22 调整布局后的轴网

立面检查：进入项目浏览器→双击“立面（建筑立面）”项下的“南立面”→进入南立面视图，发现轴网和标高并未完全相交，如图 2.23 所示。

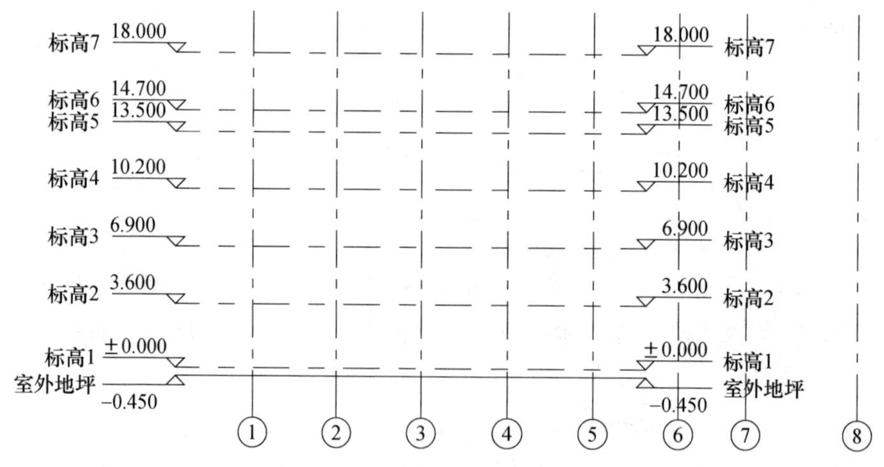

图 2.23 调整布局前的南立面标高

调整标高线长度：单击任意一根标高线→光标移动至标头端部圆圈位置，如图 2.24 所示→按住鼠标左键不放并进行拖动，调整标高线的长度，使其如图 2.25 所示。同理，可进入“东立面”进行调整。至此，标高和轴网绘制完成。

注意：与该标高线端点在同一延伸线上的其他标高线长度也同时被调整，这是由于所有轴线端部均被“对齐约束”的原因。图 2.24 中的“🔒锁”标志表示对齐约束，约束了上下两个标高两端的相对位置。如果希望解除“对齐约束”，读者可以通过单击该标志进行解锁，并拖拉端点进行尝试。

思考：如果标高和轴网不能完全相交，在平面视图中会出现什么问题？分别在“南立面”和“东立面”对标高和轴网调整后，是否还需要进入“北立面”和“细立面”再次调整？

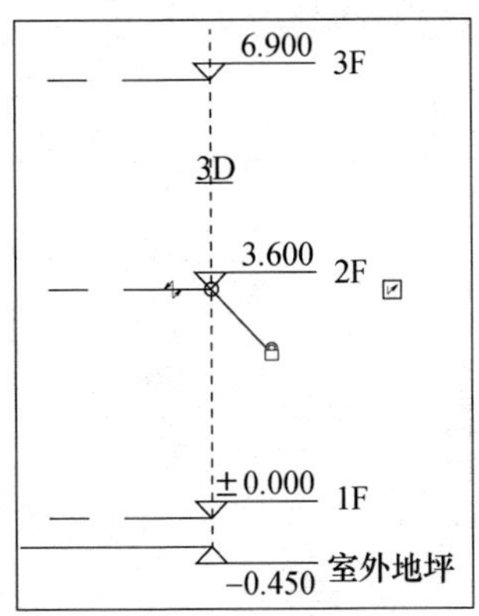

图 2.24 锁定约束功能

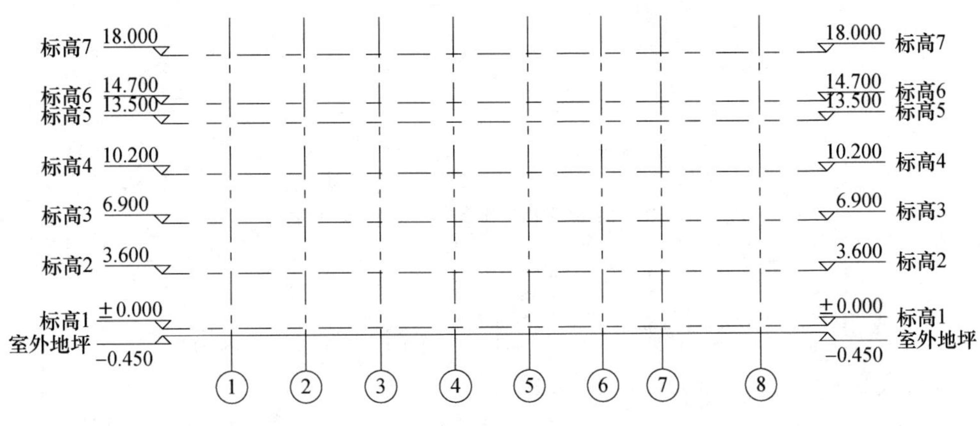

图 2.25 调整布局后的标高

2.2.4 尺寸标注

（1）创建标注族类型（DI）

单击“注释”选项卡→进入“尺寸标注”功能区→单击“对齐尺寸标注”命令，出现“修改 | 放置尺寸标注”上下文选项卡→单击属性面板中的“编辑类型”→进入“类型属性”面板，确认当前“类型”为“对角线－3mm RomanD”→单击“复制”，命名为“行政楼尺寸标注 3.5”→确定，如图 2.26 所示。

（2）绘制标注

进入项目浏览器→单击楼层平面视图中的“标高 1”，进入“标高 1”平面视图→单击项目浏览器中的逐个单击轴线①～⑧，然后在空白处单击，即可完成各轴线间的尺寸标注，如图 2.27 所示→分别单击轴线①和⑧，即可完成总尺寸的标注。请读者自行完成轴网和标高的其他尺寸标注，如图 2.28 和图 2.29 所示。

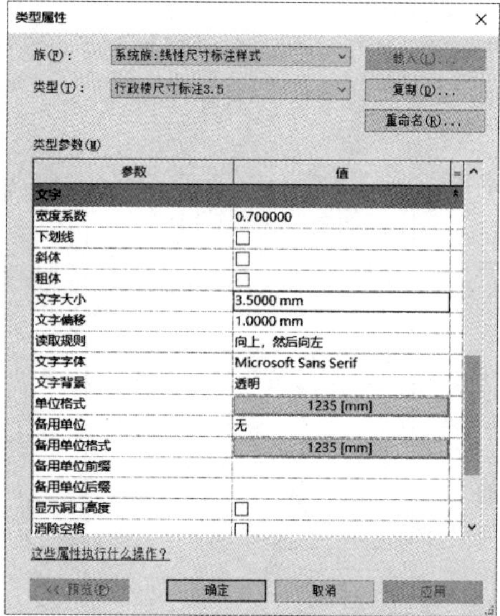

图 2.26　尺寸标注类型属性面板

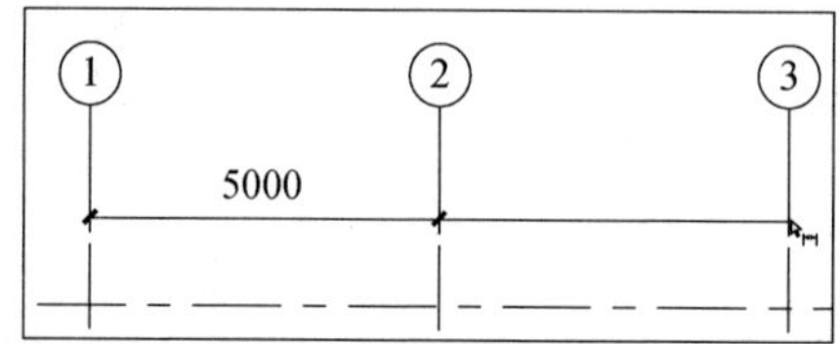

图 2.27　拾取多个尺寸界线可连续尺寸标注

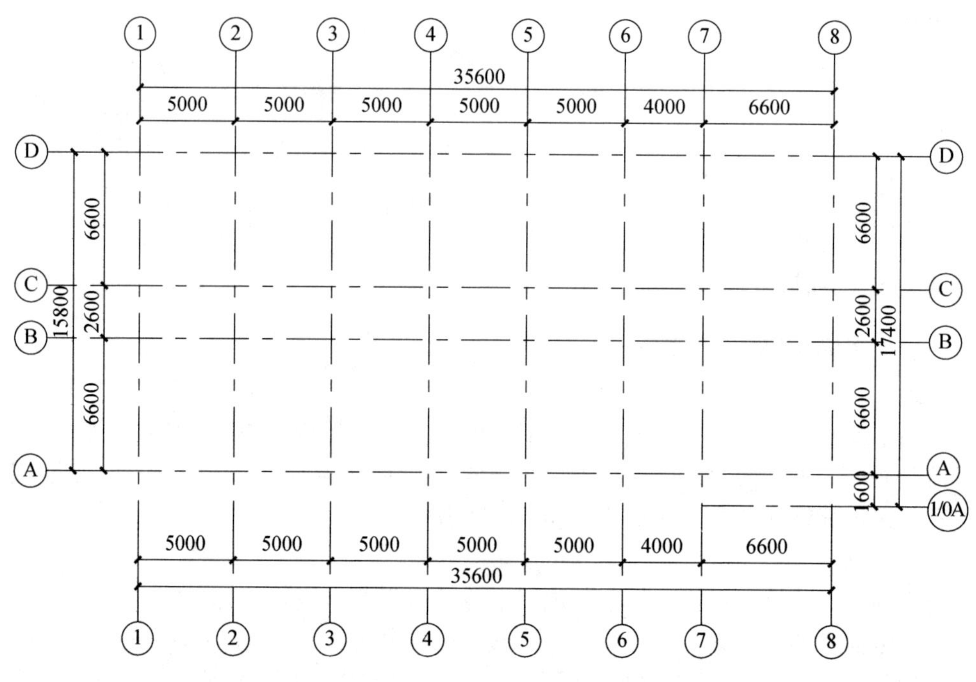

图 2.28　轴网尺寸标注

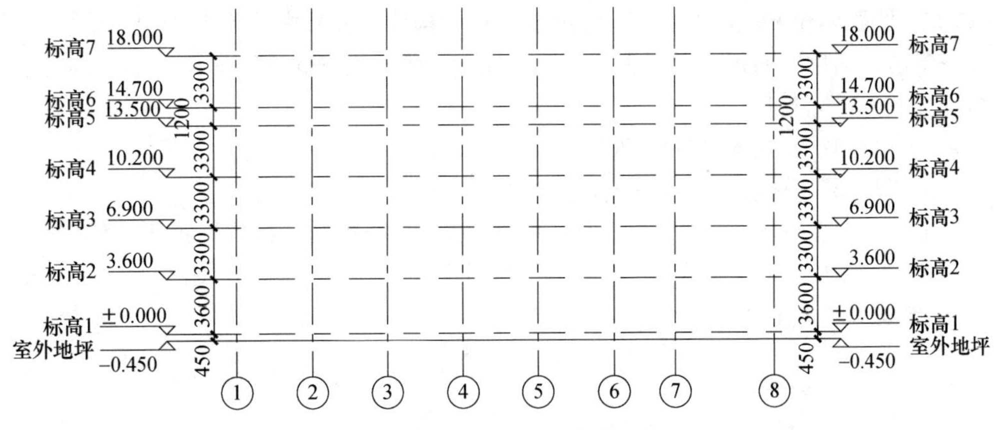

图 2.29　标高尺寸标注

注意：当鼠标单击轴线不成功时，会导致尺寸标注工作中断，此时若希望继续之前的尺寸标注工作，可按如下操作完成尺寸标注：单击已完成尺寸标注部分→出现“修改｜尺寸标注”上下文选项卡→单击“编辑尺寸界线”，即可继续标注尺寸，如图 2.30 所示。

（3）复制尺寸标注

按住 Ctrl 键，选择已添加的尺寸标注→进入“修改｜尺寸标注”上下文选项卡→进入“剪切板”功能区，单击“复制到剪贴板”→单击“粘贴”命令的下拉箭头→选择“与选定的视图对齐”→弹出“选择视图”对话框→按图 2.31 所示选择相应楼层，单击“确定”。关于平面视图的排列，可参见 7.10 节。

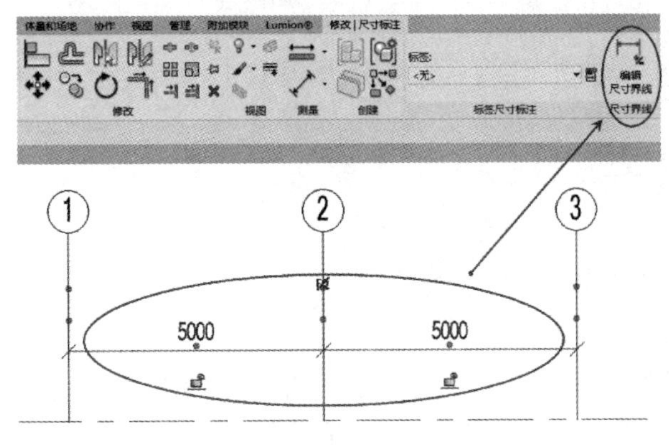

图 2.30　编辑尺寸界线功能

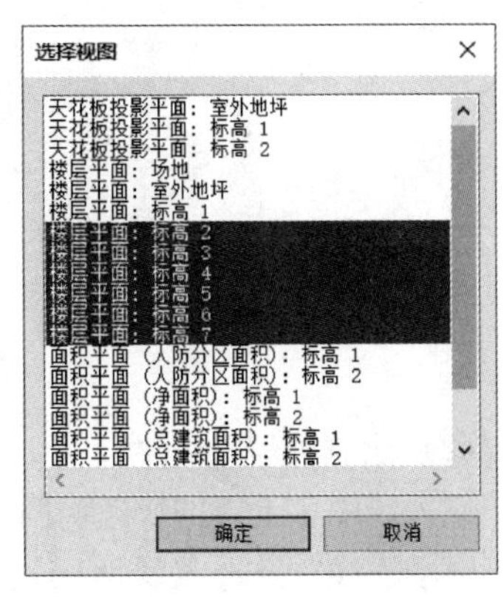

图 2.31　“选择视图”对话框

2.3　墙柱与门窗

2.3.1　建筑墙

（1）绘制建筑墙

创建墙族类型（WA）：进入项目浏览器→单击楼层平面视图中的“标高 1”，进入

“标高 1”平面视图→单击“建筑”选项卡→在“构建”面板中，单击“（墙）”工具图标→单击“属性”面板中“编辑类型”按钮→进入“类型属性”面板→确认族类型为“常规－200mm”，然后：

单击“复制”→输入“外墙-200”，单击“确定”；

单击“复制”→输入“内墙-200”，单击“确定”，修改“功能：内部”；

单击“复制”→输入“内墙-100”，单击“确定”→单击“编辑”进入“编辑部件”界面，修改“结构 [1]”厚度值为“100”，如图 2.32 所示→两次单击“确定”→返回“修改｜放置墙”上下文选项卡。

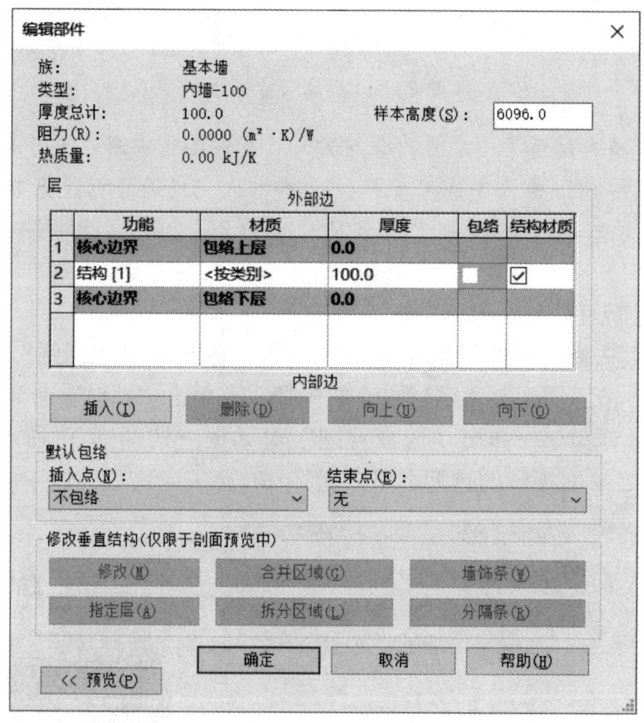

图 2.32　编辑部件属性面板

（2）绘制外墙

进入绘图区上方的快速访问属性栏，并按图 2.33 所示修改“高度：标高 2”“定位线：核心层中心线”→进入属性面板，在图 2.34 所示的类型选择器中选择“外墙-200”→在“绘制”功能区选择“矩形”方式→进入绘图区，依次单击①轴与Ⓓ轴交点和⑧轴与Ⓐ轴交点，绘制出的墙体如图 2.35 所示→在“绘制”功能区选择“线”方式，根据图 2.36（a）～（b）的顺序绘制墙体→单击Ⓐ轴上的外墙，拖动右端部拖曳点，移动到⑦轴和Ⓐ轴的交点，如图 2.36（c）～（d）所示。按“深度”和“高度”绘制墙体的区别，可参见 7.11 节。

图 2.33　“放置墙”的快速访问属性栏

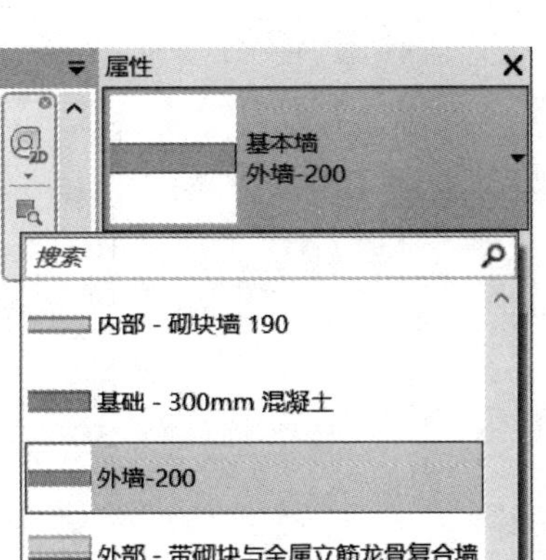

图 2.34 族类型选择器

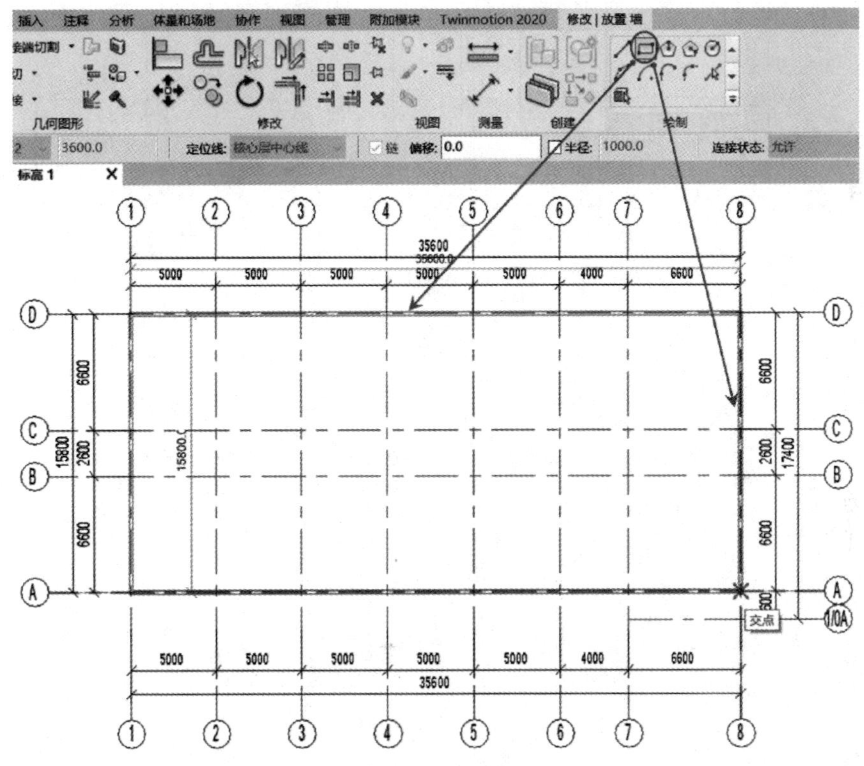

图 2.35 利用矩形线框绘制墙体

在上述操作中，当墙体处于选择状态时，会发现软件自动将墙体之间的距离尺寸(默认为墙边到墙边的距离) 标注显示出来。当按 Esc 键退出命令后，尺寸标注随即消失，这个尺寸标注称为“临时尺寸标注”，合理地使用它可以显著提高建模效率。

(3) 修改临时尺寸标注属性为“墙中到墙中”

单击“管理”选项卡→在“设置”功能区中单击“其他设置”→在下拉菜单中，单击“临时尺寸标注”→跳出“临时尺寸标注属性”面板，单选“核心层中心”，如图 2.37 所示→单击“确定”。核心边界之间的层即为核心层，读者可在后面的学习中结合图 2.43加以理解。

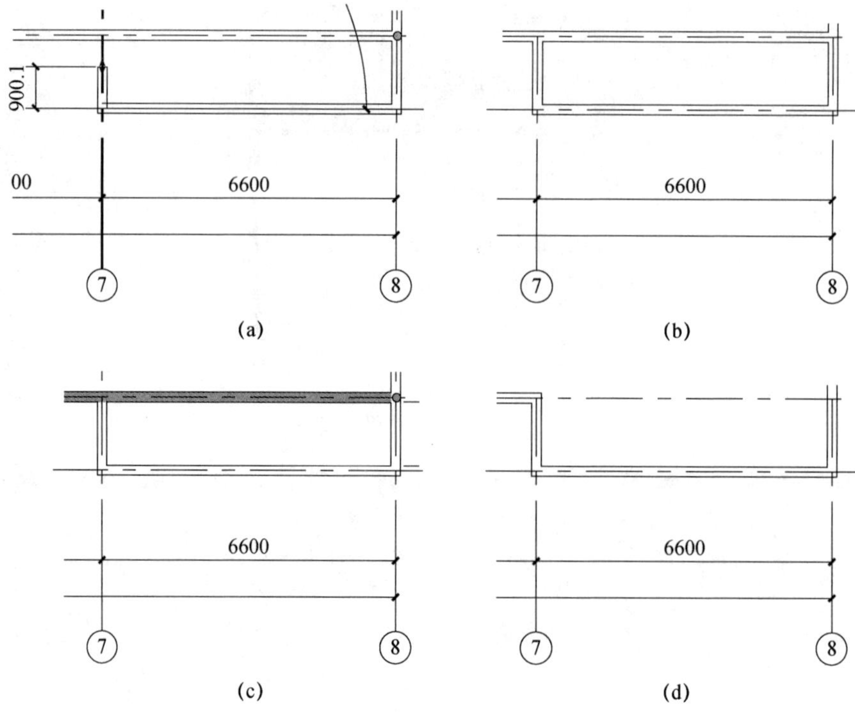

图 2.36　局部墙体绘制与修改

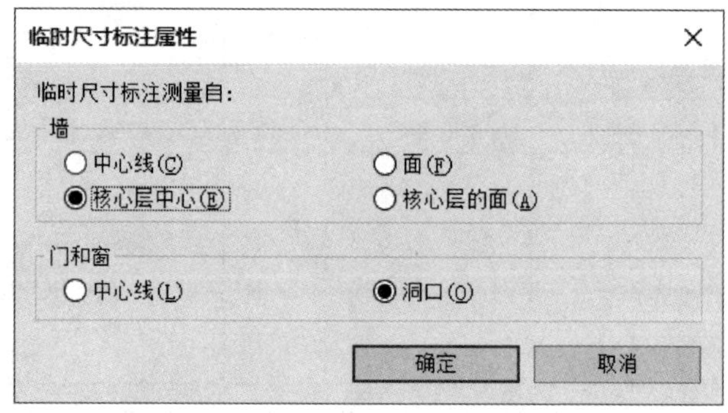

图 2.37　临时尺寸标注属性修改

(4) 绘制内墙

单击“墙”工具图标→在类型选择器中选择“内墙-200”→在“绘制”功能区选择“线”方式→根据图 2.38 绘制所有“内墙-200”(圈内墙体位置无须精确确定)→在类型选择器中选择“内墙 _ 100”绘制残卫隔墙→分别按图 2.39 单击各个墙体，利用“临时尺寸标注”修改墙体间距。

注意：Revit 不仅是一款 BIM 软件，也是一款参数化建模软件。因此在建模过程中，我们无须按照 AutoCAD 的传统制图方式去建模，应尽可能多地利用“临时尺寸标注”这类参数化功能，以帮助提高建模效率。

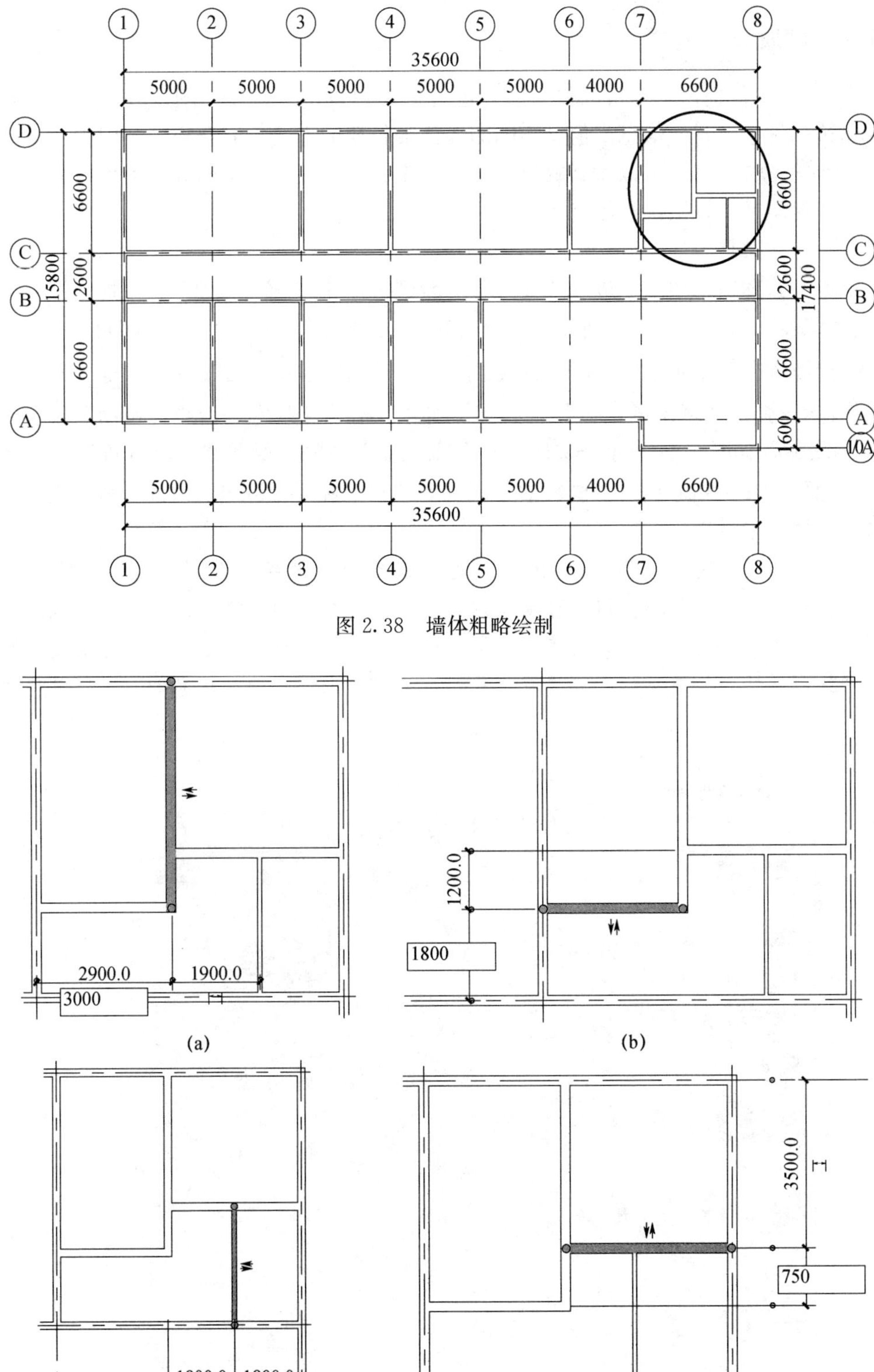

图 2.38 墙体粗略绘制

图 2.39 墙体精确定位

2.3.2 材质与功能层

Revit 中不仅提供了丰富的材质库，也支持用户自定义材质贴图，方便用户根据需要为建筑构件添加材质信息。但是不同的族添加材质的方式不完全相同，但只要读者掌握了基本的方法，完全可以做到触类旁通。这里我们以较为特殊的墙族为例，介绍如何为墙添加材质并设置层优先级别。

(1) 自定义材质

单击“管理”选项卡，进入“设置”功能区→单击“(材质)”工具图标，弹出“材质浏览器”面板→单击“新建材质”，如图 2.40 所示→出现“默认为新材质”→右击“默认为新材质”，重命名为“墙面-油漆-白色”→单击“外观”面板中的“(替换此资源)”图标→弹出“资源浏览器”面板→找到并双击“外观库→墙漆→粗面”目录中的“白色”资源，如图 2.41 所示→关闭“资源浏览器”面板，返回“材质浏览器”→单击“外观”面板中的“(复制此资源)”图标→单击“确定”退出。请读者根据表 2.2 所示自行创建表中材质。

注意：为便于用户使用，Revit 软件为用户预设了几种常见材质，如“EPDM 薄膜”“玻璃”“不锈钢”等。用户可以通过“材质浏览器”的缩略图进行浏览，也可以通过“外观”选项卡查看具体材质信息。由于软件中的预设材质并不多，不能满足实际需要，这就需要读者能够自行创建材质。另外，有些资源带有黄色标志，对其解释可参见 7.13 节。

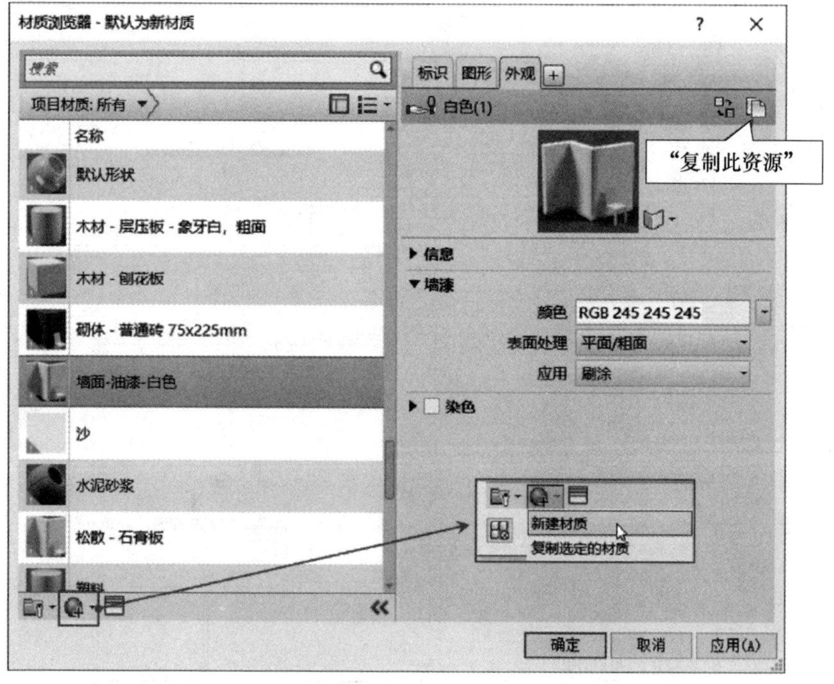

图 2.40 材质浏览器

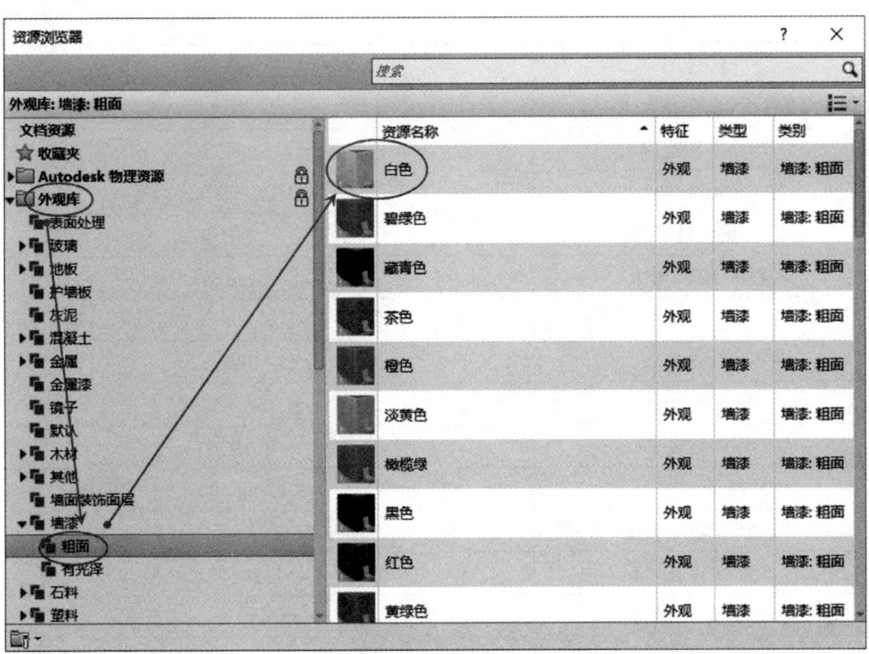

图 2.41　资源浏览器

表 2.2　Revit 主要材质创建表

序号	材质名称	材质来源
1	墙体-混凝土砌块	外观库→混凝土→砌块
2	外墙-保温	外观库→其他→泡沫→聚氨酯
3	墙面-水泥-白色	外观库→灰泥→白色
4	外墙-面砖-灰色	外观库→砖石 CMU→CMU-拆分面-顺序砌法-浅灰色
5	外墙-面砖-红色	外观库→砖石→砖块→均匀顺砌-橙色
6	柱-混凝土-现浇	外观库→混凝土→现场浇铸→混凝土-现场浇注
7	窗-框架-白塑	外观库→塑料→不透明→塑料-粗面（白色）
8	窗-扇框-白塑	同 7
9	窗-玻璃-蓝	外观库→玻璃→平滑→玻璃-窗
10	门-玻璃-透明	外观库→玻璃→平滑→玻璃（透明）
11	门-把手-不锈钢	外观库→金属→不锈钢→不锈钢-锻光
12	门-贴面-橡木	外观库→木材→橡木
13	门-框架-橡木	同 12
14	门-嵌板-橡木	同 12
15	防火门-钢材-深灰	外观库→金属→钢→镀锌
16	地面-面层-大理石	外观库→石料→大理石→精细抛光-白色
17	地面-找平-混凝土	外观库→混凝土→现场浇铸→平面-灰色 1
18	地面-回填-碎石	外观库→现场工作→砾石-松散
19	地面-回填-素土	外观库→现场工作→深灰褐色

续表

序号	材质名称	材质来源
20	平台-面层-花岗岩	外观库→石料→花岗岩→方形-灰褐色
21	平台-找平-混凝土	同 17
22	平台-砌砖	外观库→砖块→顺砌
23	散水-砂浆	同 6
24	栏杆-玻璃-透明	同 10
25	幕墙-铝-白色	外观库→金属→铝→阳极电镀-白色
26	幕墙-玻璃-蓝	同 9
27	模型字-金色	外观库→金属漆→锻光-金色
28	雨棚-玻璃-蓝	同 9
29	雨棚-不锈钢-灰	外观库→金属→不锈钢→不锈钢-铸造
30	地面-非硬化-草地	外观库→现场工作→草-通用
31	地面-硬化-吸水砖	外观库→现场工作→铺设材料-方形灰褐色
32	地面-硬化-沥青	外观库→现场工作→沥青-深灰色
33	基础-C30-混凝土	同默认“混凝土-现场浇注混凝土”
34	结构柱-C30-混凝土	同默认“混凝土-现场浇注混凝土”
35	结构梁-C25-混凝土	同默认“混凝土-现场浇注混凝土”
36	卫生设备-陶瓷-白色	外观库-陶瓷-瓷器-冰白色
37	卫生设备-不锈钢	同 11
38	卫生设备-瓷砖	外观库-陶瓷-瓷砖-1 英寸方形蓝色马赛克
39	系统-PVC-红色	外观库→塑料→平滑-红色
40	系统-PVC-白色	外观库→塑料→平滑-白色
41	檐沟-铝合金-红色	外观库→金属漆→锻光-褐色

(2) 赋予材质

进入绘图区，选择任意“外墙-200”→单击“属性”面板中“编辑类型”按钮，弹出“类型属性”对话框→单击“结构”参数后面的“编辑”项，弹出“编辑部件”面板→单击“〈按类别〉”字样，即可显示▢图标，如图 2.42 所示→单击该图标，弹出“材质浏览器”面板→找到并选择“墙体-混凝土砌块”，单击“确定”→返回“编辑部件”面板。可以发现原来的“〈按类别〉”已变成了“墙体-混凝土砌块”，这说明名为“墙体-混凝土砌块”的材质已被成功赋予。

(3) 功能层设置

一般情况下，应当为每个层指定一个特定的功能，使此层可以连接到它相应的功能层。各层一般可被指定下列功能：结构 [1] 作为支撑其余墙、楼板或屋顶的层；衬底 [2] 作为其他材质基础的材质（例如胶合板或石膏板）；保温层/空气层 [3] 可以隔绝并防止空气渗透；涂膜层作为通常用于防止水蒸气渗透的薄膜，涂膜层的厚度应该为零；面层 1 [4] 作为面层 1 通常是外层；面层 2 [5] 作为面层 2 通常是内层。

进入“编辑部件”面板，三次单击“插入”→新增加三个“结构 [1]”（“结构材

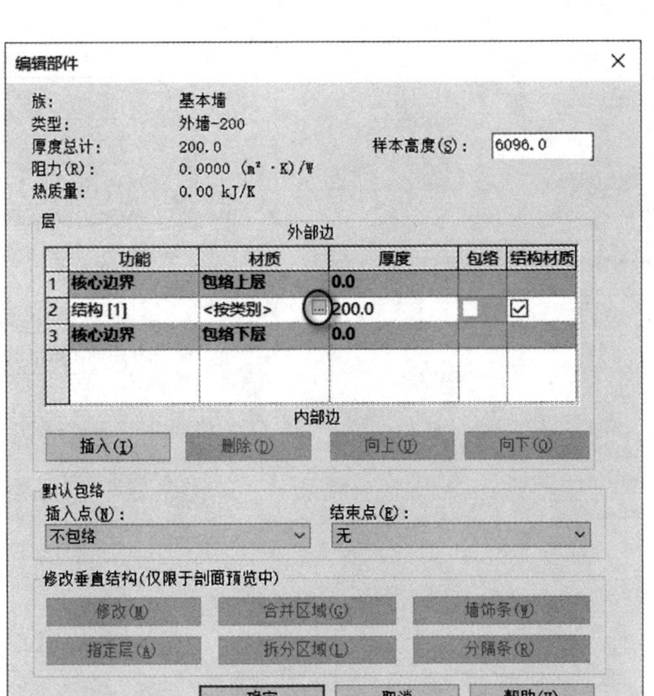

图 2.42 功能层赋予材质

质”未被勾选)，如图 2.43 (a) 所示→通过下拉选项修改功能层，如图 2.43 (b) 所示→修改各功能层的厚度和材质，如图 2.43 (c) 所示→通过“向上”和“向下”功能排列各功能层的顺序，如图 2.43 (d) 所示→两次单击“确定”即可完成“外墙-200”的功能层设置。请读者根据图 2.44 自行设置“内墙-200”和“内墙-100”的功能层。

设置好功能层和材质之后，若出现之前绘制的墙体内外层位置相反的情况，只需要在选择该墙体后，按键盘上的空格键即可实现翻转。

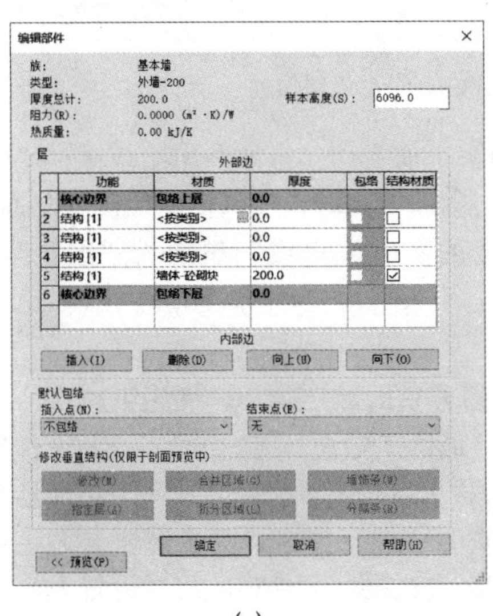

(a)

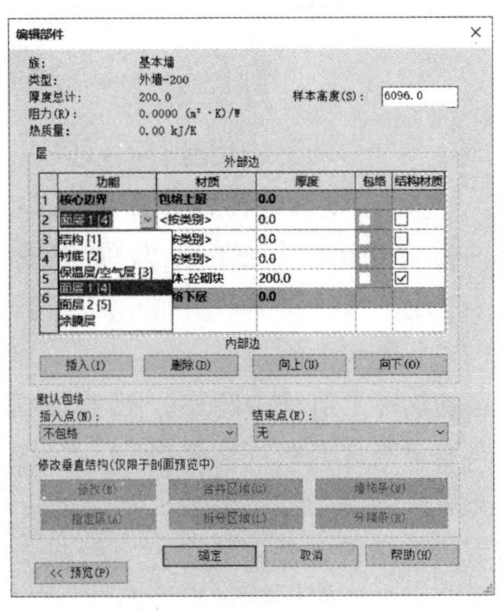

(b)

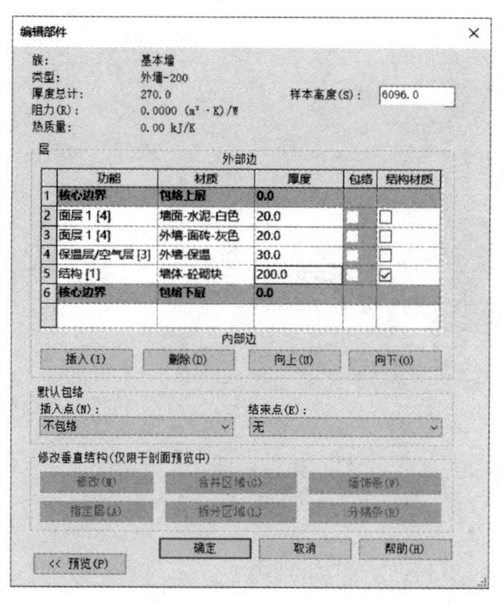

(c)

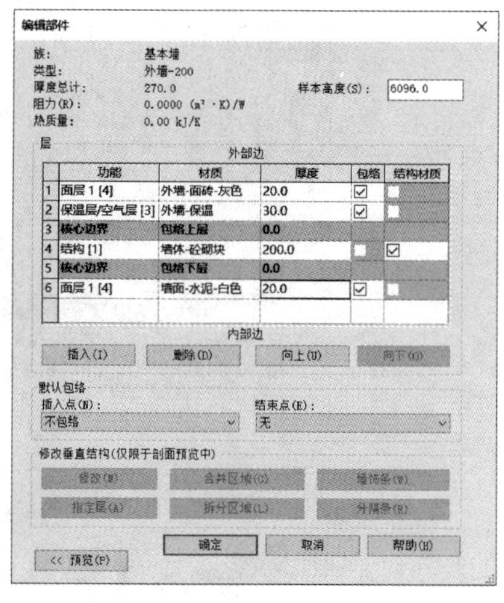

(d)

图 2.43 “外墙-200”功能层设置

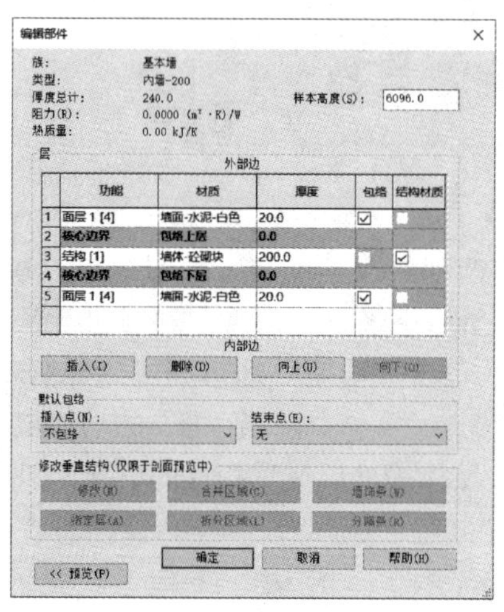

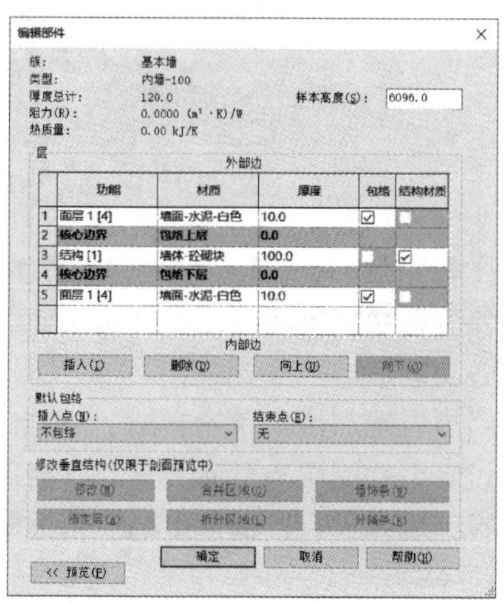

图 2.44 “内墙-200”和“内墙-100”功能层设置

成功设置“墙”的功能层后，进入“标高 1”平面视图，可能会由于“墙”边线显示为“粗线”，影响了功能层的可见性，如图 2.45 所示。读者可以进入“修改”面板，单击“☰（细线）”图标，即可将设置了线宽的所有“粗线”显示为“细线”，如图 2.46所示。当然，再次单击这个图标，也可以将“细线”显示为“粗线”。

（4）优先级的解释

层的功能具有优先顺序。图 2.43 显示的中括号里的数字越小，优先级越高，即结构层具有最高优先级（优先级 1），“面层 2”具有最低优先级（优先级 5）。Revit 首先连接优先级高的层，然后连接优先级最低的层。注意，当层连接时，如果两个层都具有相同的材质，则接缝会被清除；如果两个不同材质的层进行连接，则连接处会出现一条线。墙核心内的层可穿过连接墙核心外的优先级较高的层。即使核心层被设置为优先级 5，核心中的层也可延伸到连接墙的核心。

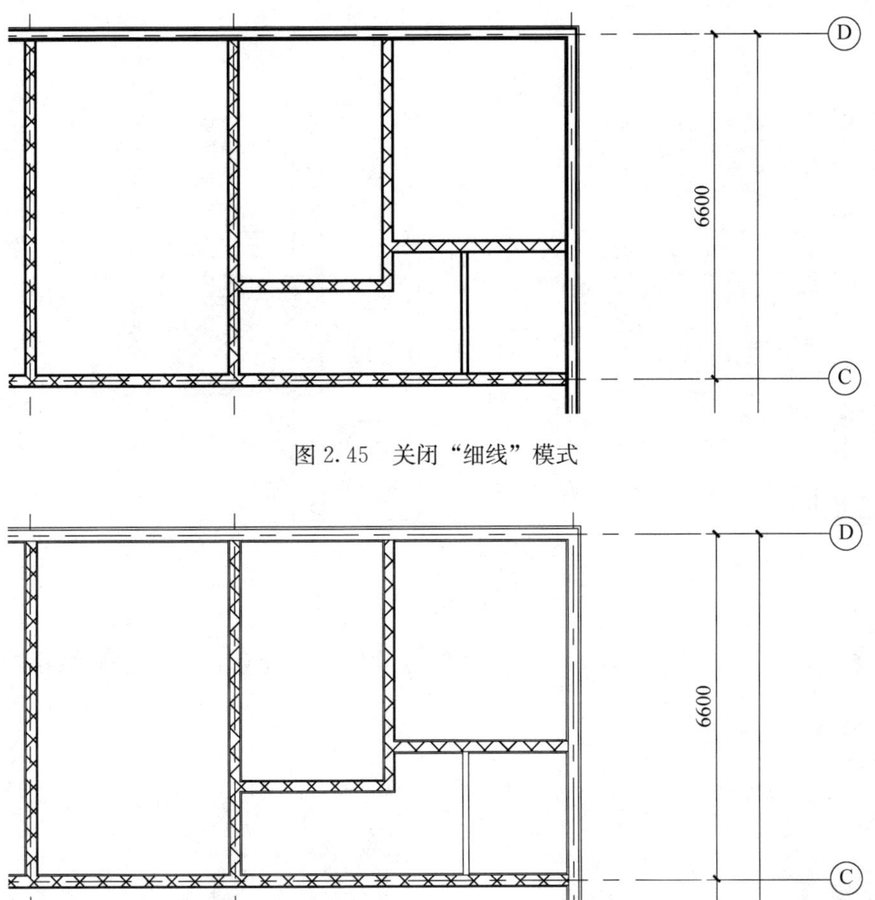

图 2.45 关闭“细线”模式

图 2.46 打开“细线”模式

图 2.47（a）显示了优先级较高的层在优先级较低的层之前进行连接。水平墙优先级 1 的 CMU 层会穿过所有层，直到到达垂直墙优先级 1 的混凝土层。请注意，水平墙的隔热层并没有穿过垂直墙的气密层，因为它们的优先级都为 3 并且都在核心层以外。图 2.47（b）显示了核心内优先级较低的层如何穿过核心外优先级较高的层。水平墙的隔热层已移到核心内。现在，不论此隔热层的优先级为多少，它都能穿过核心外的所有层。读者可根据实际需要对墙体功能层进行必要的优先级设置。

2.3.3 结构柱

（1）创建族类型

进入“标高 1”平面视图，单击“建筑”选项卡→进入“构建”功能区，单击“柱”下拉列表中的“结构柱”→单击属性面板中的“编辑类型”按钮，弹出“类型属性”面板→单击“载入”→弹出“打开”窗口，如图 2.48 所示→依次打开“结构→柱→混凝土”文件夹，选择“混凝土-矩形-柱 . rfa”，如图 2.49 所示→单击“打开”→返回“类型属性”面板→单击“复制”，输入“Z1-500 * 500”，修改“b：500”“h：500”“类型标记：Z1”，如图 2.50 所示→单击“确定”。

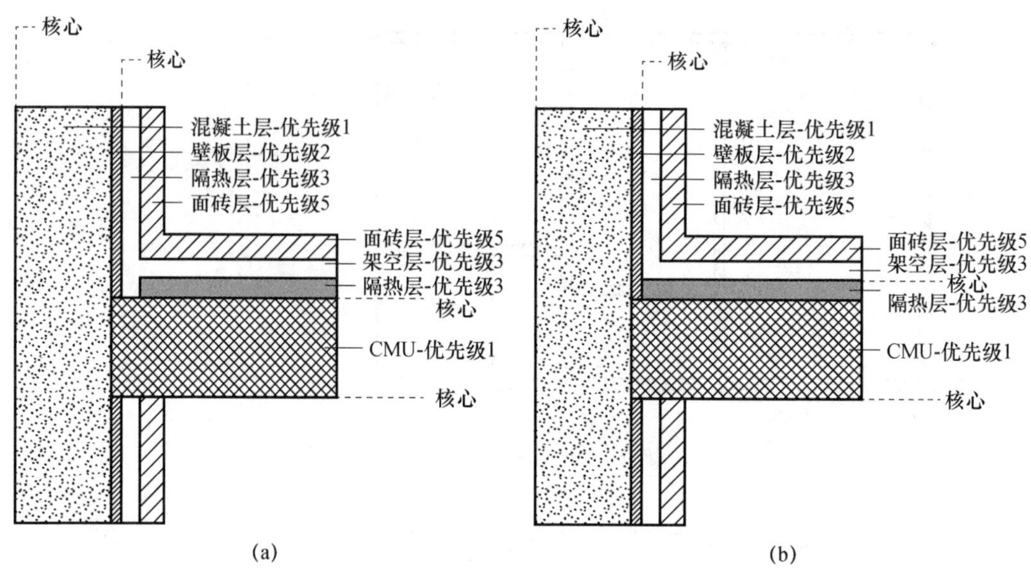

图 2.47　优先级示意图

注意："建筑"选项卡里的"结构柱"与"结构"选项卡里的"结构柱"命令无区别。

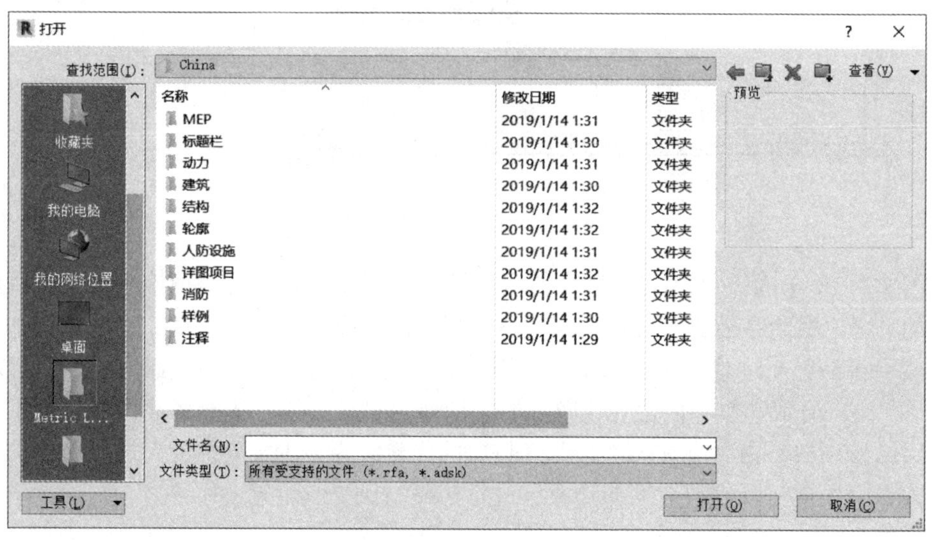

图 2.48　打开族库窗口

（2）布置结构柱

进入绘图区上方的快速访问属性栏，并按图 2.51 所示修改"高度：标高 2"→在上下文选项卡中的"多个"功能区选择"在轴网处"→进入绘图区，框选所有图元即可选择所有轴线，如图 2.52 所示→单击上下文选项卡中的"✔（完成）"，如图 2.53 所示。最后，删除⑥轴与Ⓑ轴相交位置处的结构柱，删除(1/0A)轴上的两个结构柱，如图 2.54所示。

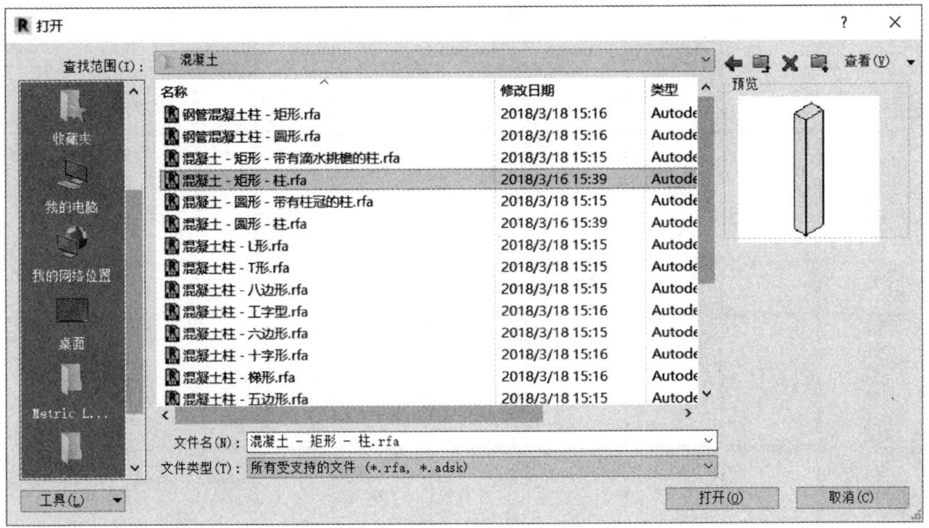

图 2.49　选择族

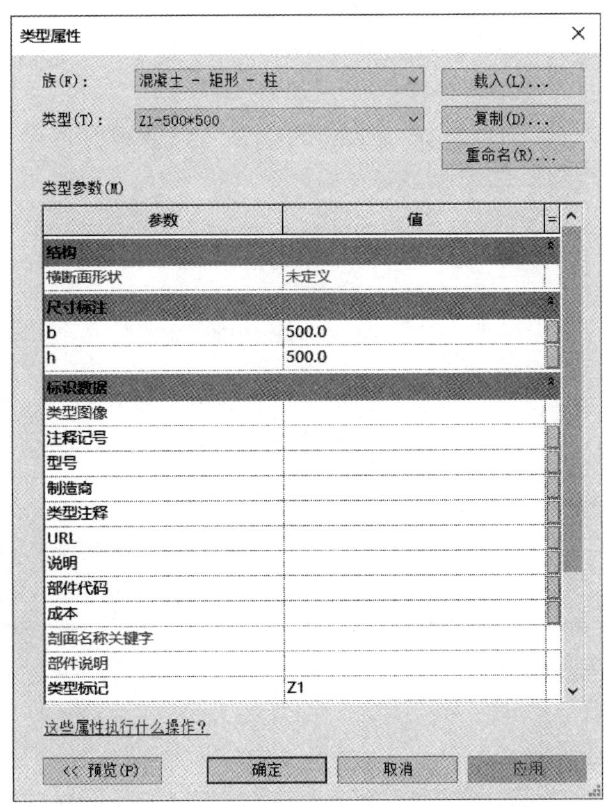

图 2.50　“Z1-500＊500”类型属性设置

图 2.51　放置结构柱快速访问属性栏

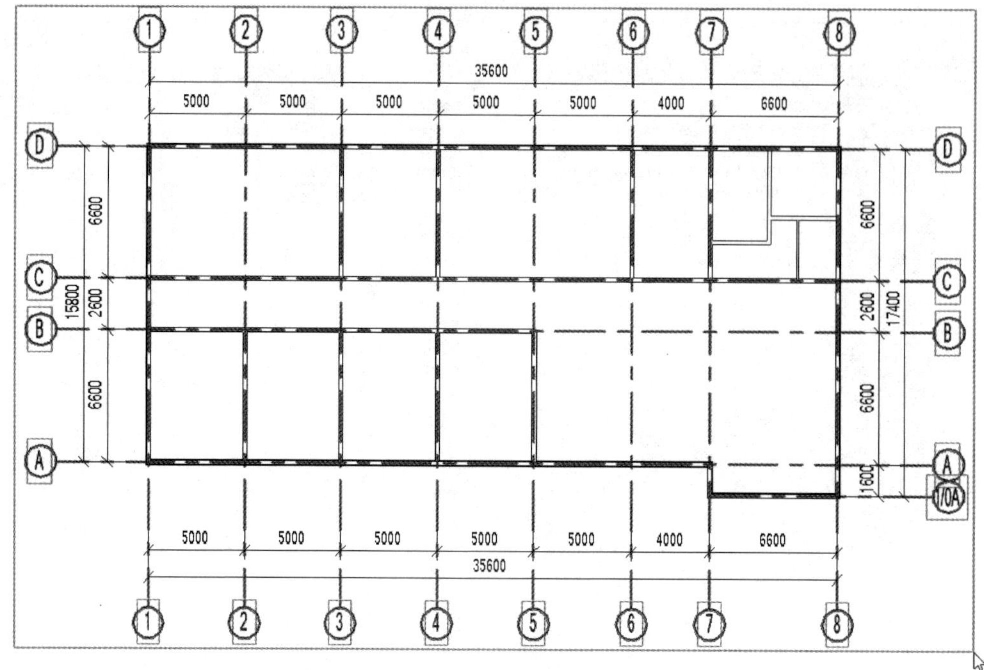

图 2.52　框选所有轴线

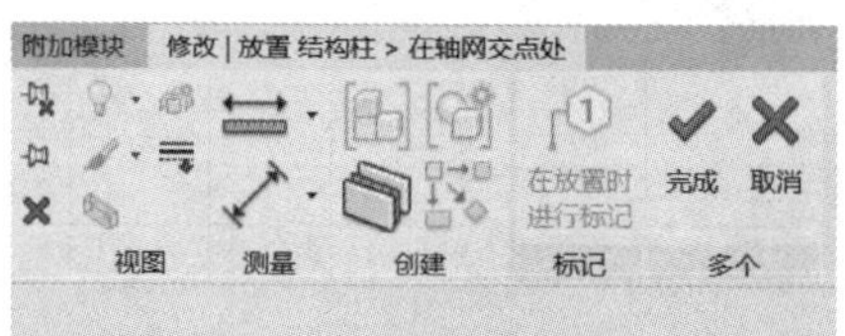

图 2.53　上下文选项卡中的“完成”

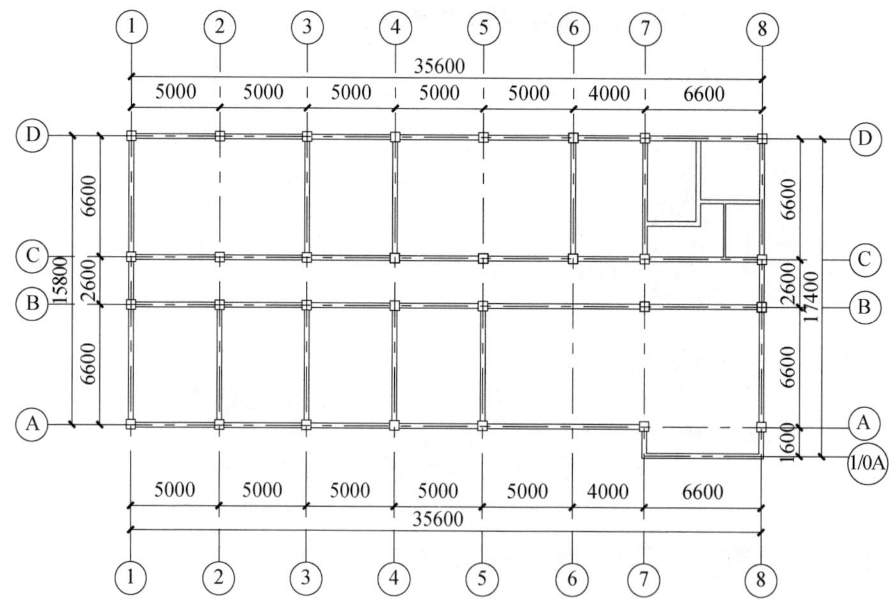

图 2.54　结构柱批量居中布置

注意：通过移动鼠标至轴线交点处，当相交的两根轴线均处于高亮显示（预选择）状态时，单击即可布置单根结构柱，如图 2.55 所示。请读者自行尝试。

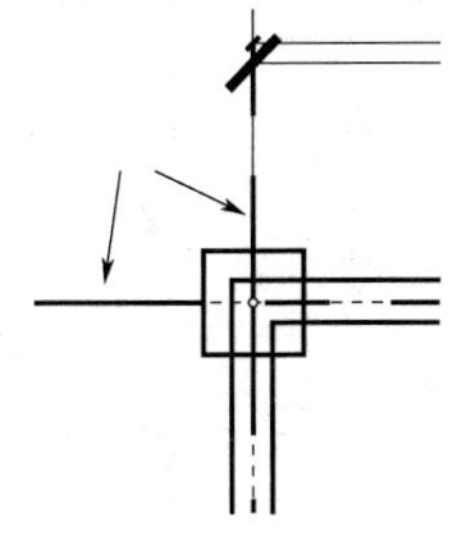

图 2.55 结构柱单根居中布置

（3）调整结构柱位置

单击“修改”选项卡→进入“修改”功能区，单击“（对齐）”图标→勾选属性栏上的“多重对齐”，修改“首选：参照核心层表面”，如图 2.56 所示→先点选墙核心层边线，再单击多个柱的边线，完成对齐。请读者自行对齐所有柱，如图 2.57 所示。

（4）修改结构柱材质

在“标高 1”平面视图中，单选任一结构柱→右击该结构柱→弹出快捷菜单，选择“选择全部实例”→选择“在视图中可见”，此时在“标高 1”平面视图中的所有结构柱均被选中→进入“属性”面板，修改“结构材质：柱-混凝土-现浇”→单击“应用”。

注意：鼠标靠近核心层边线时，核心层边线并不会高亮显示，导致无法直接选择。有两种解决方法，方法一是，鼠标靠近核心层边线时，按 Tab 键（有时需要多按几次），直到核心层边线处于高亮显示状态，单击即可完成点选。方法二是，修改“首选：参照核心层表面”，如图 2.56 所示，鼠标靠近核心层边线时即可高亮显示。

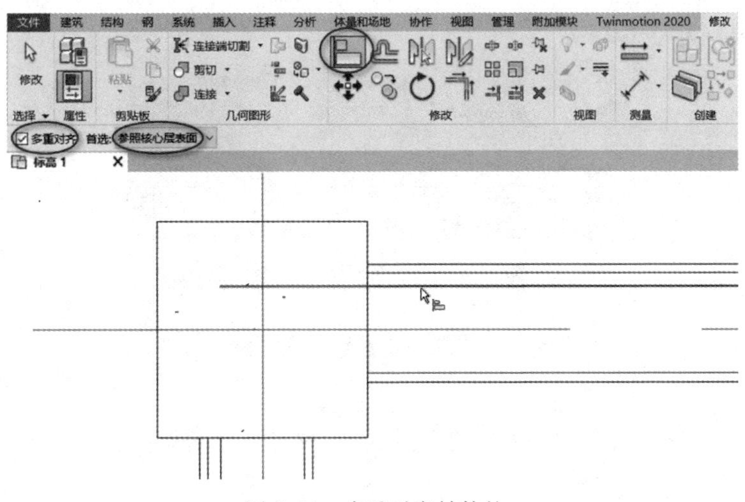

图 2.56 多重对齐结构柱

2.3.4 门窗与门洞

（1）布置窗

创建窗族类型（WN）：进入项目浏览器→双击楼层平面视图中的“标高 1”→进入

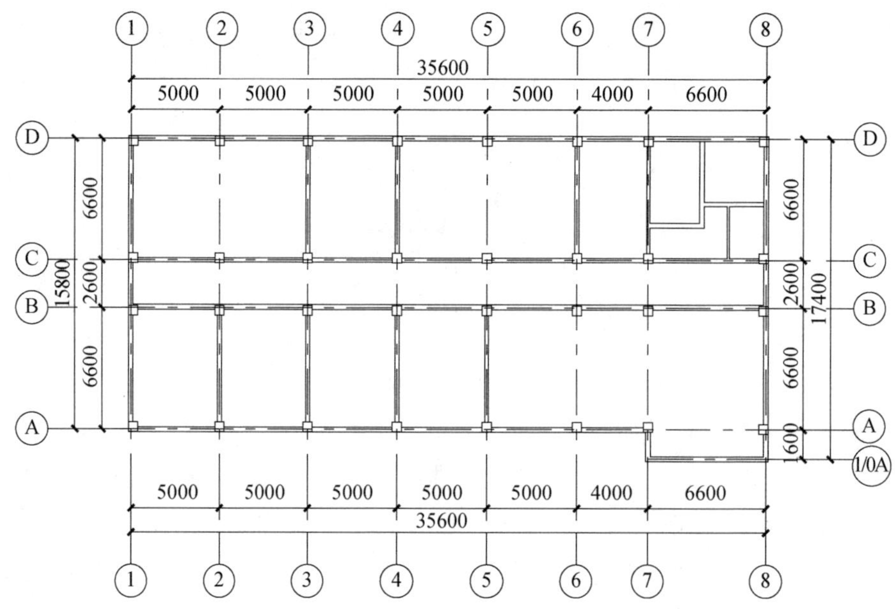

图 2.57　外墙上的结构柱对齐布置

“标高 1”平面视图→单击“建筑”选项卡→进入“构建”功能区，单击“窗”工具图标→单击“属性”面板中“编辑类型”按钮→弹出“类型属性”面板→单击“载入”→弹出“打开”窗口→依次打开“建筑→窗→普通窗→推拉窗”文件夹，选择“推拉窗 6.rfa”→单击“打开”→返回“类型属性”面板→单击“复制”，输入“C1-1600＊1800”，修改“宽度：1600”“高度：1800”“类型标记：C1”，设置材质如图 2.58 所示→单击“确定”→进入“属性”面板中修改“底高度：900”。

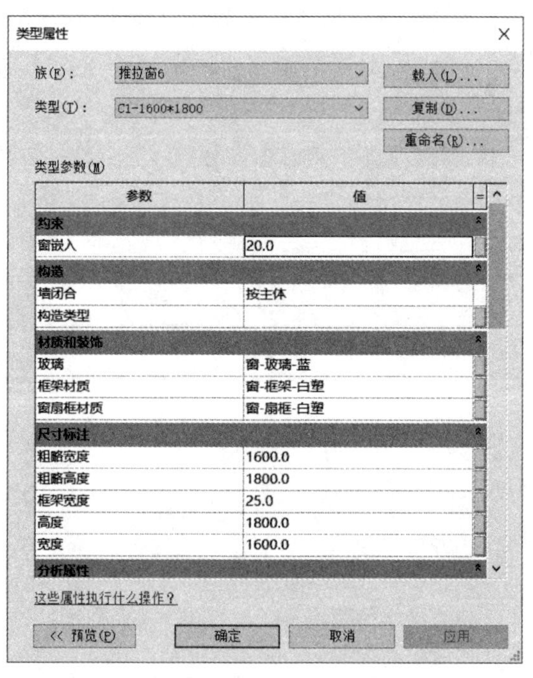

图 2.58　“C1-1600＊1800”类型属性设置

布置窗：进入绘图区→在“属性栏”类型下拉菜单中选择“C1-1600＊1800”→光标移动至Ⓐ轴上的①②轴间墙，单击布置（暂无须按精确位置布置），此时会出现临时尺寸→将“临时尺寸”值按合适数值进行修改，使之居中布置，如图 2.59 所示。请读者根据表 2.3 自行创建其他窗类型并布置。

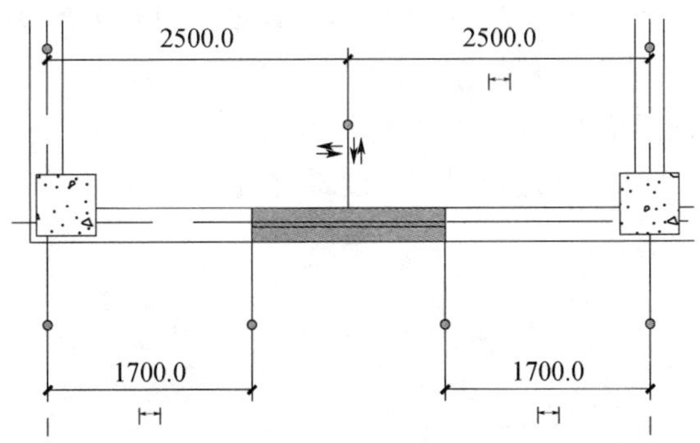

图 2.59　放置窗

注意：实际工程中，将门窗命名为“编号-宽＊高”的形式，便于通过名称查阅窗尺寸。但需要同时将属性中的“类型标记”改为“门窗编号”，这样便于使用“标记”命令对门窗进行直接标记。

表 2.3　门窗表

序号	类型名称	族来源	类型标记	宽＊高（mm） 直径（mm）	底高度（mm）	材质
1	C1-1600＊1800	建筑→窗→普通窗→ 推拉窗→推拉窗 6	C1	1600＊1800	900	窗-玻璃-蓝 窗-框架-白塑 窗-扇框-白塑
2	C2-1200＊1800	同上	C2	1200＊1800	900	同上
3	C3-1800＊1800	同上	C3	1800＊1800	900	同上
4	C4-1500＊950	同上	C4	1500＊950	2100	同上
5	C5-D900	建筑→窗→普通窗→ 固定窗→圆形固定窗	C5	900	900	同上
6	M1-6600＊2400	平移式推拉门（本书提供）	M1	2400＊6600	0	参见图 5.19
7	M2-900＊2100	建筑→门→普通门→平开门→ 单扇→单嵌板木门 2	M2	900＊2100	0	门-贴面-橡木 门-把手-不锈钢 门-框架-橡木 门-嵌板-橡木
8	M3-1500＊2400	消防→建筑→防火门→双扇防火门	M3	1500＊2400	0	防火门-钢材-深灰 门-把手-不锈钢 门-玻璃-透明 防火门-钢材-深灰 防火门-钢材-深灰
9	DK1-2400＊2400	结构→门→门-洞口	DK1	2400＊2400	0	无

（2）布置门

创建门族类型：进入项目浏览器→双击楼层平面视图中的“标高 1”→进入“标高 1”平面视图→单击“建筑”选项卡→进入“构建”面板，单击“门”工具图标，出现“修改 | 放置门”上下文选项卡→单击“属性”面板中“编辑类型”按钮，弹出“类型属性”面板（仅有“单扇”窗族，此族无门把手）→单击“载入”→弹出“打开”窗口→依次打开“建筑→门→平开门→单扇”文件夹，选择“单嵌板木门 2. rfa”→单击“打开”→返回“类型属性”面板→单击“复制”，输入“M2-900＊2100”，修改“宽度：900”，“高度：2100”，“类型标记：M2”，设置材质如图 2. 60 所示。

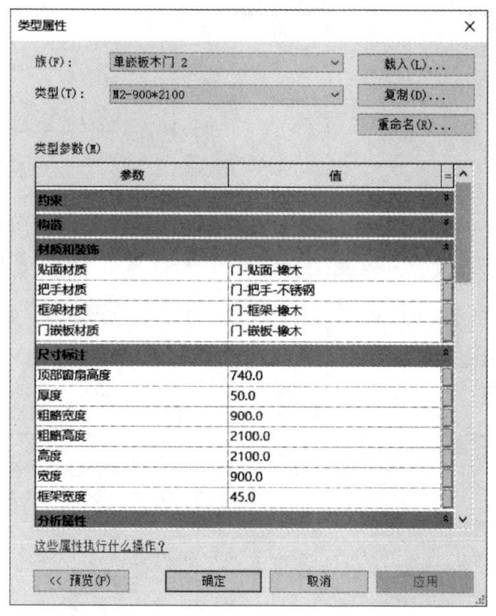

图 2. 60　“M1-6600＊2400”门类型属性设置

布置门（M2-900＊2100）：进入绘图区→在类型选择器中选择“M2-900＊2100”→光标移动至Ⓒ轴上的①②轴间墙，单击布置→使用空格键或“上下左右”键变换门的开启方向→使用“对齐”命令将门边与柱边对齐，如图 2. 61 所示。

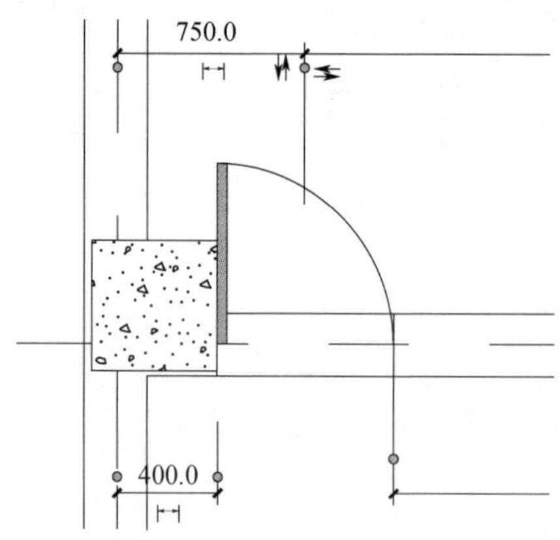

图 2. 61　放置门

布置门（M1-6600＊2400）：双击打开本书提供的“平移式推拉门.rfa”，进入族编辑环境→进入“创建”选项卡，单击“ （载入到项目）”图标→进入项目编辑环境→进入“构建”功能区，单击“门”工具图标→在类型选择器中选择“M1-6600＊2400”→光标移动至Ⓐ轴上的⑤⑦轴间墙，单击进行居中布置。请读者根据表2-3自行创建其他门类型并布置。

注意：若已经对门窗位置进行了“尺寸标注”，可以通过点选门或窗，激活与该窗相关的尺寸标注，然后修改“尺寸标注”值即可，如图2.62所示。

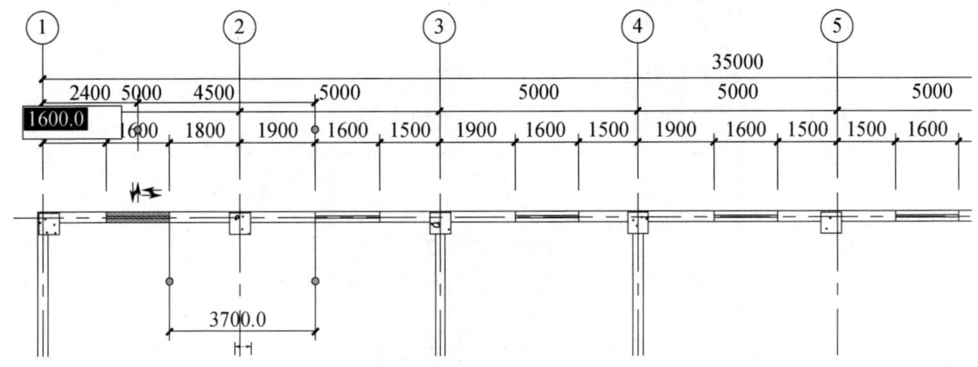

图2.62　修改窗的“尺寸标注”

(3) 门洞

创建门族类型（DR）：进入项目浏览器→楼层平面视图中的“标高1”→进入“标高1”平面视图→单击“建筑”选项卡→进入“构建”面板，单击“门”工具图标，出现“修改｜放置门”上下文选项卡→单击“属性”面板中“编辑类型”按钮，弹出“类型属性”面板→单击“载入”→弹出“打开”对话框→依次打开“结构→门”文件夹，选择“门-洞口.rfa”→单击“打开”→返回“类型属性”面板→单击“复制”，输入“DK1-2400＊2400”，修改“粗略宽度：2400”，“粗略高度：2400”→鼠标移至楼梯间和卫生间入口处墙体，单击即可完成布置，如图2.63所示。

注意：载入“建筑→门→其他→门洞”文件夹中的“门洞.rfa”，也可以布置门洞，读者可以自行载入并布置，然后观察其与结构门洞的不同。

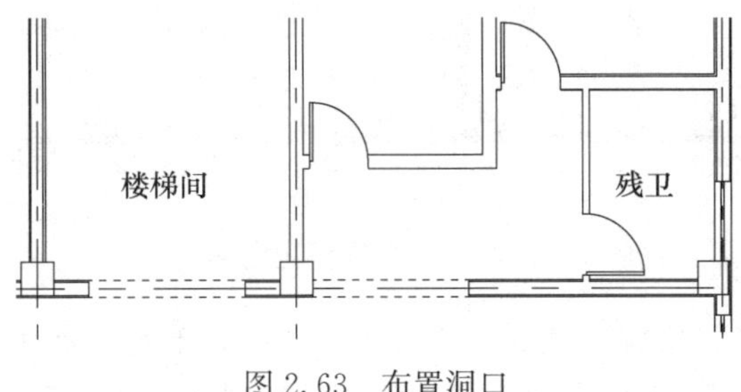

图2.63　布置洞口

2.3.5　标记

(1) 门窗标记

创建标记族：进入“注释”选项卡→进入“标记”功能区→单击“ （全部标

记)”图标→弹出“标记所有未标记的对象”对话框→点选“窗标记”和“门标记”两个类别，如图 2.64 所示→单击“确定”，所有的门窗已经完成了标记。

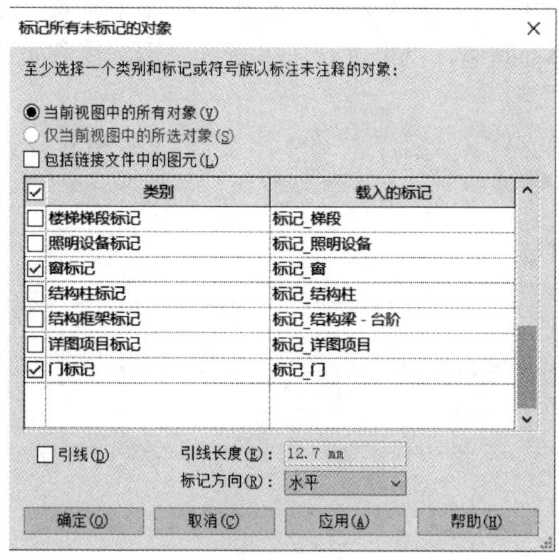

图 2.64　标记所有未标记的对象窗口

调整标记族位置：选择任意一个“标记”后，按空格键可以旋转其方向，结合“上下左右”键可以控制其位置，请读者自行调整标记方向和位置，使视图符合排版要求，如图 2.65 所示。

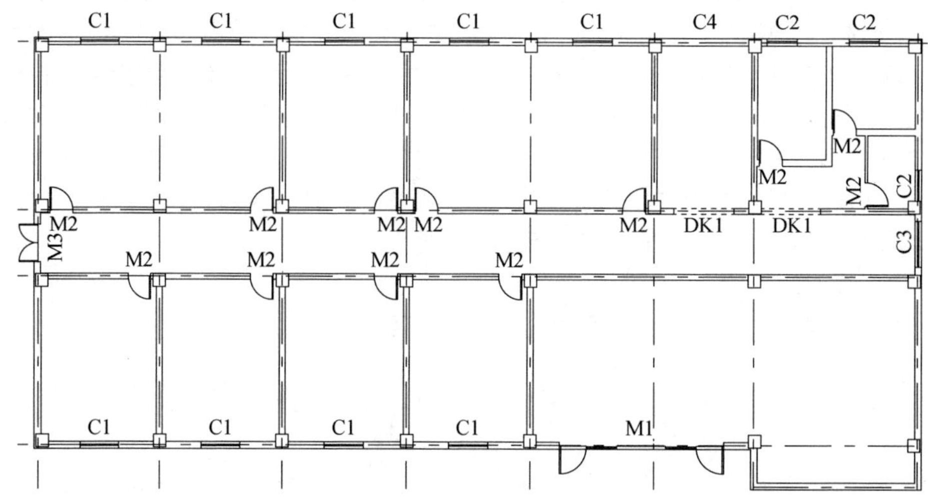

图 2.65　门窗标记完毕

注意：图 2.65 中门窗标记的是“类型标记”，而不是“类型名称”。实际操作中，也可以利用“类型名称”直接进行标记。例如，可将图 2.58 所示的“C1-1600＊1800”修改为“C1”，删除“类型标记”所填内容，然后对窗标记后，标记内容显示为“C1”。具体操作方法参见 7.16 节。

（2）房间标记

标记房间：单击“建筑”选项卡→进入“房间和面积”功能区→单击“ （房

间)”图标→出现“修改 | 放置房间”上下文选项卡→进入“属性”栏，将“标识数据”组中的“名称”修改为“资料室”→鼠标移至进入“标高 1”平面视图中①轴③轴和Ⓒ轴Ⓓ轴形成的区域内，并单击，如图 2.66 所示。

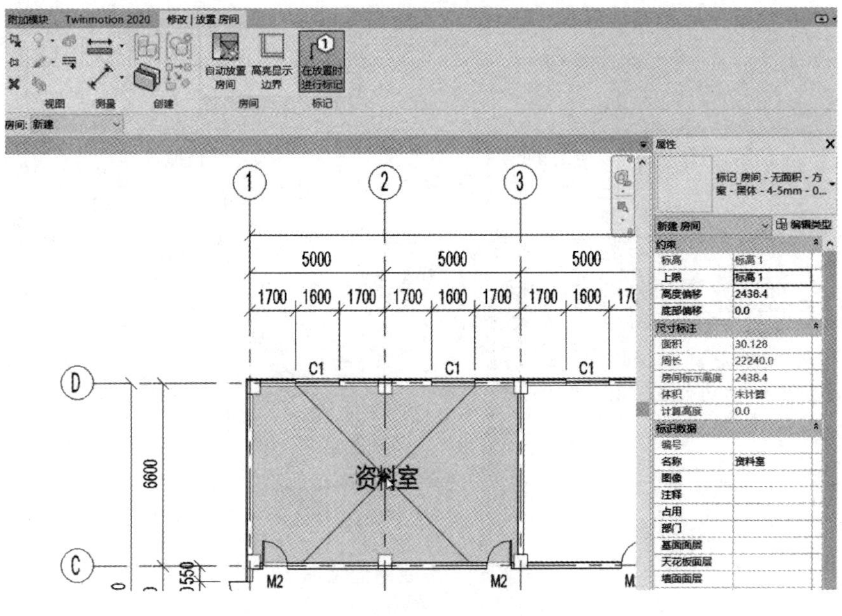

图 2.66 房间标记

注意：由于墙或柱属性中的“房间边界”处于被勾选状态，使用“房间”工具后，当光标移动至房间区域后，软件即可识别（高亮显示）房间的边界。请读者尝试取消墙或柱属性中的“房间边界”，感受一下效果。

由于走道与大厅区域是连接在一起的，它们没有明确的界线，导致在使用“房间”命令后，会无法识别成两个区域。此时需要使用“房间分隔”命令按照图 2.67 所示绘制房间分割线解决，具体操作如下：

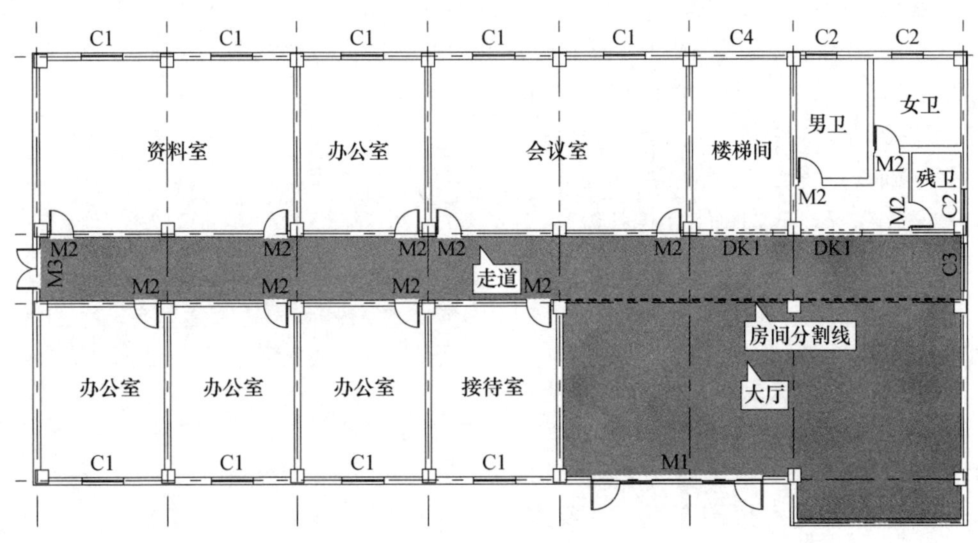

图 2.67 房间分割

分割并标记房间：单击“建筑”选项卡→进入“房间和面积”功能区→单击“（房间分隔）”图标→绘制房间分割线（两端需与墙或柱边连接）→单击“（房间）”图标→分别布置“走道”和“大厅”两个房间，如图 2.68 所示。

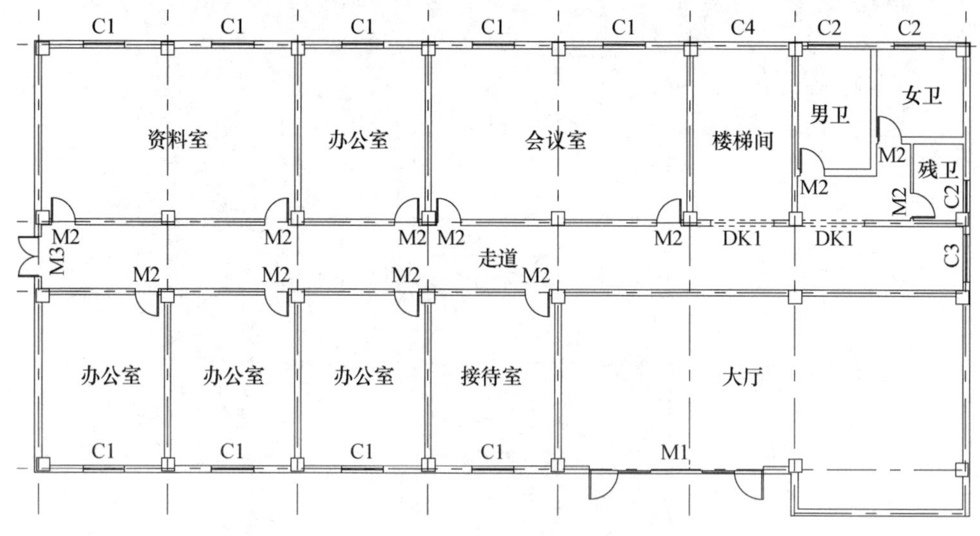

图 2.68　房间标记完毕

有读者认为使用“**A**（文字）”工具标注房间名称会更容易操作一些，关于房间工具标注和文字工具标注的区别可参见 7.17 节。

2.4　地面台阶与散水

2.4.1　室内地面

新建族类型：进入“标高 1”楼层平面视图→单击“建筑”选项卡→单击“构建”功能区中的“（楼板）”图标（或下拉菜单中的“楼板：建筑”），出现“修改｜创建楼层边界”上下文选项卡→单击“属性”面板中“编辑类型”按钮，弹出“类型属性”对话框→确认族类型为“常规-150mm”→单击“复制”，输入“地面-室内-150”，单击“确定”→单击“编辑”进入“编辑部件”界面，按图 2.69 所示添加功能层→两次单击“确定”，退出。

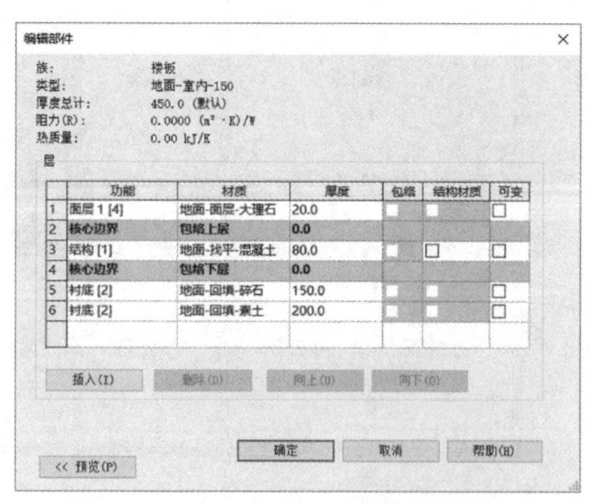
编辑部件

族：楼板
类型：地面-室内-150
厚度总计：450.0（默认）
阻力(R)：0.0000 (m²·K)/W
热质量：0.00 kJ/K

层

	功能	材质	厚度	包络	结构材质	可变
1	面层 1 [4]	地面-面层-大理石	20.0			
2	核心边界	包络上层	0.0			
3	结构 [1]	地面-找平-混凝土	80.0			
4	核心边界	包络下层	0.0			
5	衬底 [2]	地面-回填-碎石	150.0			
6	衬底 [2]	地面-回填-素土	200.0			

插入(I)　删除(D)　向上(U)　向下(O)

确定　取消　帮助(H)

<< 预览(P)

图 2.69　“地面-室内-150”功能层设置

绘制地面：进入绘图区上方的快速访问属性栏，确认“延伸到墙中（至核心层）”处于勾选状态→鼠标移至外墙的外边缘，此时外侧的核心层高亮显示（反之，移至外墙的内边缘则会识别到内侧的核心层）→按 Tab 键，所有外墙外侧核心层均被选中，如图 2.70 所示→保持鼠标位置不动，单击→单击绿色勾号“✔（确定）”，如图 2.71 所示。

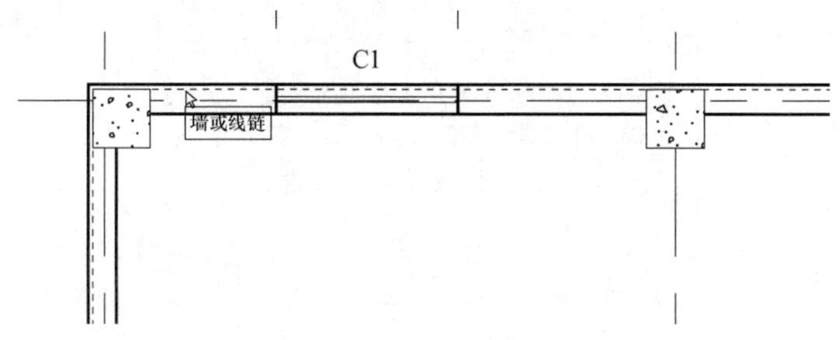

图 2.70　核心层外边线高亮显示

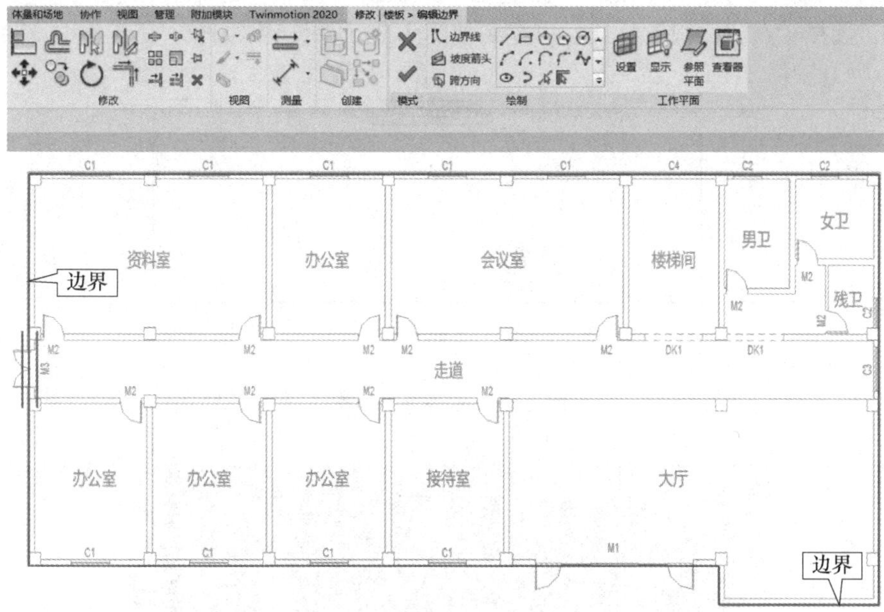

图 2.71　地面草图

2.4.2　室外平台

新建族类型：进入“标高 1”楼层平面视图→单击“建筑”选项卡→单击“构建”功能区中的“（楼板）”图标（或下拉菜单中的“楼板：建筑”），进入“修改 | 创建楼层边界”上下文选项卡→单击“属性”面板中“编辑类型”按钮，弹出“类型属性”对话框→确认族类型为“地面-室内-150”→单击“复制”，输入“平台-室外-420”，单击“确定”→单击“编辑”进入“编辑部件”界面，按图 2.72 所示添加功能层→两次单击“确定”退出→进入实例属性栏，修改“自标高的高度偏移：-30”。

绘制室外平台：进入“修改 | 创建楼层边界”上下文选项卡中的“绘制”功能区→单击“（矩形）”→进入绘图区，在主入口位置绘制一个矩形草图（3m×8.9m），如图 2.73 所示→单击绿色勾号“✔（确定）”→单击“（对齐）”图标，将室外平台与

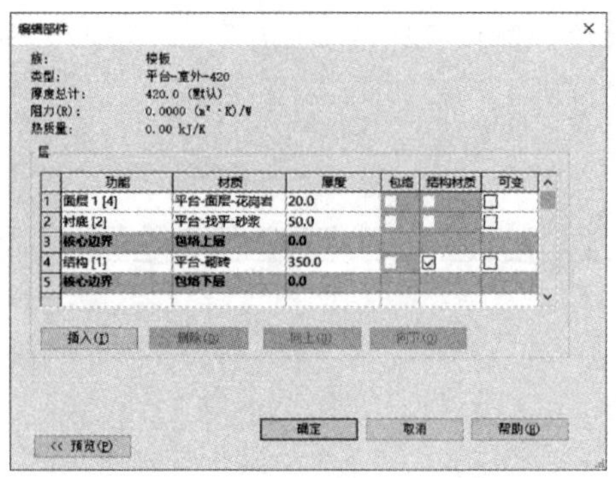

图 2.72　“平台-室外-420”功能层设置

外墙外侧核心层线对齐→双击项目浏览器中默认的“{3D}”进入三维视图→进入视图控制栏，选择“真实”视觉样式，可得到如图 2.74 所示三维视图。

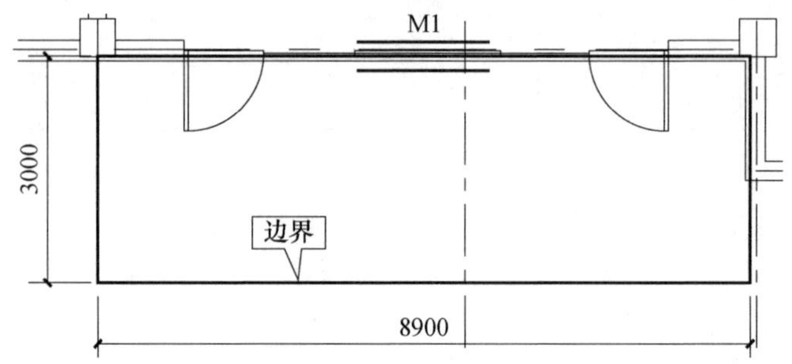

图 2.73　室外平台草图

图 2.74　室外平台三维视图

注意：图 2.73 所示是草图模式，对草图模式下的矩形边线进行“对齐”操作，会改变矩形的大小，只有单击绿色勾号“✔（确定）”将草图对象转换为实体对象，才可以进行“对齐”操作。

2.4.3　台阶

载入轮廓族：进入“插入”选项卡→单击“（载入族）”工具图标→选择本书提供的“台阶断面.rfa”→单击“打开”。读者也可以直接打开“台阶断面.rfa”文件，然后单击“ （载入到项目）”图标。轮廓族的创建请参见 5.2.2 节。

布置台阶：进入项目编辑环境→单击“ （默认三维视图）”进入三维视图→进入“建筑”选项卡，单击“构建”功能区中的“ （楼板）”下拉菜单中的“楼板：楼板边”，出现“修改｜放置楼板边缘”上下文选项卡→单击“属性”面板中“编辑类型”按钮，弹出“类型属性”对话框→确认族类型为“楼板边缘”→单击“复制”，输入“室外台阶”→单击“确定”→修改类型属性中的“轮廓：台阶断面”，“材质：平台-面层-花岗岩”→单击“确定”→单击如图 2.75 所示的三条边→按 Esc 键退出，得到图 2.76所示的台阶。

注意：单击“ （默认三维视图）”图标，Revit 将在项目浏览器中创建一个名为“{三维}”的新三维视图，它与默认的“{3D}”视图的视觉样式可相互独立设置。

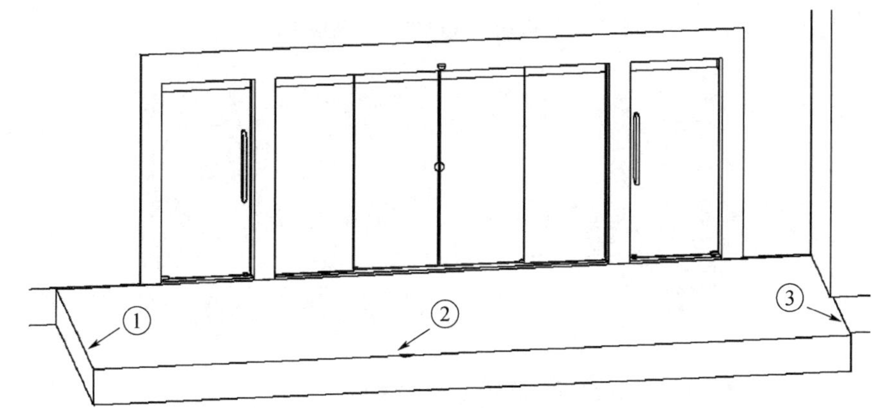

图 2.75　拾取楼板边

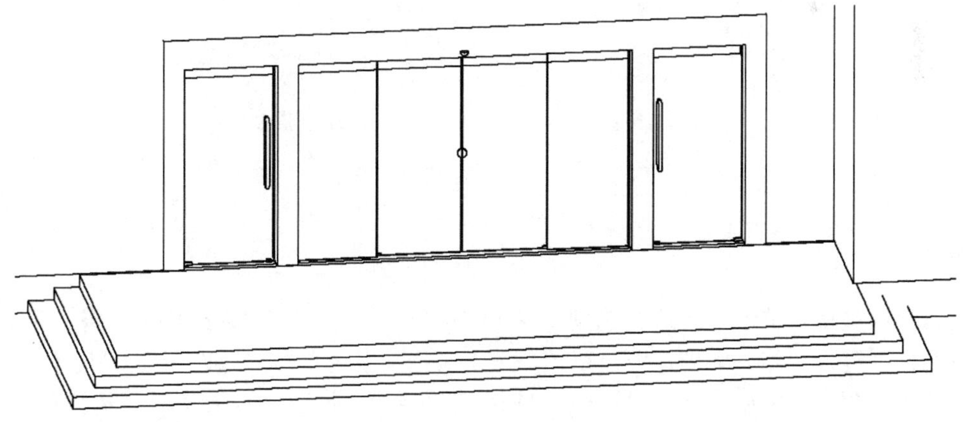

图 2.76　创建台阶完毕

调整台阶长度：进入“标高 1”平面视图→单击选择之前创建的台阶→按住鼠标左键并拖动“拖曳端点”，调整台阶长度至外墙边。如图 2.77 所示。请读者自行创建次入口处的平台和台阶。

注意：不同于 SketchUp、Cinema 4D、3ds Max 等通用三维建模软件创建出的三维模型，BIM 不仅仅要求三维模型外观正确，还要求其模型信息是正确的。例如，台阶长度调整前后的建筑整体外观看起来并无两样，但通过查看“台阶”的实例属性我们可以看到，“长度”数据在调整前后是有变化的，这些数据的大小都直接影响着对工程信息的管理（图 2.78）。

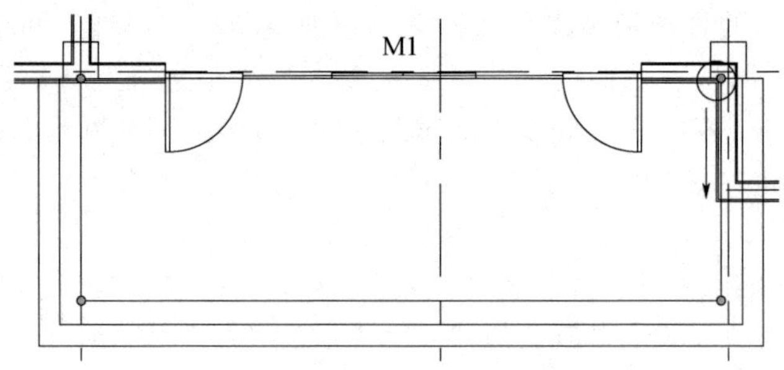

图 2.77　拖动“线段端点”调整长度

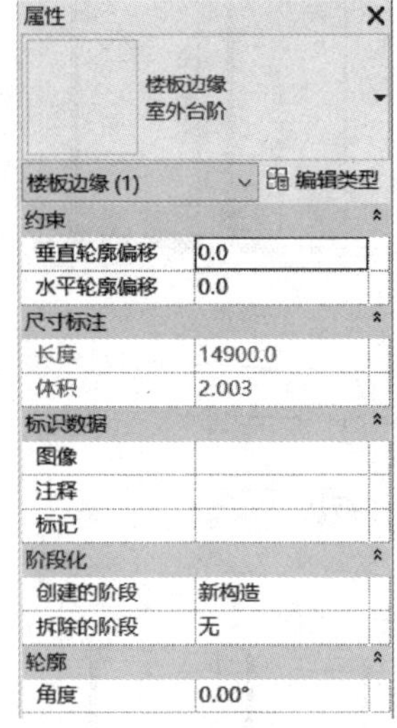

(a) 调整前

(b) 调整后

图 2.78　“室外台阶”实例属性

2.4.4　坡道

新建族类型：单击“建筑”选项卡→单击“楼梯坡道”功能区中的“（坡道）”工具图标→进入“修改 | 创建坡道草图”上下文选项卡→单击“属性”面板中“编辑类型”按钮，弹出“类型属性”对话框→确认族类型为“坡道 1”→单击“复制”，输入“室外坡道”，单击“确定”→修改“造型：实体”“功能：外部”“材质：坡道-防滑-混凝土”，单击“确定”→返回实例属性栏，修改“底部标高：室外地坪”“底部偏移：0”“顶部标高：标高 1”“顶部偏移：-30”“宽度：1400”，单击“应用”。

绘制坡道：确认梯段绘制方式为“（直线）”，在绘图区任意位置单击，然后移动鼠标至坡道端部（或端部外侧）再次单击，如图 2.79 所示，按“（确定）”图标→按图 2.80 所示调整坡道位置。

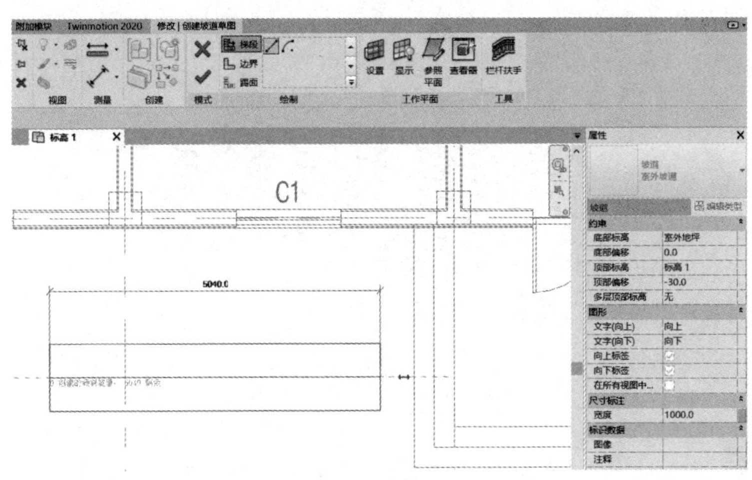

图 2.79 绘制坡道

注意：在“标高1”平面视图中，由于栏杆扶手遮盖了坡道边线，导致“尺寸标注”无法拾取到坡道边。此时可以在绘图区下方的视图控制栏中选择“(线框)”视觉样式，将被遮盖的坡道边线显示出来。

修改栏杆扶手：选择靠近外墙一侧的“栏杆扶手”→单击“修改 | 栏杆扶手”上下文选项卡中的“(编辑路径)”→进入“修改 | 栏杆扶手>绘制路径”上下文选项卡→选择绘制方式为“(直线)”→补绘如图 2.81 所示的线条→按“(确定)”图标，再按 Esc 键退出上下文选项卡→进入“{三维}”视图，选择坡道上的扶手，进入“属性”面板，修改“从路径偏移：-50”→读者自行参照 2.4.3 节内容调整台阶长度，使之端部位于坡道边，如图 2.82 所示。

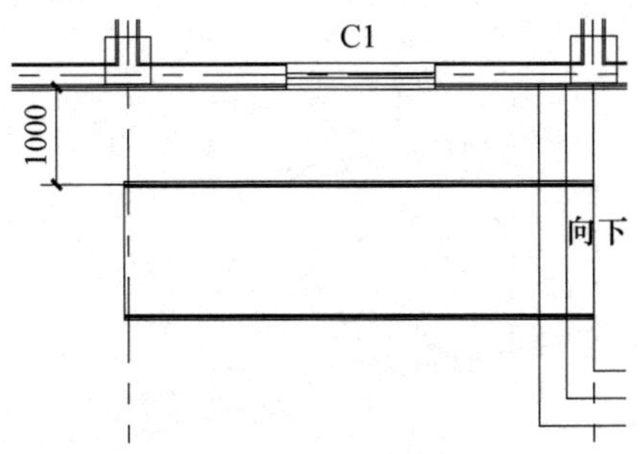

图 2.80 调整坡道位置

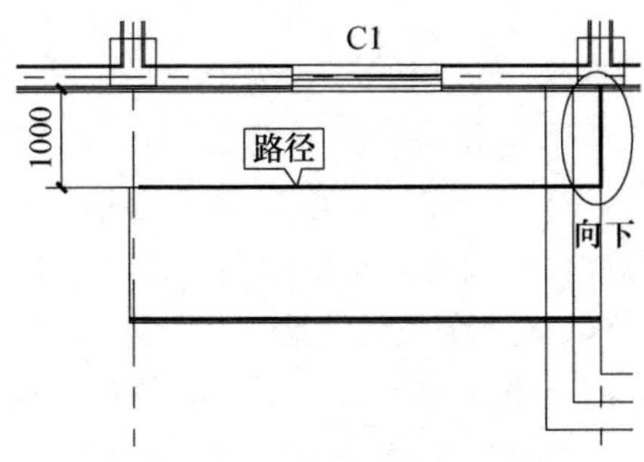

图 2.81 编辑坡道扶手路径草图

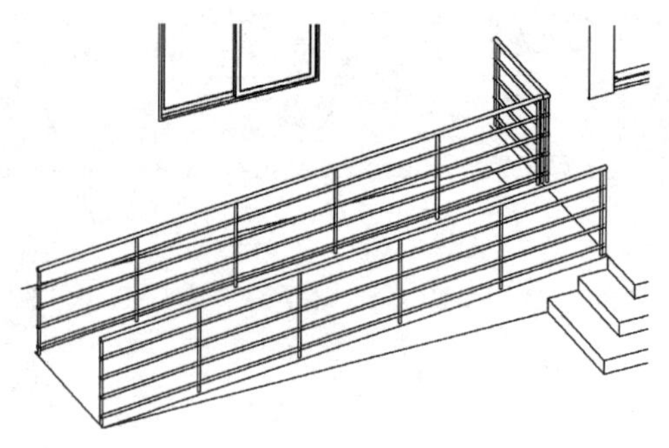

图 2.82　坡道三维视图

2.4.5　散水

载入轮廓族：进入“插入”选项卡→单击“(载入族)”工具图标→选择本书提供的“散水断面 . rfa”→单击“打开”。轮廓族的创建请参见 5.2.2 节。

修改外墙高度：鼠标移至任一外墙边缘，待高亮显示后，按 Tab 键并单击即可选择所有外墙→进入实例属性栏中，修改“底部约束”为“室外地坪”，单击“应用”。

布置散水：返回项目编辑环境，并进入三维视图→进入“建筑”选项卡，选择“(墙)”图标下拉菜单中的“墙：饰条”，出现“修改 | 放置墙饰条”上下文选项卡→单击“属性”面板中的“编辑类型”按钮，弹出“类型属性”对话框→确认族类型为“檐口”→单击“复制”，输入“散水”，单击“确定”→修改类型属性中的“轮廓：散水断面”“材质：散水-砂浆”→单击“确定”→单击外墙底部外边线→按 Esc 键退出，得到图 2.83 所示的散水。

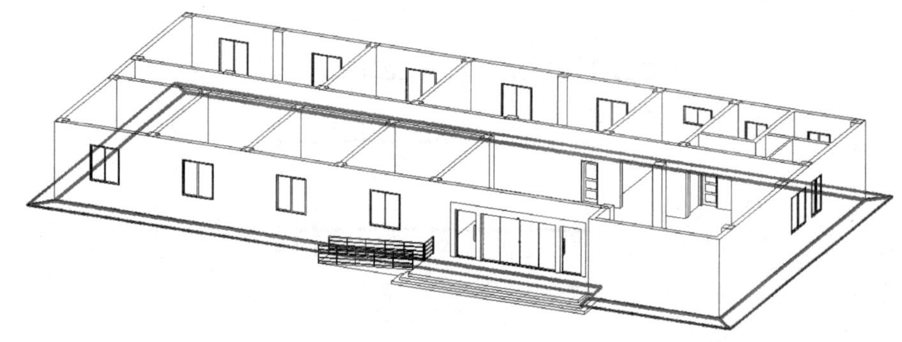

图 2.83　散水

调整散水长度：进入三维视图→单击 ViewCube 的“上”→光标移动到 M1 附近，选择之前创建的散水→按住鼠标左键并拖动“拖曳端点”，调整散水长度至台阶边，如图 2.84 (a) 所示→光标移动到 M3 附近，单击修改选项卡中的“(拆分图元)”图标，对次入口附近的墙体进行打断处理，如图 2.84 (b) (c) 所示→按住鼠标左键并拖动出现的“拖曳端点”，调整散水长度至台阶边。

注意：通过“墙饰条”命令布置的散水，散水与墙体之间存在“依附”关系，无法直接“打断”散水，可通过“打断”墙体对散水进行间接“打断”。

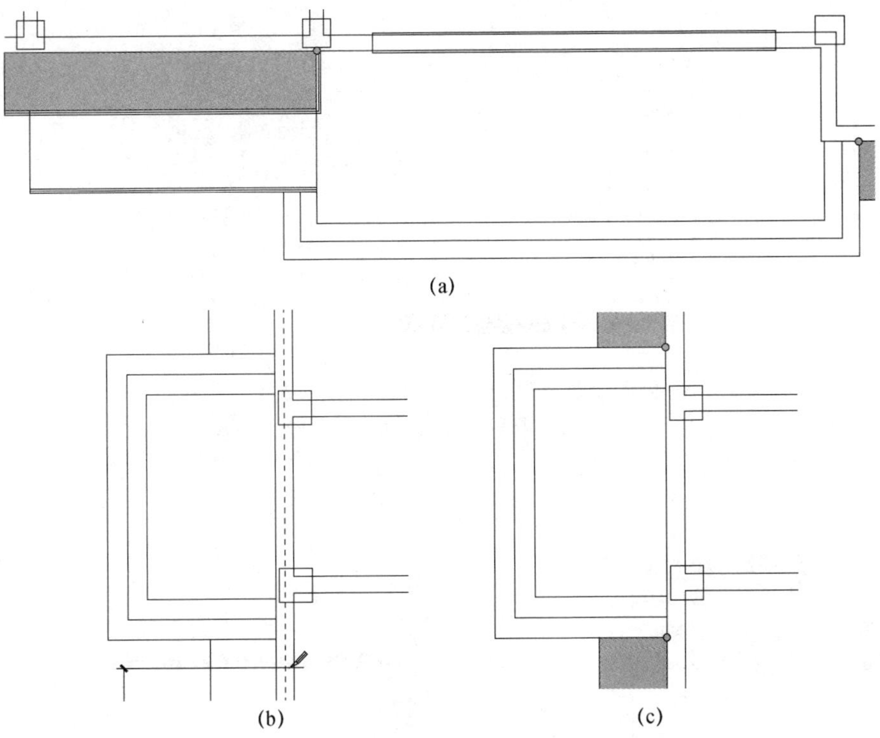

图 2.84　调整散水长度

2.5　楼层创建与楼梯

2.5.1　创建楼层

（1）楼层间复制

进入三维视图→框选所有三维图元→进入“修改｜选择多个”上下文选项卡→单击“（过滤器）”→弹出“过滤器”对话框，按图 2.85 所示勾选相应类别→单击“（复制到剪贴板）”图标→单击“（粘贴：与选定的标高对齐）”，如图 2.86 所示→弹出“选择标高”对话框，选择“标高 2”，单击“确定”，如图 2.87 所示。

（2）属性批量修改

进入三维视图→单击“View Cube”中的“前”。此时，将发现有墙体顶部超出了“标高 3”标高，这是由于二层的对象继承了首层对象的属性导致的，需对其属性进行调整（图 2.88）。

在“前”视图中框选二层所有对象（图 2.89）→通过“（过滤器）”筛选出“墙”→进入实例属性栏→“底部约束：标高 2”“底部偏移：0”“顶部约束：标高 3”“底部偏移：0”，单击“应用”。

在“前”视图中框选二层所有对象→通过“（过滤器）”筛选出“结构柱”→进入实例属性栏→“底部约束：标高 2”“底部偏移：0”“顶部约束：标高 3”“底部偏移：0”，单击“应用”。

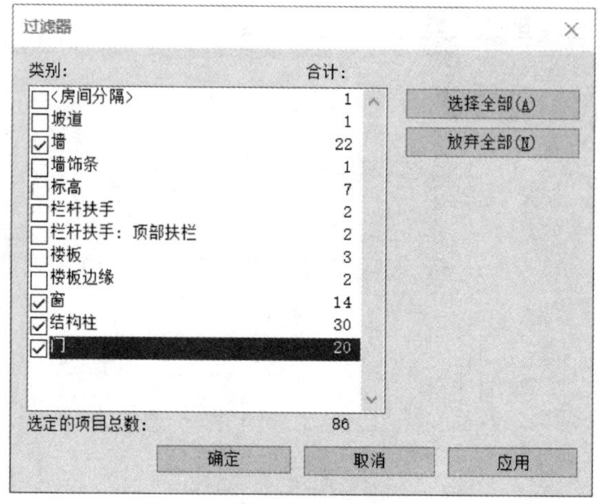

图 2.85　过滤器

图 2.86　视图间的“复制与粘贴”工具

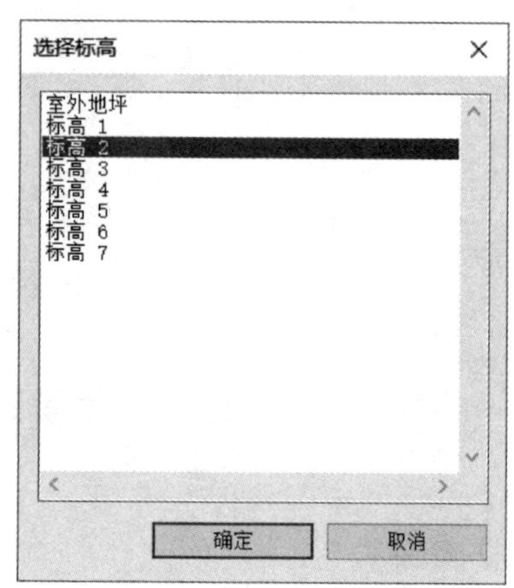

图 2.87　“选择标高”对话框

图 2.88　楼层间复制（三维视图）

注意：框选图元对象准备楼层间（不同视图间）的复制之前，可以有意识地避开不希望复制的内容，比如散水、室外平台和台阶等内容，不一定所有的筛选都依赖“过滤器”，即便在“过滤器”中忘记过滤的，也可以在复制后再通过手动方式删除多余图元。

图 2.89 框选二层所有对象（三维“前”视图）

在“前”视图中框选二层所有对象→通过“（过滤器）”筛选出“门”→进入实例属性栏→“标高：标高 2”“底高度：0”，单击“应用”。

在“前”视图中框选二层所有对象→通过“（过滤器）”筛选出“窗”→进入实例属性栏→“标高：标高 2”“底高度：900”，单击“应用”→单独选择二层楼梯间窗“C4-1500 * 950”，修改“底高度：1800”。

注意：由于 Revit 2019 在三维视图加入了标高对象，读者结合“View Cube”可以完成很多以前需要在平面视图中才能完成的工作，提高了工作效率。族对象在不同层高之间的复制，由于属性参数继承的原因，往往需再次调整；但是在相同层高之间的复制，一般无须再次调整对象属性。

（3）创建二层对象

进入标高 2 楼层平面视图→删除①轴上的门“M1”、Ⓐ轴上的门“M3”和散水等对象→在原Ⓐ轴上的门“M3”位置布置“C3”→选择二层所有外墙→单击属性面板中的“编辑类型”→进入“类型属性”面板，并确认族类型为“外墙-200”→单击“复制”，新建“外墙-200-2”，调整其面层材质如图 2.90 所示→单击“确定”→并在类型选择器中选择“外墙-200-2”即可。

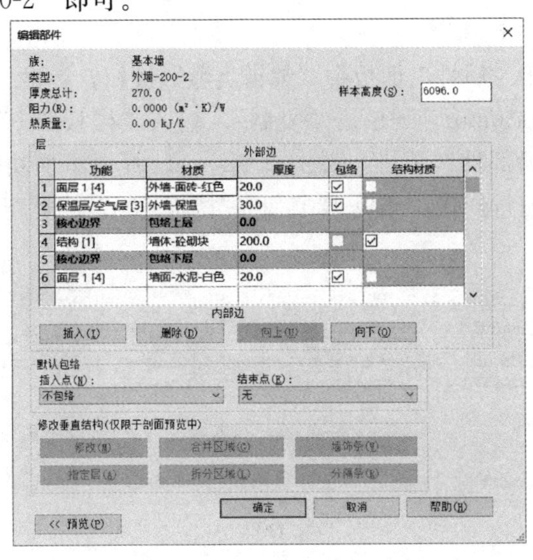

图 2.90 “外墙-200-2”功能层设置

注意：通过阅读首层和二层建筑平面图，读者可以发现它们存在许多相似之处，因此只需要对不相同对象进行删除或替换即可。为了只显示“标高 2”以上对象，可进入“楼层平面”实例属性，将“范围：底部标高”修改为“无”。

（4）创建其他楼层

进入三维视图→框选所有二层对象（墙、柱、门和窗）→单击“（复制到剪贴板）”图标→单击“（粘贴：与选定的标高对齐）”→弹出“选择标高”对话框，选择“标高 3、标高 4”→单击“确定”，如图 2.91 所示。由于二～四层层高相同，经修正的二层对象复制到三、四层后，不再出现对象超出顶标高和底标高的情况。

图 2.91　三、四层图元对象复制（“真实”样式）

2.5.2　楼板和屋顶

（1）楼板

激活命令：进入“标高 2”楼层平面视图→单击“建筑”选项卡→单击“构建”功能区中的“（楼板）”图标（或下拉菜单中的“楼板：建筑”）→进入“修改｜创建楼层边界”上下文选项卡。

新建族类型：单击“属性”面板中“编辑类型”按钮，弹出“类型属性”对话框→选择族类型为“常规-150mm”→单击“复制”，输入“楼板-150”，单击“确定”→单击“编辑”进入“编辑部件”界面，按图 2.92（a）所示添加功能层→两次单击“确定”退出。同理，请自行创建“楼板-120”和“楼板-100”族类型。

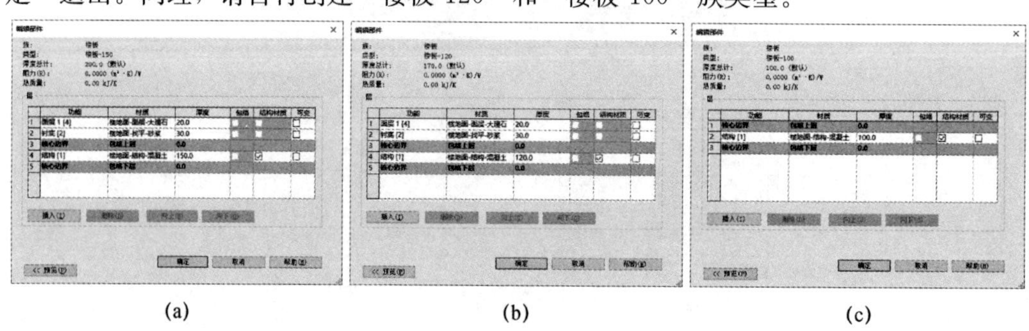

(a)　(b)　(c)

图 2.92　楼板功能层设置

绘制楼板：在类型选择器中选择“楼板-150”→进入“绘制”功能区，单击“边界线”中的“拾取线”→拾取核心层边线，创建如图 2.94 所示区域的楼板→单击绿色勾号“✔（确定）”→跳出图 2.93，单击“否”。同理，按图 2.94 所示绘制“楼板-120”，并绘制“自标高的高度偏移：-30”。楼板边界的确定，请参考 7.21 节。

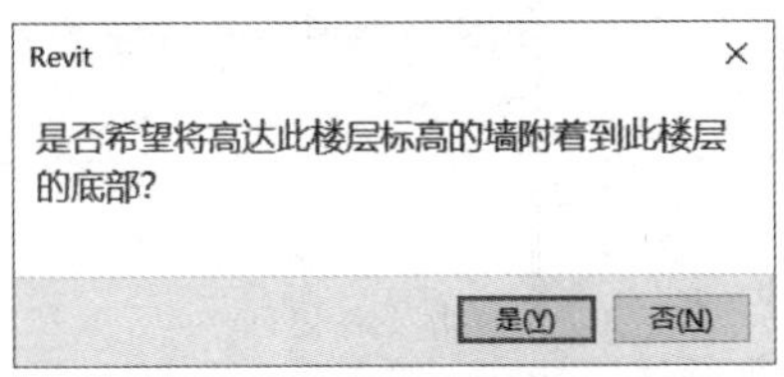

图 2.93　墙附着提示框

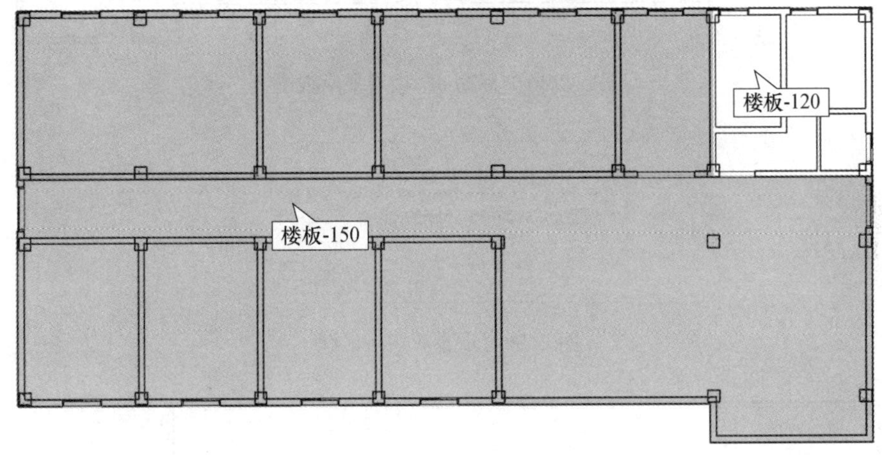

图 2.94　二、三层楼板分布

注意：单击图 2.93 对话框中的“是”，会导致所有首层墙体顶部附着到二层楼板的底面，即首层墙体高度降低，此时会露出楼板部分。单击“否”，会导致墙体高度数据不“真实”，但这需要在后期对部分墙体高度进行局部调整。

三层和四层（楼板）：选择二层所有楼板，单击“（复制到剪贴板）”图标→单击“（粘贴：与选定的标高对齐）”→弹出“选择标高”对话框，选择“标高 3”和“标高 4”→单击“确定”。请读者自行调整第四层的模型布局如图 2.95 所示，其中露台女儿墙高度为 1100mm，并设置露台楼板为“楼板-120”。

五层（外墙、柱）：进入“标高 4”楼层平面视图→选择图 2.95 中的所有外墙和柱→单击“（复制到剪贴板）”图标→单击“（粘贴：与选定的标高对齐）”→弹出“选择标高”对话框，选择“标高 5”，单击“确定”→进入三维视图，删除五层所有门和窗（图 2.96）。

五层和六层（楼板）：进入“标高 5”楼层平面视图→单击“建筑”选项卡中的“（楼板）”图标→在类型选择器中选择“楼板 100”，沿外墙核心层外表面绘制楼板，如图 2.97 所示→绘制完毕后，进入三维视图，选择该楼板，单击“（复制到剪贴板）”图标→单击“（粘贴：与选定的标高对齐）”→弹出“选择标高”对话框，选择“标高 6”，单击“确定”。

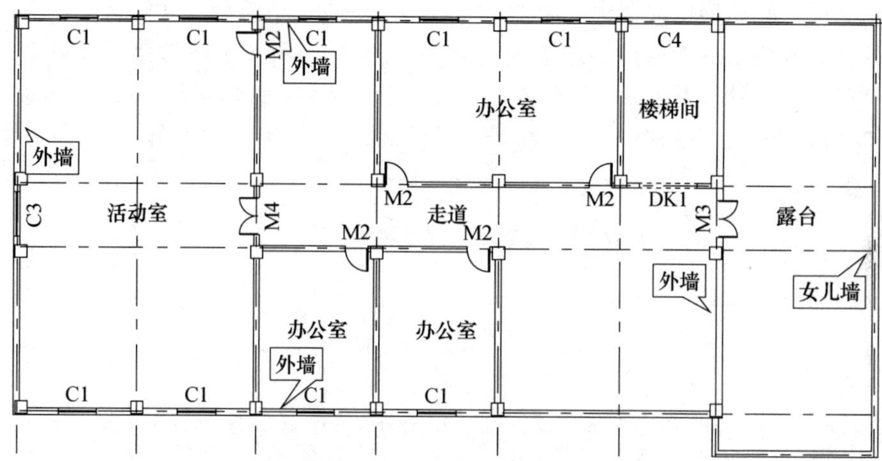

图 2.95 “标高 4”楼层平面视图

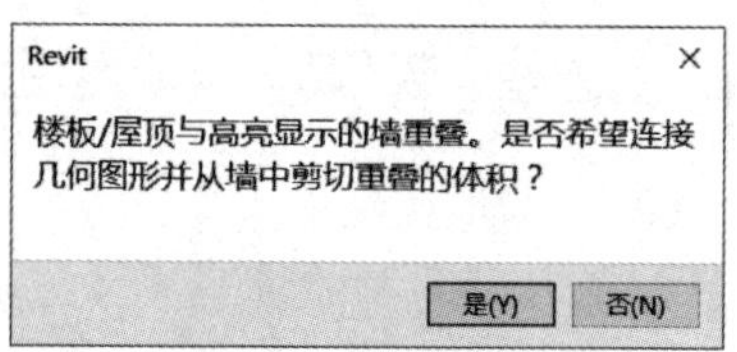

图 2.96 重叠剪切对话框

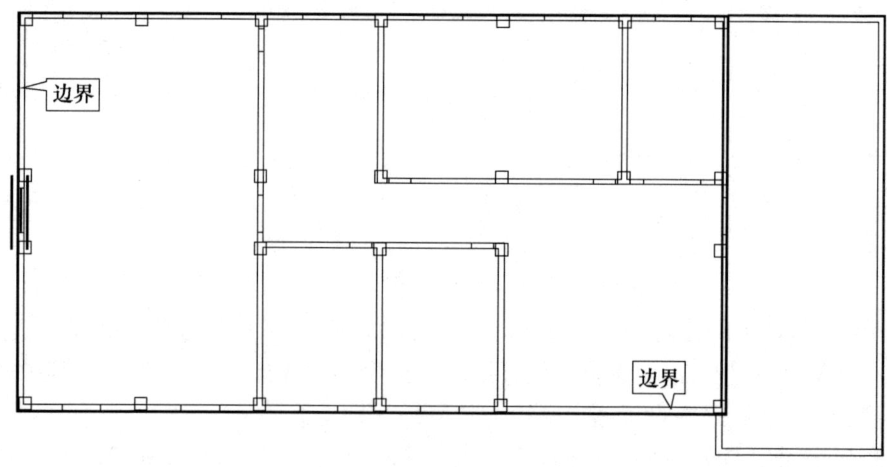

图 2.97 “标高 5”楼板草图

注意：选择楼板的方式有两种：一种是在平面视图中，通过按 Tab 键切换选择处楼板边线，从而选择楼板；第二种是在视图控制栏中，使用“ （按面选择）”工具，然后就可以直接将光标移动到楼板表面的任意位置进行选择。实践中，第二种方法更高效、更易操作。

（2）屋顶

激活命令：进入“标高 6”楼层平面视图→单击“建筑”选项卡→单击“构建”功能区中的“ （屋顶）”图标（或下拉菜单中的“迹线屋顶”）→进入“修改 | 创建迹

线屋顶”上下文选项卡。

新建族类型：单击“属性”面板中的“编辑类型”按钮，弹出“类型属性”对话框→选择族类型为“保温屋顶-混凝土”→单击“复制”，输入“屋面板-150”，单击“确定”→单击“编辑”进入“编辑部件”界面，修改结构［1］厚度为150，如图2.98所示→两次单击“确定”退出。

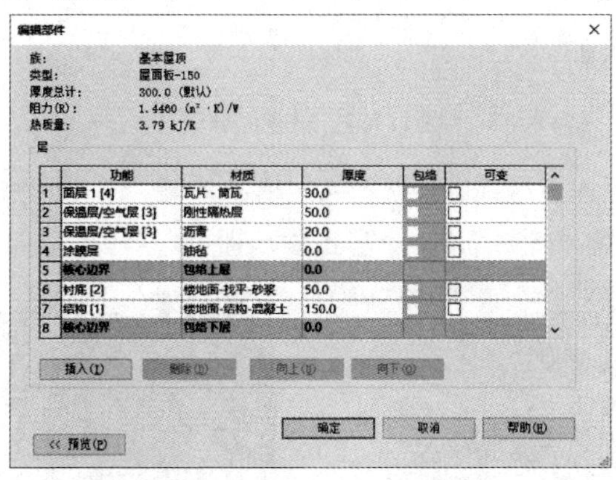

	功能	材质	厚度	包络	可变
1	面层 1 [4]	瓦片 - 筒瓦	30.0		
2	保温层/空气层 [3]	刚性隔热层	50.0		
3	保温层/空气层 [3]	沥青	20.0		
4	涂膜层	油毡	0.0		
5	核心边界	包络上层	0.0		
6	衬底 [2]	楼地面-找平-砂浆	50.0		
7	结构 [1]	楼地面-结构-混凝土	150.0		
8	核心边界	包络下层	0.0		

图2.98 “屋面板-150”功能层设置

绘制屋顶：返回“修改｜创建迹线屋顶”上下文选项卡→进入“绘制”功能区，选择边界线：“拾取线”方式→修改快速访问属性栏中的“偏移”为600→逐个单击①、⑦、Ⓐ、Ⓓ轴，形成四根草图线（默认均有⊿标识）→单击“修改”选项卡中的“⇉（修剪/延伸为角）”工具，修剪草图使之封闭→选择东西两侧的草图线，取消勾选属性栏上的“定义坡度”，如图2.99所示→单击绿色勾号“✔（确定）”→进入“南”立面→单击“修改”选项卡中的“对齐”，依次单击“标高7”的标高线和“屋脊线”，如图2.100所示。

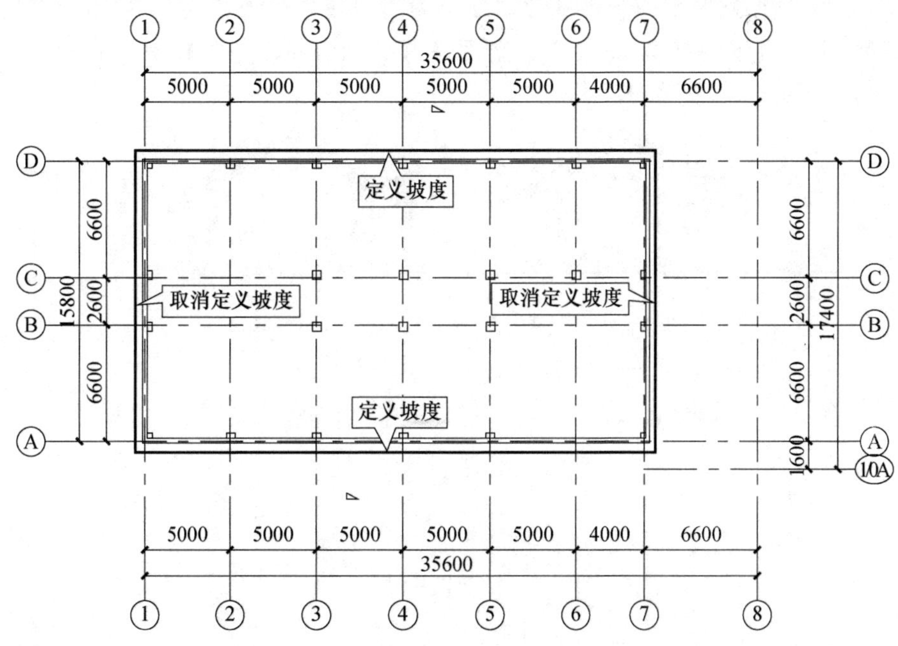

图2.99 屋顶迹线

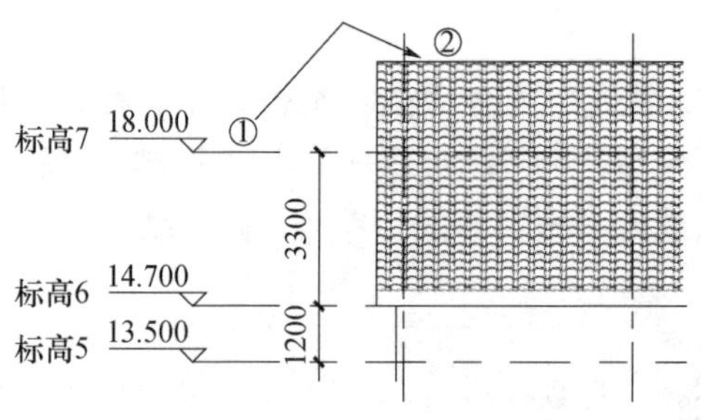

图 2.100　对齐屋脊线

墙附着至屋顶：进入三维视图→选择六层所有外墙→单击“修改 | 墙”上下文选项卡中的“（附着顶部/底部）”图标→单击屋顶即可。如图 2.101 所示。

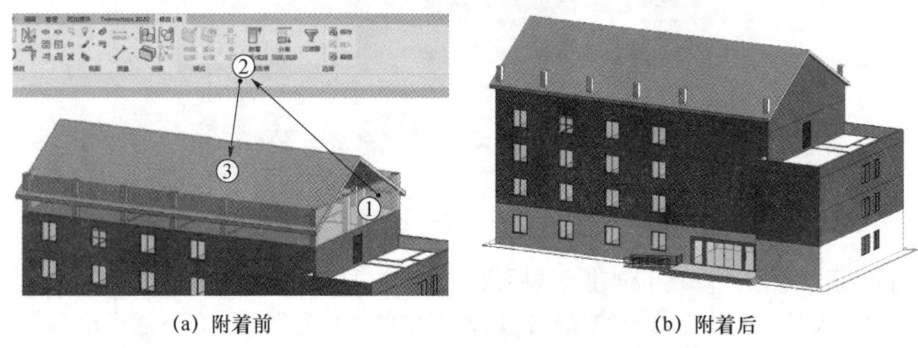

(a) 附着前　(b) 附着后

图 2.101　外墙附着屋顶底部

柱附着至屋顶：进入三维视图→选择六层所有柱→单击“修改 | 结构柱”上下文选项卡中的“（附着顶部/底部）”图标→单击屋顶→跳出警告“结构柱已附着到非结构目标”，进入结构柱属性面板，修改“顶部附着对正：最大相交”，单击“应用”即可。如图 2.102 所示→分别进入“东立面”和“西立面”，按图 2.103 所示布置窗“C5”，最后得到图 2.104 所示效果。

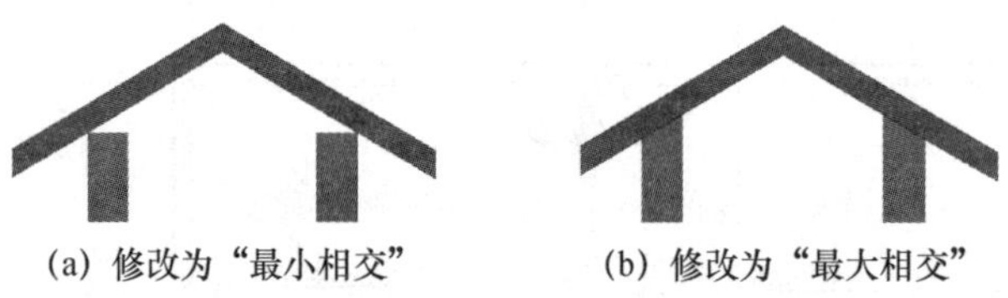

(a) 修改为“最小相交”　(b) 修改为“最大相交”

图 2.102　结构柱“顶部附着对正”属性修改

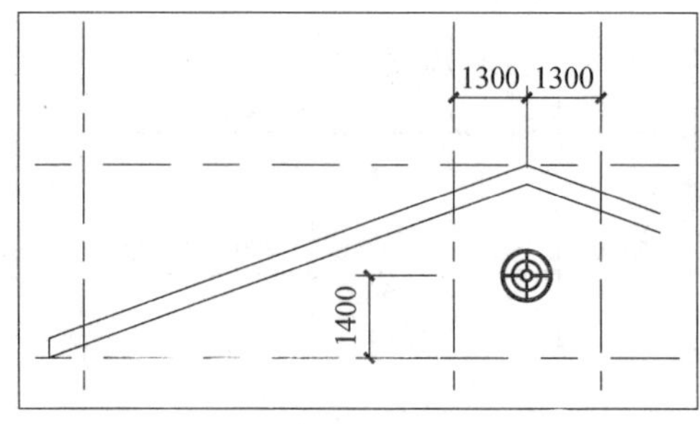

图 2.103　窗 C5 位置

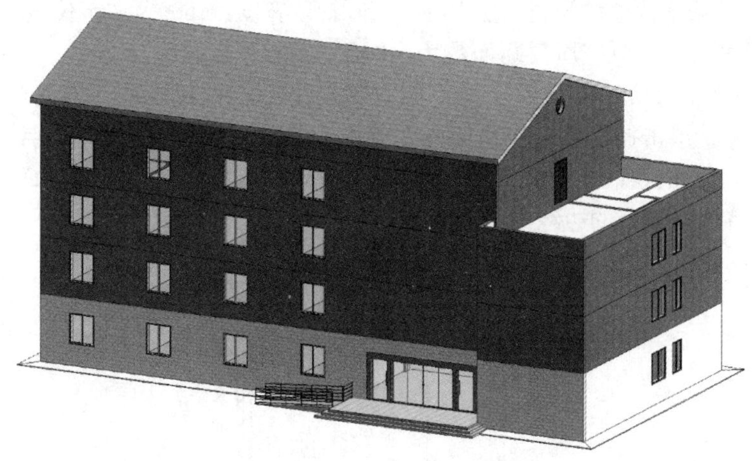

图 2.104　楼层组装完毕

2.5.3　室内楼梯与楼板开洞

激活命令：进入“标高 1”楼层平面视图→单击“建筑”选项卡的“楼梯坡道”面板→“(楼梯)”命令进入草图绘制模式，同时出现“修改｜创建楼梯”上下文选项卡。

新建族类型：单击“属性”面板中的“编辑类型”按钮，弹出“类型属性”对话框→选择族为“系统族：现场浇筑楼梯”，确认族类型为“整体浇筑楼梯”→单击“复制”，输入“室内楼梯”→单击“平台类型”中的“300mm 厚度”，出现按钮，单击这个按钮→出现“整体平台”类型属性→单击“复制”，输入“150 厚”，修改“整体厚度：150”，如图 2.105 所示→两次单击“确定”退出。

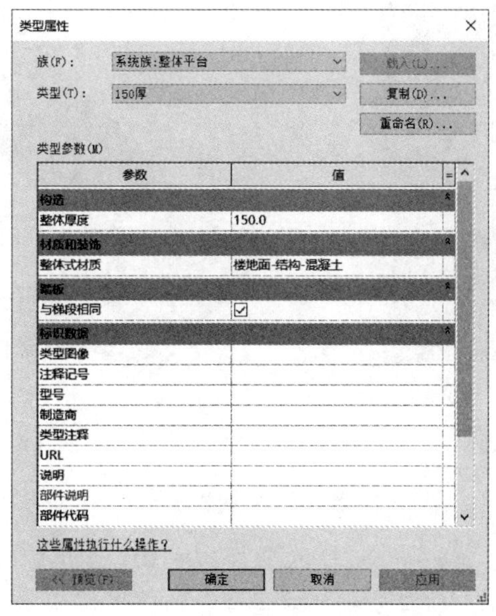

图 2.105　平台类型属性

绘制楼梯：修改快速访问属性栏中的“实际梯段宽度：1600”，“定位线：梯段左”→进入实例属性面板，修改“所需踢面数为：24”“实际踏板深度：300”→在楼梯间的左侧墙边单击一点作为第一跑起点，垂直向上移动光标，直到显示“创建了12个踢面，剩余12个”时，单击捕捉该点作为第一跑终点，紧接着在右侧单击捕捉第二跑起点和终点，完成第二跑的绘制，如图2.106所示→选择楼梯，通过“移动（MV）”或“对齐（AL）”命令将休息平台的边缘与墙边对齐→单击绿色勾号“✔（确定）”→删除靠墙位置的楼梯扶手，如图2.107所示。

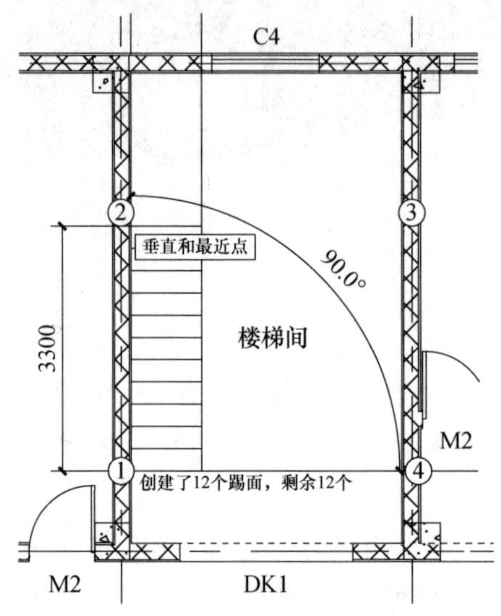

图2.106　首层楼梯绘制

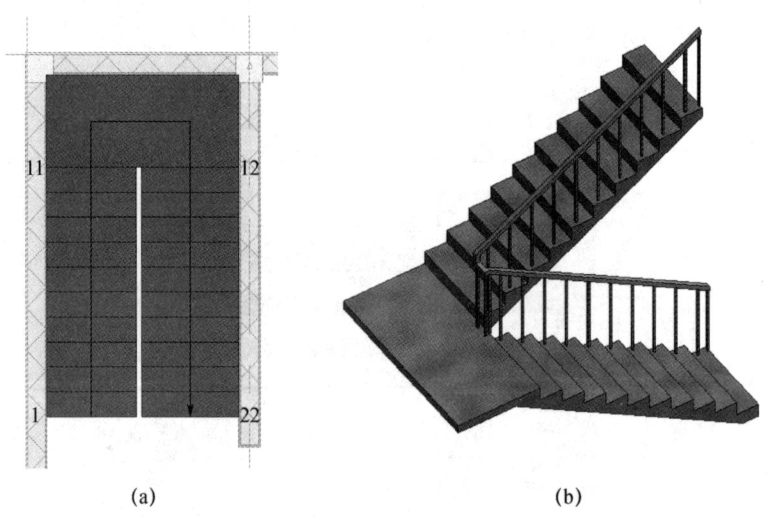

图2.107　室内楼梯效果

注意：楼梯类型属性中的“最大或最小 * *”是对实例属性中的“实际 * *数”的限制，若超出该限制范围，软件会给出警告信息。

绘制其他层楼梯：单击“视图”选项卡→进入创建功能区，单击“剖面”→绘制如

图 2.108（a）所示剖面线→进入项目浏览器→找到并双击“剖面 1”，进入剖面视图→选择一层的楼梯→进入“修改楼梯”上下文选项卡，单击“选择标高”→选择“标高 3”和“标高 4”→单击绿色勾号“✔（确定）”，如图 2.108（b）所示。此时的楼梯是成组的，若要对某楼层楼梯进行单独编辑，就需要将其从组中分离。另外，若创建的剖面视图符号在视图中不可见，请将“视图比例”调大即可。具体可参见 7.14 节。

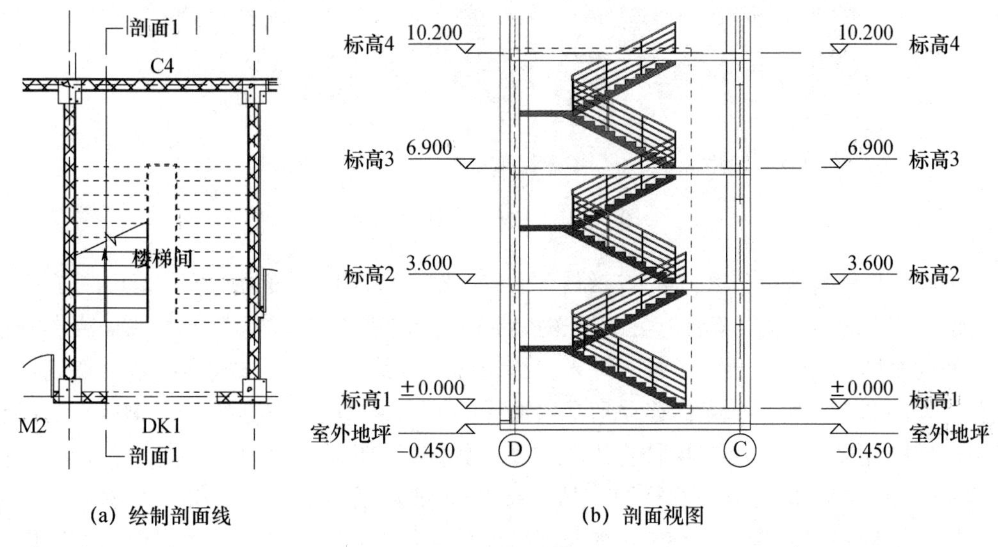

(a) 绘制剖面线　　(b) 剖面视图

图 2.108　多层楼梯

创建楼梯间洞口：进入“标高 2”平面视图→单击“建筑”选项卡→进入“洞口”功能区→单击“（竖井）”图标→沿着图 2.109（a）所示楼梯间墙绘制洞口草图线（为了三维视图中不出现重面而闪烁，可沿着核心层边绘制，而不是面层边）→单击绿色勾号“✔（确定）”→按图 2.110（a）所示修改洞口属性。请读者自行进入“标高 3”和“标高 4”平面视图，沿着楼梯边缘绘制洞口草图线，并按图 2.109（b）以及图 2.110（b）（c）所示设置洞口属性。

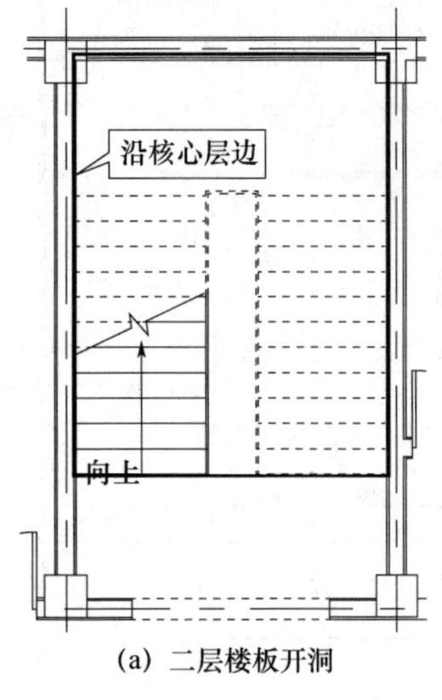

(a) 二层楼板开洞

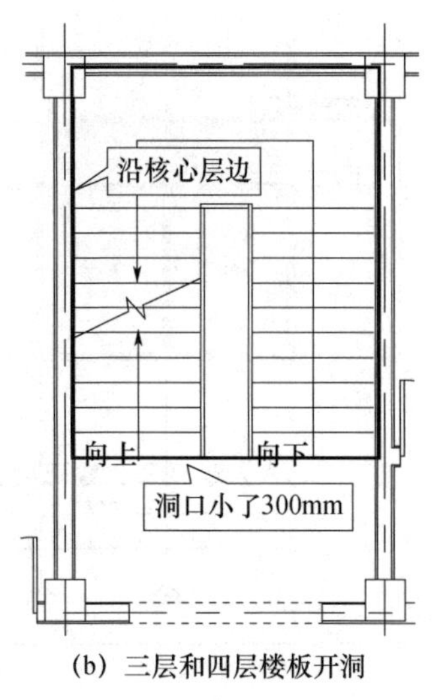

(b) 三层和四层楼板开洞

图 2.109　洞口位置

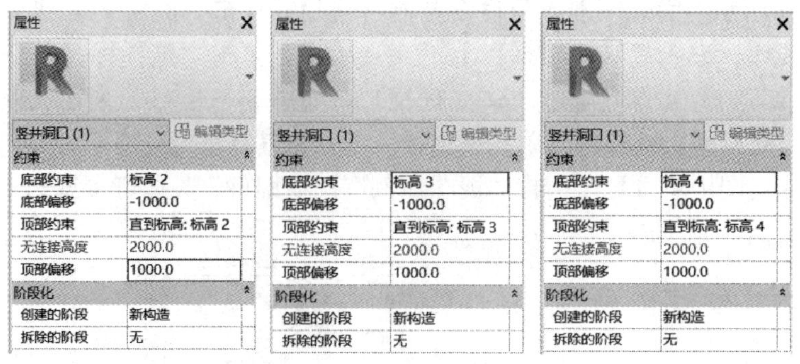

(a) 标高2处洞口　　(b) 标高3处洞口　　(c) 标高4处洞口

图 2.110　楼梯间洞口属性

剖面框设置与楼梯分离：进入三维视图→勾选三维视图属性面板中的“剖面框”→单击三维视图中的矩形框，确保其处于被选择状态，此时进入“标高 1”楼层平面视图→拖动剖面框至图 2.111 中所示位置→进入三维视图，可看到三维模型被准确地剖切到楼梯位置，如图 2.112 所示→光标移动到二层楼梯的第一跑梯段位置，按 Tab 键直至二层和三层楼梯高亮显示，单击二层楼梯上的“(锁定)”图标以解锁（分离）图元→鼠标继续移动到二层楼梯的第一跑梯段位置，按 Tab 键直至切换到二层第一跑梯段高亮显示，按下鼠标左键将其选择→进入梯段实例属性面板中，取消勾选“以踢面结束”即可将梯段延长至洞口边→进入三维视图，取消勾选三维视图属性面板中的“剖面框”以显示完整三维模型（图 2.113）。若操作中遇到“栏杆是不连续”的警告提示，可忽略。

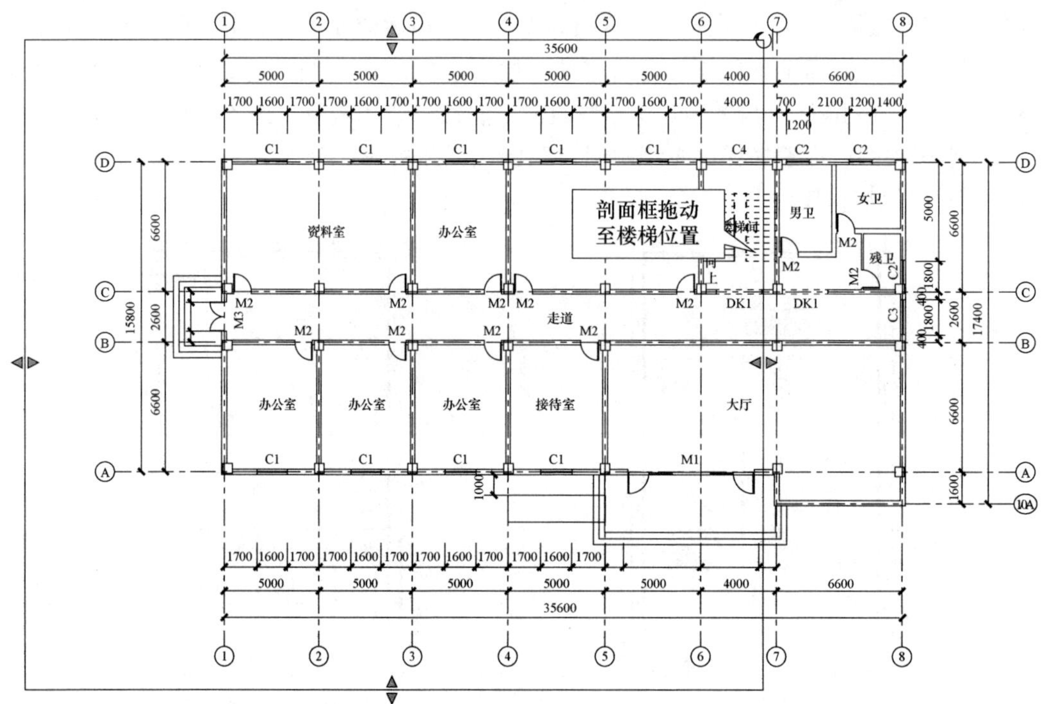

图 2.111　剖面框位置（平面视图）

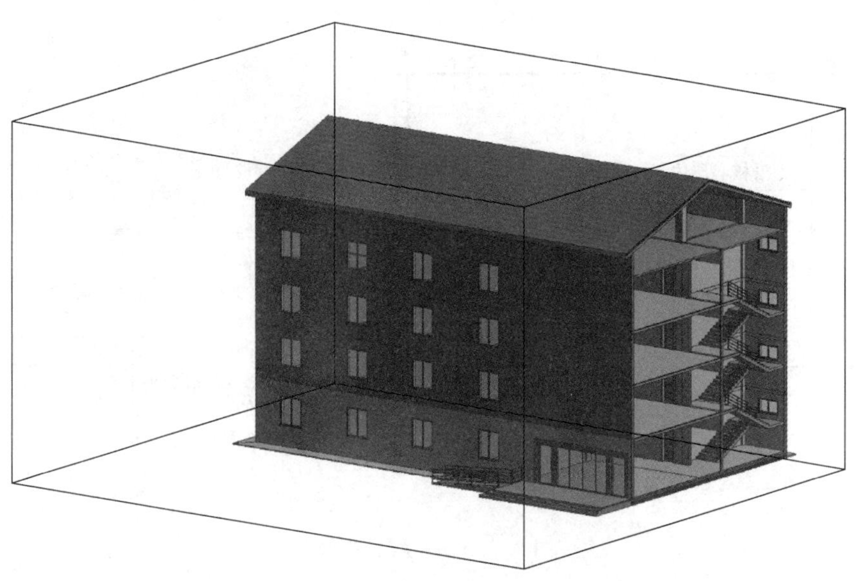

图 2.112 剖面框位置（三维视图）

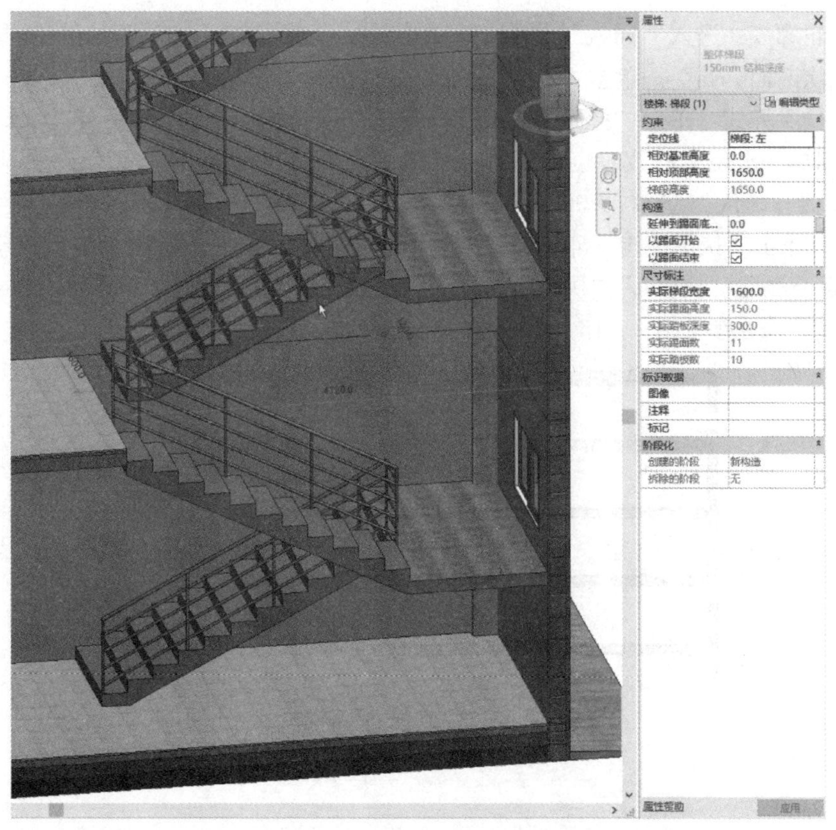

图 2.113 选择多层楼梯中的梯段

创建大厅位置洞口：进入“标高 2”平面视图→按如图 2.114 所示创建洞口，使其仅在“标高 2”处的楼板上开洞。

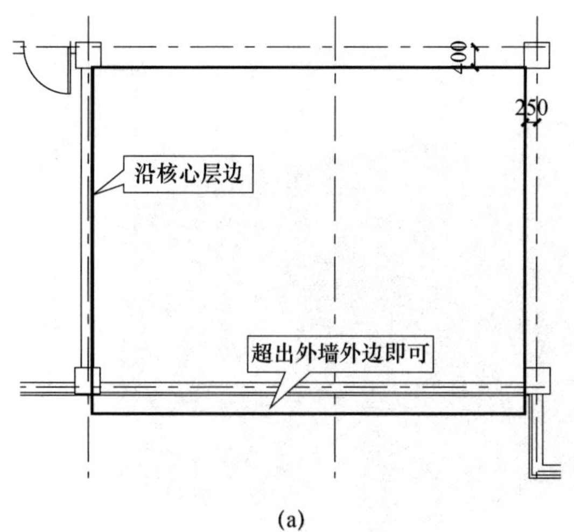

(a)

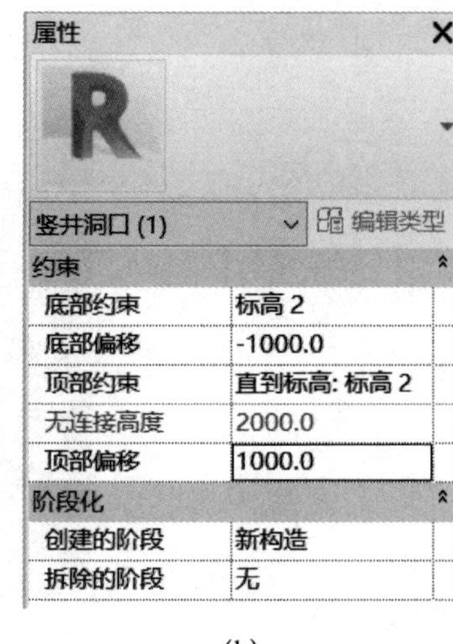
属性

竖井洞口 (1)	编辑类型
约束	
底部约束	标高 2
底部偏移	-1000.0
顶部约束	直到标高: 标高 2
无连接高度	2000.0
顶部偏移	1000.0
阶段化	
创建的阶段	新构造
拆除的阶段	无

(b)

图 2.114 大厅洞口属性

2.5.4 玻璃栏杆扶手

载入轮廓族：进入“插入”选项卡→单击“（载入族）”工具图标→选择本书提供的“反坎断面 . rfa”→单击“打开”。轮廓族的创建请参见 5.2.2 节。

编辑扶手样式：单击“建筑”选项卡→进入“楼梯坡道”功能区，单击“（栏杆扶手）”图标→出现“修改｜创建栏杆扶手路径”→单击“编辑类型”→弹出“类型属性”面板→确认类型为“900mm 圆管”，单击“复制”→输入名称“玻璃栏杆-有反坎-900”→单击“扶栏结构（非连续）”后面的“编辑”按钮→弹出“编辑扶手（非连续）”界面→删除“扶栏 1”“扶栏 2”和“扶栏 3”，如图 2.115 所示→将“扶栏 4”修改为“反坎”，并参见图 2.116 修改其他参数→单击“确定”，退出该界面。

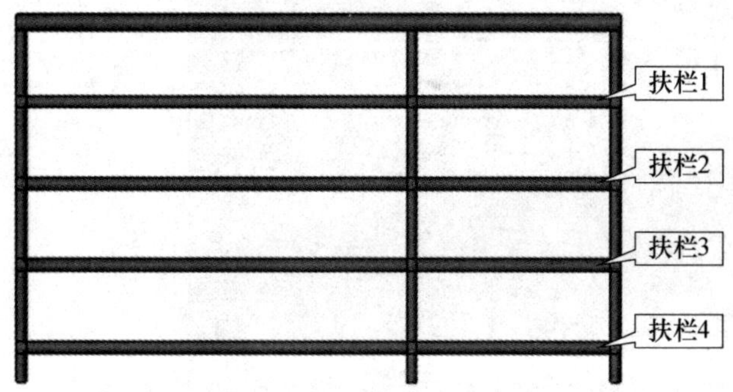

图 2.115 扶栏默认顺序

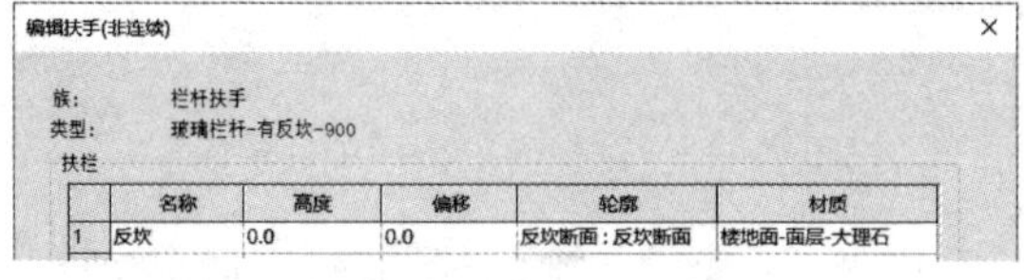
编辑扶手(非连续)

族： 栏杆扶手
类型： 玻璃栏杆-有反坎-900

扶栏

	名称	高度	偏移	轮廓	材质
1	反坎	0.0	0.0	反坎断面：反坎断面	楼地面-面层-大理石

图 2.116 扶栏结构设置

编辑栏杆位置：进入类型属性界面，单击“栏杆位置”后面的“编辑”按钮→弹出“编辑栏杆位置”界面→按图 2.117 所示修改参数→单击“确定”，退出该界面。其中，关于“栏杆玻璃-800”嵌板的创建方法，可参考 7.19 节。

编辑顶部样式：进入实例属性界面，修改顶部扶栏“类型”为“椭圆形-40×30mm”→单击“确定”，退出该界面。

绘制扶手路径：进入“标高 2”平面视图→沿图 2.118 中的洞口边 1 绘制栏杆扶手路径→进入栏杆扶手实例属性面板，修改“底部标高：标高 2”“从路径偏移：75”→单击绿色勾号“✔（确定）”→同理，可沿洞口边 2 绘制栏杆扶手。

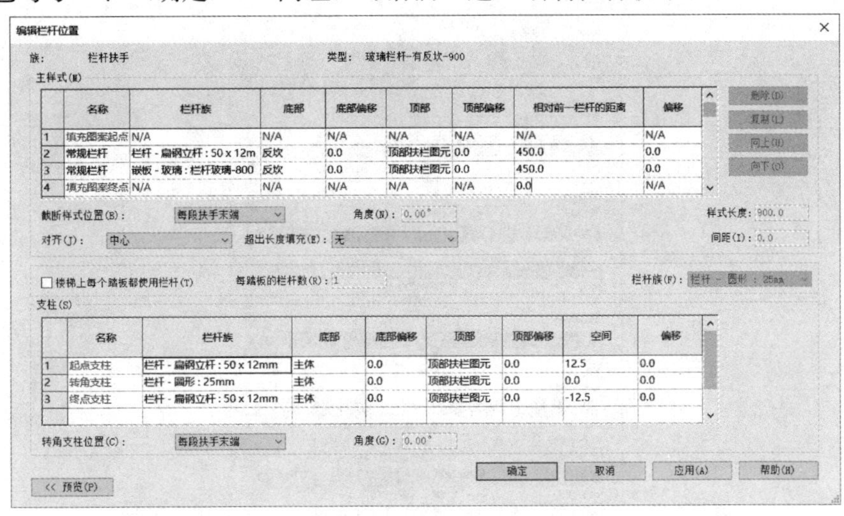

图 2.117 栏杆位置设置

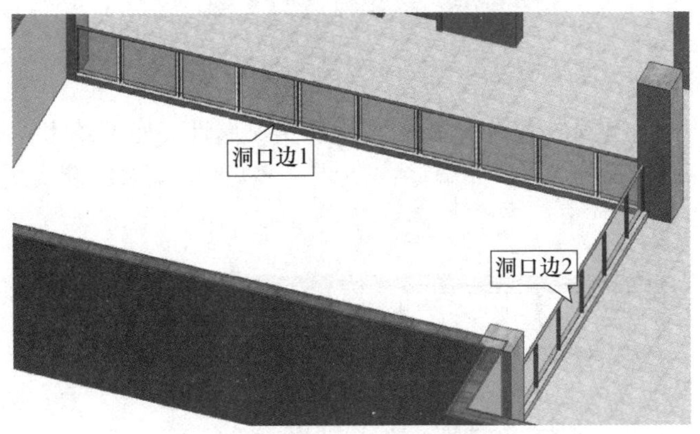

图 2.118 玻璃栏杆三维模型

2.6 幕墙与卫生间

2.6.1 幕墙

幕墙由“网格”“竖梃”和“嵌板”组成。网格是划分幕墙的第一步，而竖梃必须基于网格线布置，网格内的图元称为嵌板，嵌板可以是固定玻璃，也可以是玻璃窗，甚至可以是墙体。

（1）创建幕墙

创建幕墙属性：单击“建筑”选项卡→单击“构建”功能区中的“ （墙）”→单击“属性”面板中的“编辑类型”按钮，弹出“类型属性”对话框→选择“族”为“系统族：幕墙”，确认族类型为“幕墙”→单击“复制”，输入“行政楼幕墙”，单击“确定”→按图 2.119 所示修改类型属性参数，单击“确定”，退出该界面。

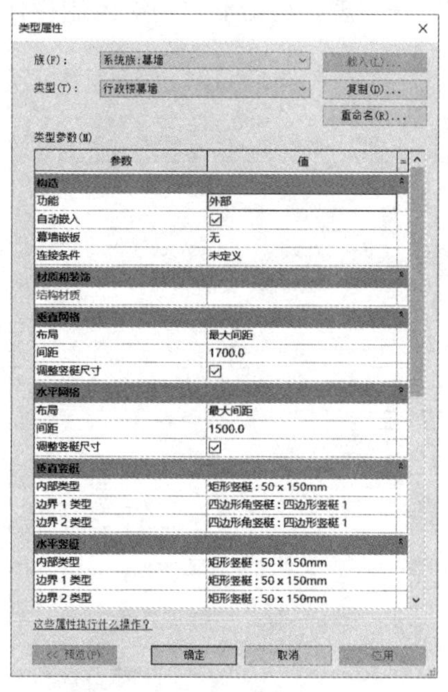

图 2.119　“办公幕墙”类型属性设置

绘制幕墙：进入“标高 2”平面视图，确认实例属性“底部约束：标高 2”“底部偏移：0”“顶部约束：标高 3”“顶部偏移：-200”→在图 2.120 的箭头所示外墙上沿轴线绘制幕墙。

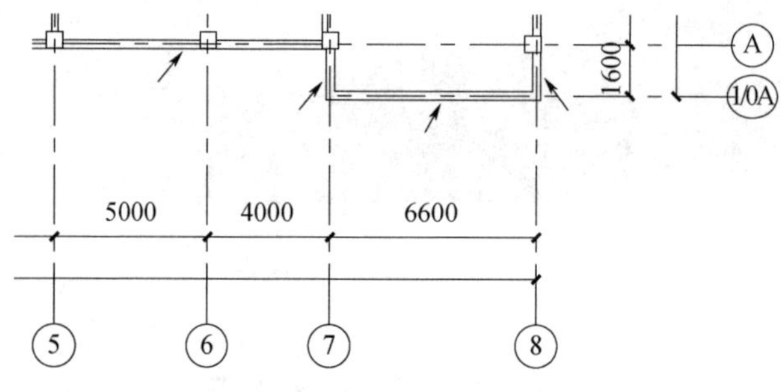

图 2.120　幕墙位置

幕墙连接处理：若打开“自动嵌入”功能的幕墙在角部无法正确连接，如图 2.121（a）所示→进入“标高 2”平面视图→分别拖动角部幕墙，以拉开连接处的幕墙，如图 2.121（b）所示→进入“修改”选项卡，单击“修剪”命令，修剪这两个幕墙，使之再次连接，如

图 2.121（c）所示。同理，为了修正⑤轴与Ⓐ轴相交处的连接，可拖动图 2.123（a）所示①处的墙端至柱边，再拖动②处的幕墙至柱边，最终得到如图 2.123（b）所示结果。

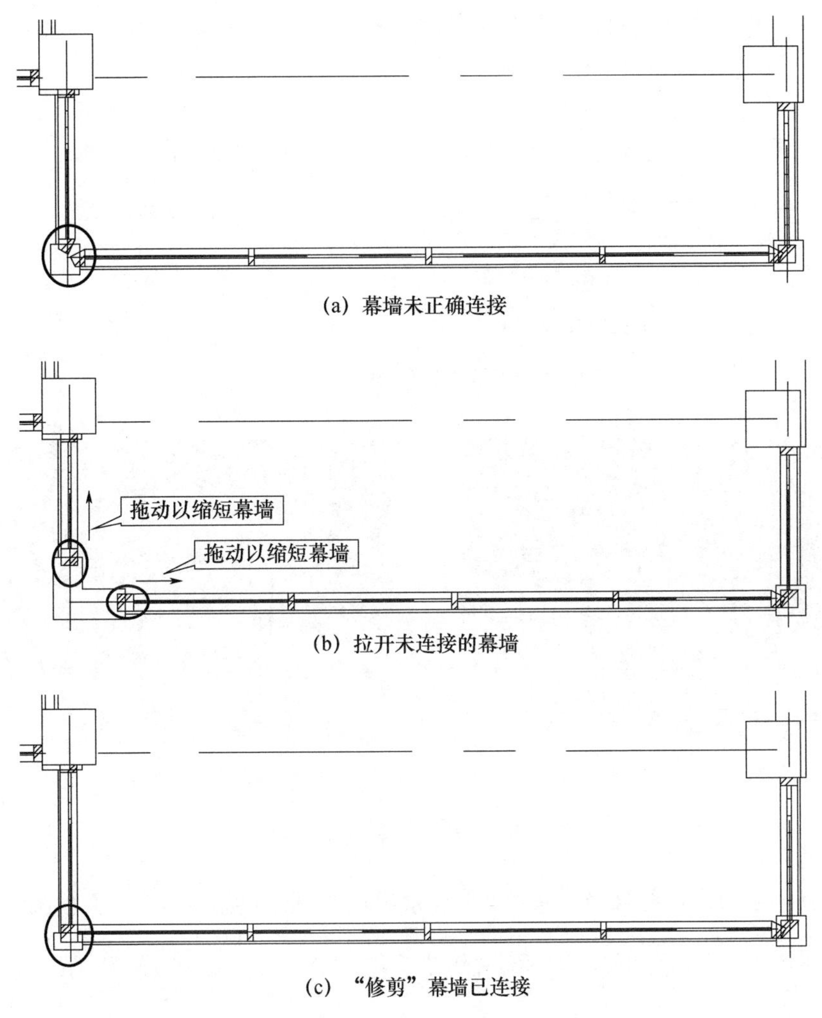

(a) 幕墙未正确连接

(b) 拉开未连接的幕墙

(c) “修剪”幕墙已连接

图 2.121 修改幕墙角

注意：拖动缩短角部幕墙，可能出现图 2.122（a）所示信息，单击“取消连接图元”即可；单击“修剪”命令重连接幕墙时，可能出现图 2.122（b）所示界面，单击“删除图元”即可。

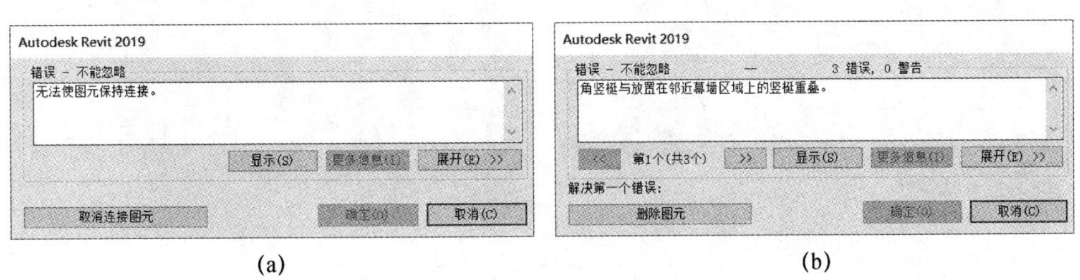

(a) (b)

图 2.122 幕墙错误信息提示

复制幕墙到其他层：进入三维视图，鼠标靠近幕墙边缘，待幕墙高亮显示时，单击选中整片幕墙→通过“（复制）”和“（粘贴）”命令，将“标高 2”上的幕墙复制到“标高 1”和“标高 3”上（“底部偏移：0”“顶部偏移：-200”），如图 2.124 所示。操作中遇到关于“角窗棂放置”的警告提示，可忽略。

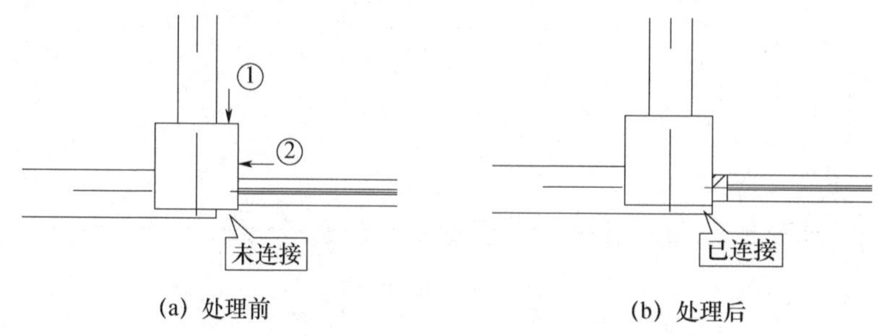

(a) 处理前　　(b) 处理后

图 2.123　⑤轴与Ⓐ轴相交处的连接处理

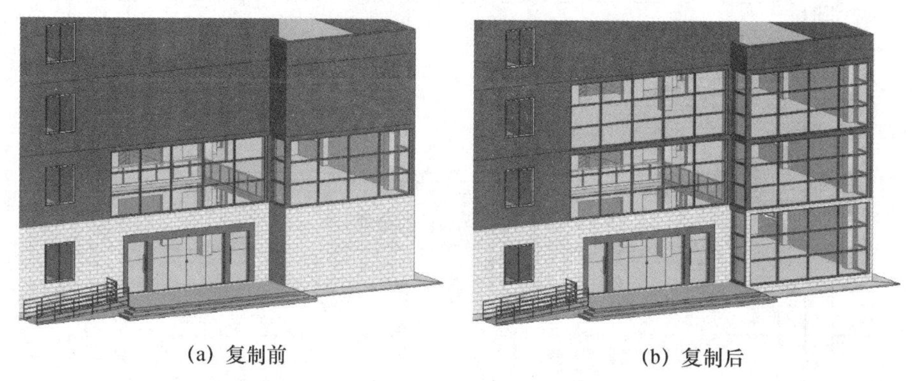

(a) 复制前　　(b) 复制后

图 2.124　复制幕墙至其他楼层

切换墙连接顺序：若选择“标高 1”楼层平面视图中的(1/0A)实体墙，如图 2.125（a）所示，需要进入“修改”选项卡→单击“墙连接”命令→单击(1/0A)轴墙与⑧轴墙体的连接处→单击快速访问属性栏中的“下一个”，以切换连接顺序→再次选择(1/0A)轴墙，即可如图 2.125（b）所示。

(a) 调整前　　(b) 调整后

图 2.125　选择被幕墙嵌入的墙体

清除首层幕墙转角处墙体：选择“标高 1”楼层平面视图中的(1/0A)墙→单击“修改｜墙”上下文选项卡中的“ （编辑轮廓）”图标→单击“ViewCube”中的“前”→绘制如图 2.126 所示的墙体轮廓（形状大小以能切割掉角部墙体为准）→同理，读者可清除其他层幕墙转角处墙体，最终得到的幕墙应如图 2.127 所示。

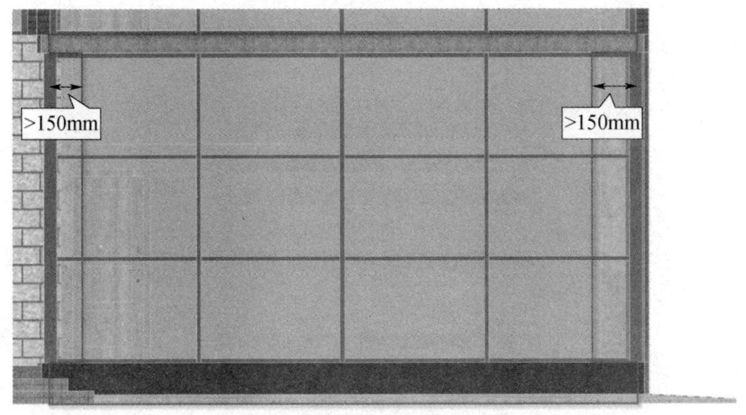

图 2.126　编辑墙体轮廓

图 2.127　幕墙三维模型

修改二层幕墙转角处墙体：选择标高 2 上的(1/0A)实体墙、⑦轴和⑧轴在(1/0A)与Ⓐ区间的实体墙，修改实例属性“底部约束”为“标高 3”，底部偏移为：“-200”，“顶部约束”为“标高 3”：顶部偏移为：“0”；清除三层幕墙转角处墙体同理。

注意：为了清除该幕墙转角处的墙体，可采用两种方法：调整墙体标高或编辑墙体轮廓。本书采用的是后者。

(2) 幕墙窗

布置单格幕墙窗：进入三维视图→光标移动到幕墙嵌板边缘（竖梃）→多次按 Tab 键，直到嵌板高亮显示，单击即可选中→单击“属性”面板中的“编辑类型”按钮，弹出“类型属性”对话框→单击“载入”，找到并打开“建筑→幕墙→门窗嵌板”目录中的“窗嵌板 _ 上悬无框铝窗”族文件→返回“类型属性”面板，创建“窗嵌板-上翻”类型，如图 2.128 所示，单击“确定”→多次按空格键，直到窗把手位于建筑内部即可，如图 2.129 所示。

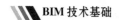

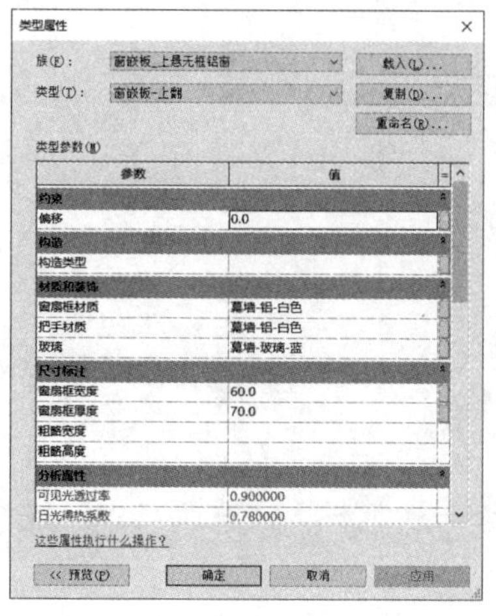

图 2.128　窗嵌板类型属性设置

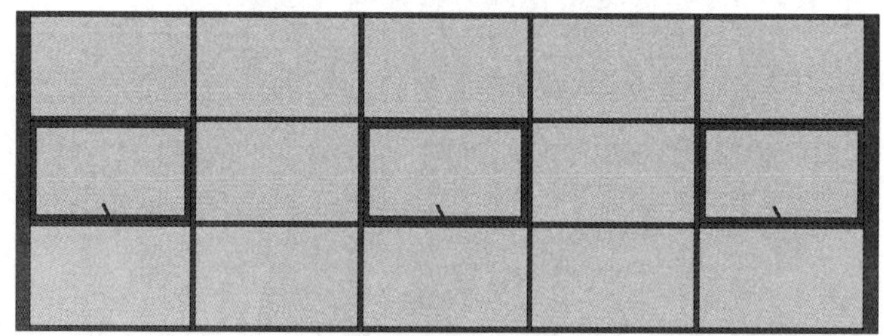

图 2.129　布置单格窗嵌板

布置连格幕墙窗：进入三维视图→光标移动到幕墙嵌板边缘（竖梃）→多次按 Tab 键，直到网格线高亮显示，单击即可选中，如图 2.130（a）所示→单击“修改｜幕墙嵌板”上下文选项卡中的“卡（添加/删除线段）”图标→单击需要删除的网格线段即可删除，如图 2.130（b）所示→按照前述方法，选中幕墙玻璃嵌板→在“类型属性”面板中的“类型选择器”中选择“窗嵌板-上翻”→多次按空格键，直到窗把手位于建筑内部即可，如图 2.130（c）所示。请读者自行按照图 2.131 所示布置所有幕墙窗，其中①为单格幕墙窗，②为连格幕墙窗。然后进入项目浏览器，通过“搜索”功能找到幕墙的各组成构件，并为其赋予材质。此处不再赘述。

2.6.2　模型字

（1）指定工作平面设置

指定工作平面：进入“建筑”选项卡→单击“工作平面”功能区中的“▦（设置）”图标→弹出“工作平面”对话框，如图 2.132 所示→单击“拾取一个平面”选项，单击

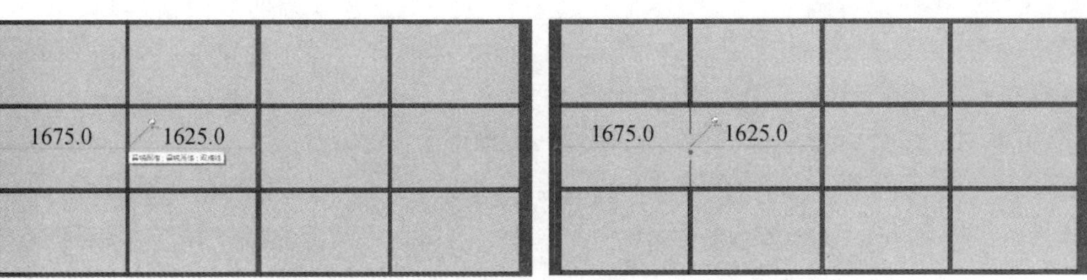

(a) Tab按键切换至网格线　　(b) 删除网格线

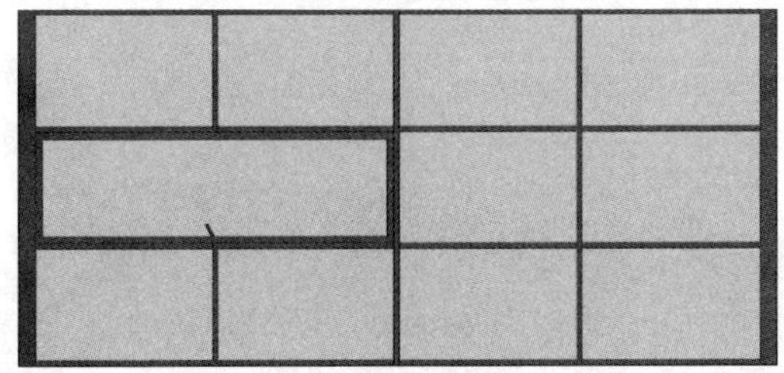

(c) 置换嵌板

图 2.130　布置连格窗嵌板

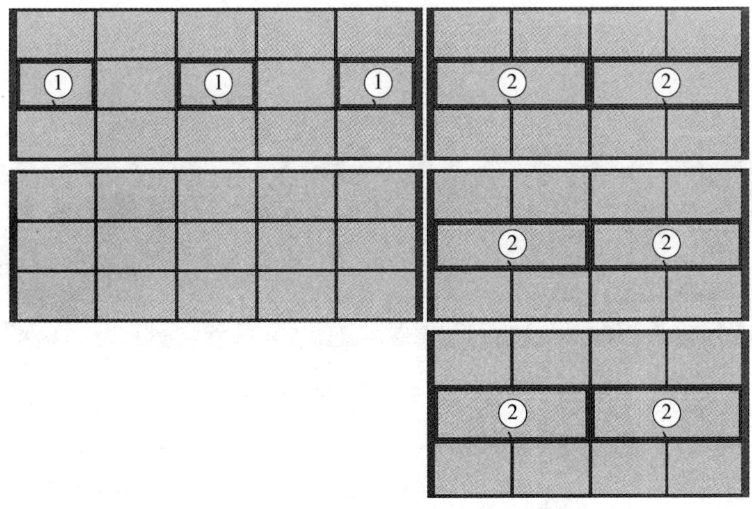

图 2.131　幕墙窗分布

“确定”→进入三维视图，光标移动到四层南立面外墙边缘，直到外墙外面高亮显示，单击，如图 2.133 所示。读者可以通过单击“（显示）”图标显示（或取消显示）工作平面，以确认是否已正确将工作平面指定在三层南立面外墙面上，如图 2.134 所示。关于工作平面的更多信息，可参考 7.22 节。

（2）模型字创建

创建模型字：进入“建筑”选项卡→单击“模型”功能区中的“（模型文字）”图标→弹出“编辑文字”对话框，输入“行政楼”（字体间距可利用“空格”控制），单击“确定”，如图 2.135 所示→图 2.136（a）所示位置单击即可放置模型文字。

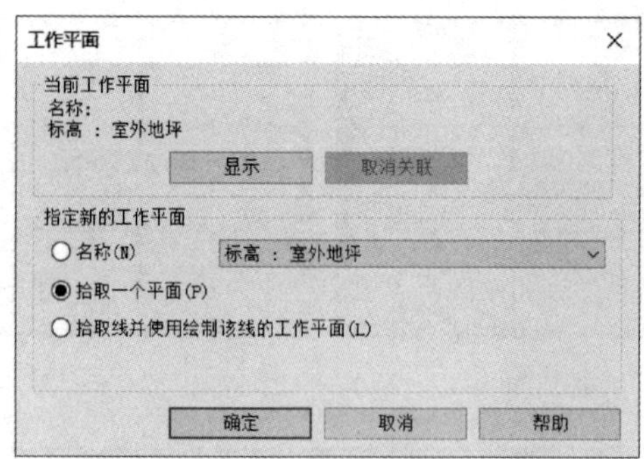

图 2.132 “工作平面”面板

图 2.133 拾取外墙面为工作平面

图 2.134 工作平面显示为外墙面

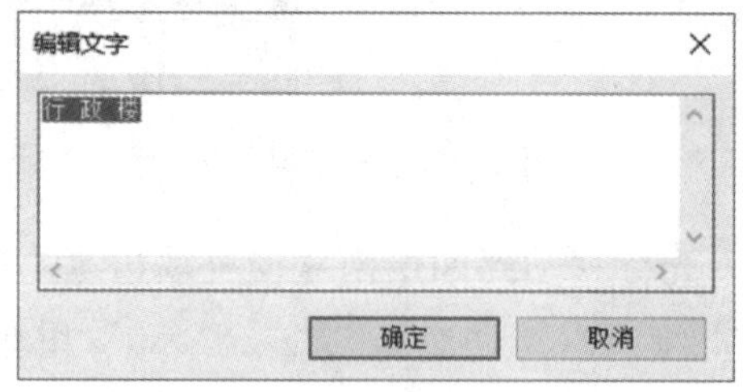

图 2.135 编辑文字

修改并放置中文模型字：选择“行政楼”模型字，进入“模型文字”属性面板→单击“属性”面板中“编辑类型”按钮，弹出“类型属性”对话框→单击“复制”，输入“中文-1000”，单击“确定”→返回类型属性面板，修改“文字字体：黑体”“文字大小：1000”，单击“确定”→返回实例属性面板，修改“深度：100”“材质：模型字-金色”，单击“应用”→将视觉样式选择为“真实”，适当调整模型文字的位置即可得到如图 2.136（b）所示样式。

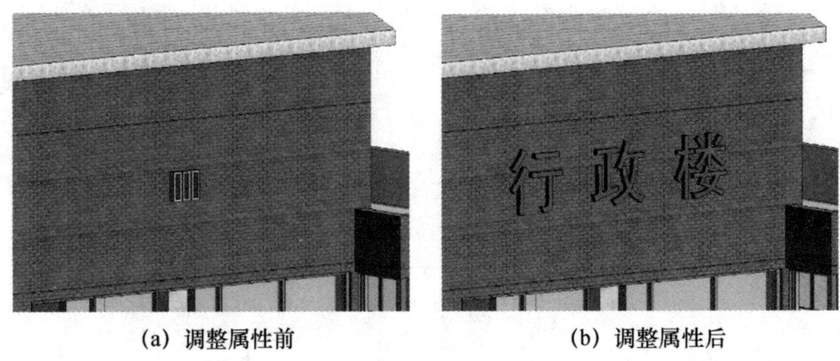

(a) 调整属性前　　(b) 调整属性后

图 2.136　“真实”视图样式

同理，请读者自行创建“英文-400”类型：修改类型属性“文字字体：Revit”“文字大小：400”，修改实例属性“深度：100”　“材质：模型字-金色”。最终可得到图 2.137所示样式。

图 2.137　中英文模型字效果

2.6.3　卫生间布置

注释图元不可见设置：进入“标高 1”平面视图→单击楼层平面实例属性面板中的“编辑”（可见性/图形替换）→弹出“可见性/图形替换”面板，取消勾选“注释类别”选项卡中的“在此视图中显示注释类别”，单击“确定”。如图 2.138 所示。若需要显示注释图元，再将其勾选上即可。

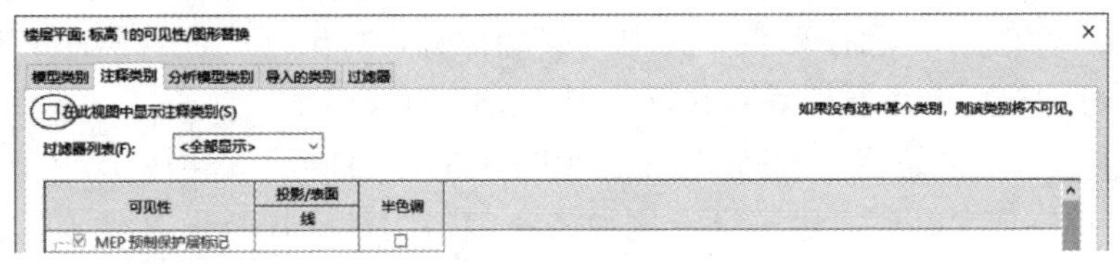

图 2.138　可见性/图形替换设置

创建蹲便器隔断：进入“标高 1”平面视图→进入“插入”选项卡，单击“（载入族）”工具图标→依次单击“建筑→专用设备→卫浴附件→盥洗室隔断”文件夹，按 Ctrl 键选择“厕所隔断 1 3D. rfa”和“盥洗室隔断 3 3D. rfa”，单击“打开”→进入

“建筑”选项卡，单击“构件”下拉列表中的“(放置构件)”图标工具→在类型选择器中选择“中间或靠墙（落地)”→光标移动至墙体位置，待出现隔断时单击即可布置隔断→利用“移动”命令调整隔断至合适位置→通过“复制”命令，复制出多个隔断→选择靠近门的第一个隔断，在类型选择器中选择“末端靠墙（落地)”。请读者自行为隔断设置合适的材质，如图 2.139 所示。

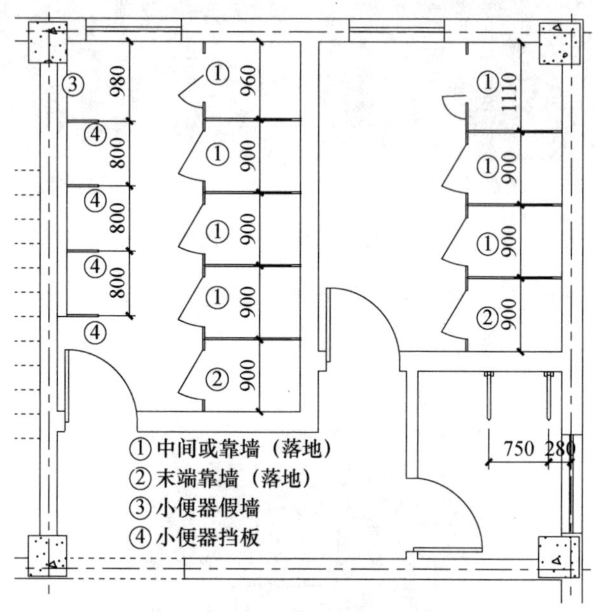

图 2.139　隔断布置

创建假墙：进入“建筑”选项卡，单击“构件”下拉列表中的“(内建模型)”工具图标→在“族类别和族参数”中选择“墙”，单击“确定”→弹出“名称”对话框，输入“男卫假墙”，单击“确定”，进入族编辑环境→进入“创建”选项卡→单击“拉伸”工具图标，设置“拉伸起点：0”“拉伸终点：1200”→在图 2.139 所示③位置处绘制矩形草图线→单击绿色勾号“✔（确定)”。

创建小便器隔断：进入“建筑”选项卡，单击“构件”下拉列表中的“(放置构件)”命令→在类型选择器中选择“盥洗室隔断 3 3D”→单击“编辑类型”，进入类型属性面板→按图 2.140 所示创建“小便器隔断”，单击“确定”→进入实例属性面板，设置“立面：500”→光标移动至“男卫”假墙位置，待出现小便器隔断时单击即可布置→同理，可创建所有小便器隔断并符合图 2.139。

创建座便器抓杆：进入“标高 1”平面视图→进入“插入”选项卡，单击“(载入族)”工具图标→依次单击“建筑→专用设备→卫浴附件→抓杆”文件夹，选择“无障碍座便器配抓杆 1.rfa”，单击“打开”→进入“建筑”选项卡，单击“构件”下拉列表中的“(放置构件)”图标工具→在类型选择器中选择“无障碍座便器配抓杆 1”→光标移动至墙体位置，待出现抓杆时单击即可布置隔断，并按图 2.139 所示⑤位置进行调整。

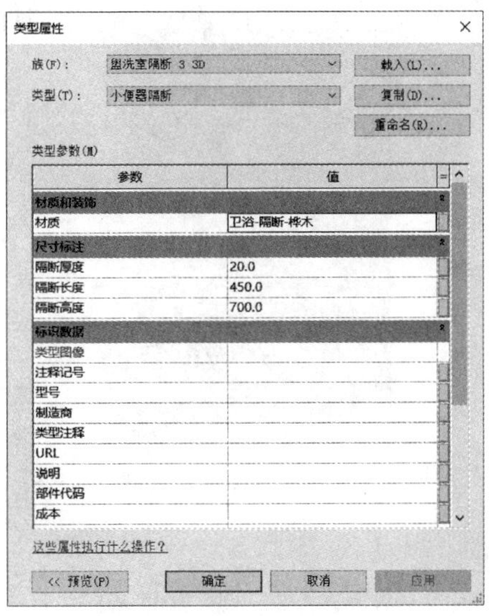

图 2.140 隔断类型属性设置

2.6.4 雨棚

载入雨棚族：进入“插入”选项卡→单击“（载入族）”工具图标→选择本书提供的“主入口雨棚.rfa”→单击“打开”。

布置雨棚：进入三维视图→单击“建筑”选项卡中的“（放置构件）”→进入“修改｜放置构件”上下文选项卡，单击“（放置在工作平面上）”图标→出现快速访问属性栏，修改“放置平面：标高 1”→进入绘图区，在主入口附近单击→选择雨棚，进入实例属性面板，修改“雨棚框架：雨棚-不锈钢-灰”“雨棚玻璃：雨棚-玻璃-蓝”“偏移：3600”。

调整平面位置：进入“标高 1”视图（雨棚不可见）→在“楼层平面”属性面板中打开“视图范围”编辑面板，修改“顶部：无限制”“剖切面偏移：3600”，其余默认→调整其平面位置，如图 2.141 所示。同理，请读者自行载入并布置“次入口雨棚”，如图 2.142 所示。

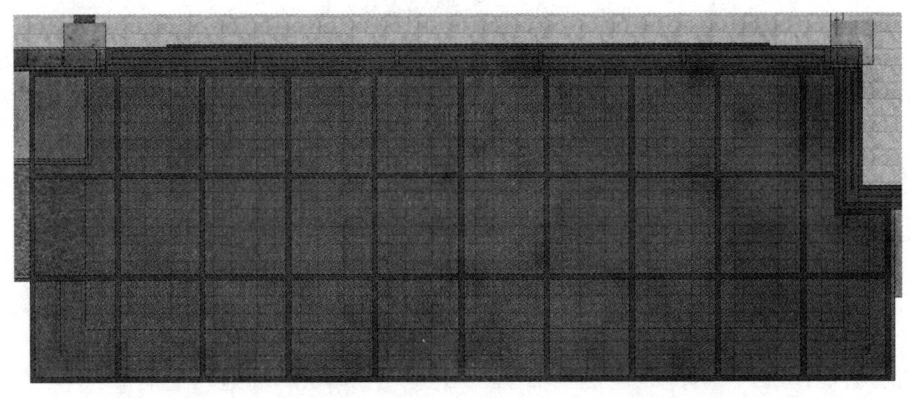

图 2.141 主入口雨棚平面位置示意图

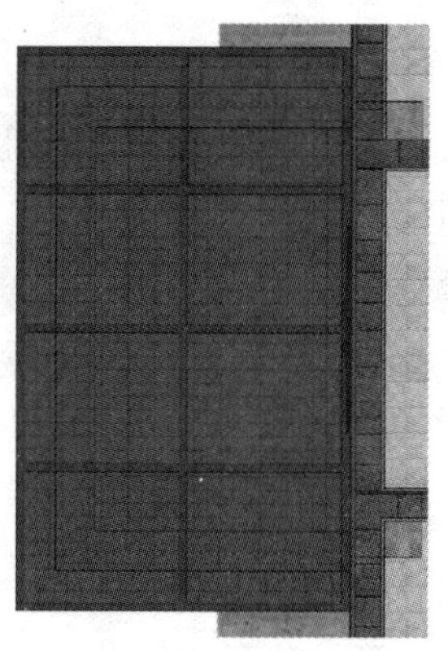

图 2.142　次入口雨棚平面位置示意图

2.7　场地规划

2.7.1　地面与路面

修改视图范围：进入“场地”楼层平面视图→在绘图区空白处单击或按 Esc 键，出现“楼层平面”属性面板→单击“视图范围”后的“编辑”按钮，弹出“视图范围”选项卡→在“视图深度”一栏中修改“标高：无限制”→单击“确定”后退出→进入“建筑”选项卡，单击“ （参照平面）”图标，绘制图 2.143 中所示四条虚线（参照平面）。

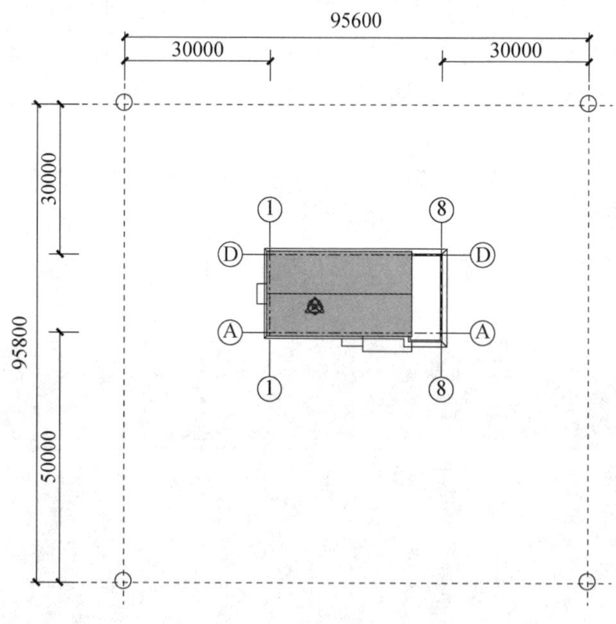

图 2.143　场地范围

创建场地：进入“场地”楼层平面视图→进入“体量和场地”选项卡→单击“场地建模”功能区中的“ （地形表面）”图标→进入“修改｜编辑表面”上下文选项卡→

选择“放置点”工具，修改快速访问属性栏中的“高程：-450”，在图 2.143 中的四个虚线相交位置分别单击→进入“地形”实例属性面板，修改“材质：地面-非硬化-草地”→单击绿色勾号“✔”确定。

创建地面：进入“场地”楼层平面视图→进入“体量和场地”选项卡→单击“修改场地”功能区中的“ （子面域）”图标→进入“修改 | 创建子面域边界”上下文选项卡→通过合适的绘制方式，绘制如图 2.144 所示的草图线→进入“地形”实例属性面板，修改“材质：地面-硬化-吸水砖”→单击绿色勾号“✔”确定。同理，请读者绘制图 2.145 所示的沥青地面（材质：地面-硬化-沥青）。

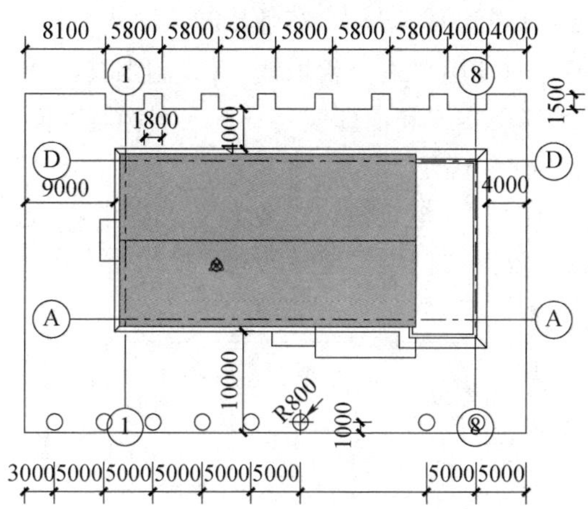

图 2.144　吸水砖地面范围

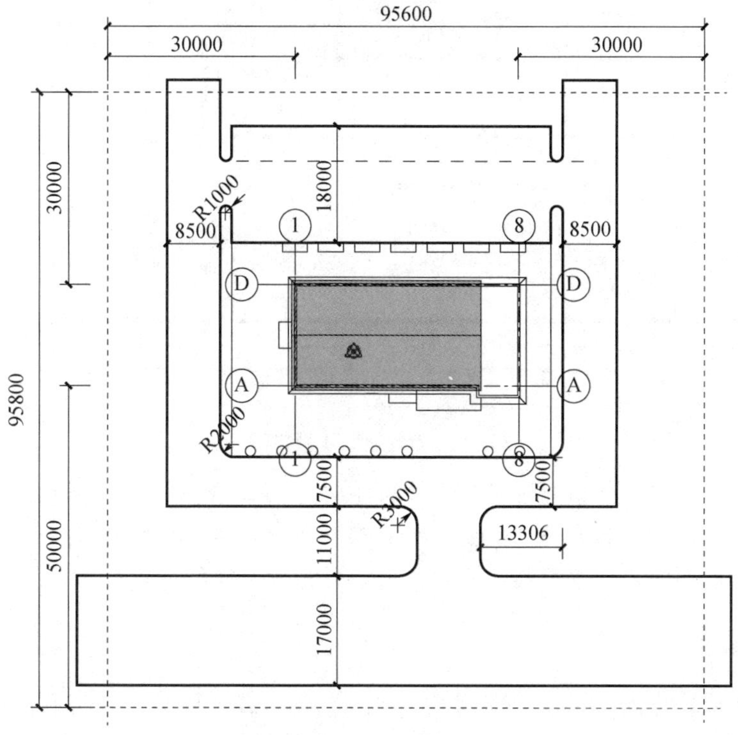

图 2.145　沥青地面范围

2.7.2 地面标线

复制粘贴草图线：在图 2.145 所示地形编辑环境中，选择所有草图线，按“Ctrl＋C（复制）”→进入“建筑”选项卡，单击“构件”下拉列表中的“ （内建模型）”命令→在“族类别和族参数”中选择“场地”，单击“确定”→弹出“名称”对话框，输入“地标线”，单击“确定”，进入族编辑环境→进入“创建”选项卡→单击“拉伸”图标工具→按“Ctrl＋V（粘贴）”，键盘输入“0”以原位对齐。

创建地标线草图：设置“拉伸起点：0”“拉伸终点：5”→进入“修改｜创建拉伸”上下文选项卡，单击“ （设置）”图标，在弹出的“工作平面”对话框中设置“名称：室外地坪”，单击“确定”→利用“ （拾取线）”绘制工具，并结合“偏移”可快速绘制如图 2.146 所示草图线（白实线和白虚线）→进入实例属性面板，设置“材质：地标线-白”→单击绿色勾号“ ”确定。

此时不要单击“完成模型”，继续进入“创建”选项卡，通过“拉伸”工具绘制黄标线（黄实线和黄虚线），设置“材质：地标线-黄”，此处不再赘述。

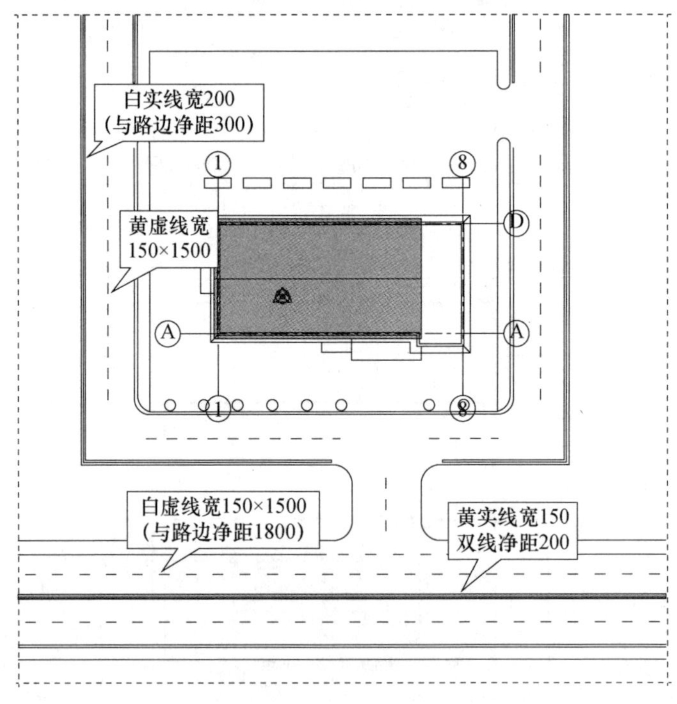

图 2.146 地标线示意图

注意：在绘制场地的地面标线过程中，应注意各类标线模型之间往往有一定关联。利用草图线之间的“复制”＋“粘贴”方式可以在相互间进行快速创建。如果按部就班绘制场地中的这些对象的草图线，虽然可行，但是效率较低。

2.7.3 路边石

载入轮廓族：进入“插入”选项卡→单击“ （载入族）”工具图标→选择本书提供的“路边石断面.rfa”→单击“打开”。轮廓族的创建请参见 5.2.2 节。

创建模型线路径：返回项目编辑环境→在图 2.145 所示地形编辑环境中，选择所有草图线，按下“Ctrl+C（复制）”→进入“建筑”选项卡，单击“模型线”图标→按下“Ctrl+V（粘贴）”，键盘输入“0”以原位对齐→选择任一根模型线，打开视图控制栏中的“（临时隐藏/隔离）”，选择列表中的“隔离类别”→根据图 2.147 所示补充完整模型线，单击“✔（完成）”→再次打开视图控制栏中的“（临时隐藏/隔离）”，选择列表中的“重设临时隐藏/隔离”。

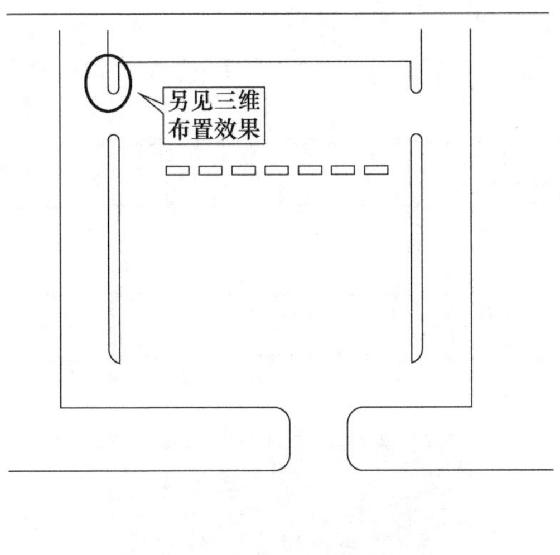

图 2.147　模型线示意图

布置路牙石：单击“（默认三维视图）”进入三维视图→进入“建筑”选项卡，单击“构建”功能区中的“（楼板）”下拉菜单中的“楼板：楼板边”，出现“修改｜放置楼板边缘”上下文选项卡→单击“属性”面板中“编辑类型”按钮，弹出“类型属性”对话框→确认族类型为“楼板边缘”→单击“复制”，输入“路边石”→单击“确定”→修改类型属性中的“轮廓：路边石断面”“材质：地面-硬化-混凝土”→单击“确定”→单击三维视图中的模型线以布置路边石（若方向相反，可单击⇅符号以翻转方向）→按 Esc 键退出，得到图 2.148 所示的效果（图 2.147 圈中区域）。

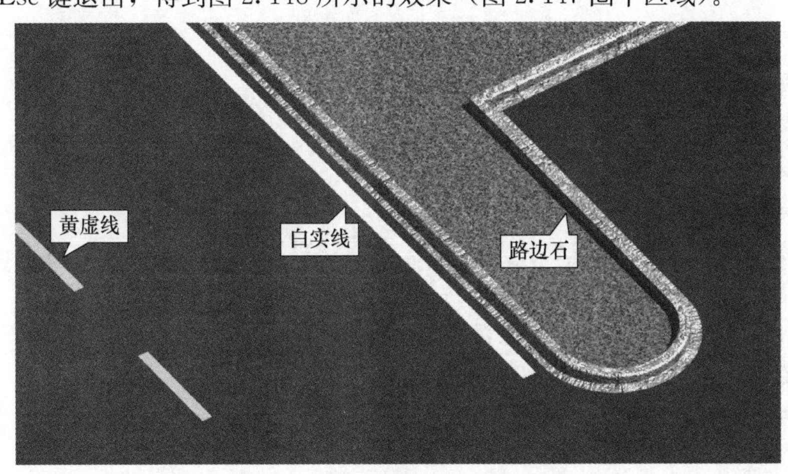

图 2.148　路边石三维视图

2.7.4 停车位

载入车位族：进入“插入”选项卡→单击“ (载入族)”工具图标→选择本书提供的“标准车位.rfa”→单击“打开”。

布置车位：进入“场地”视图→单击“建筑”选项卡中的“ (放置构件)”→进入“修改 | 放置构件”上下文选项卡，单击“ (放置在工作平面上)”图标→出现快速访问属性栏，修改“放置平面：室外地坪”→进入绘图区，根据图 2.149 所示位置放置“标准车位”，并通过复制布置多个。同理，可放置“非机动车位”。

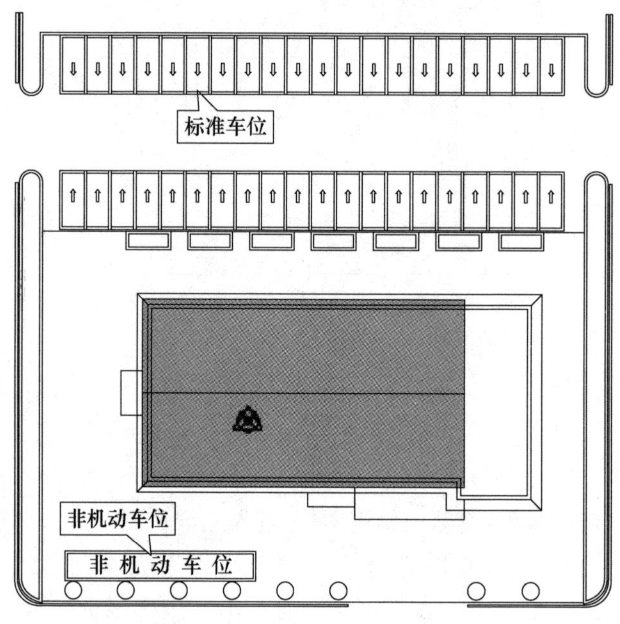

图 2.149 车位布置

【思考与练习】

(1) Revit 项目浏览器的主要作用有哪些？

(2) 项目样板与项目文件有什么区别？

(3) 举例说明类型参数与实例参数的不同。

(4) Revit 视图样板的作用是什么？

(5) 如何理解功能层的优先级？

(6) 在使用 Revit 进行建模时，Esc 键、空格键、Tab 键、Enter 键各有什么作用？

(7) 载入的轮廓族使用方式有哪些？

(8) Revit 楼梯工具有哪些？系统族“现场浇筑楼梯”“组合楼梯”和“预浇筑楼梯”有什么区别？

(9) 若需要散水模型的体积数据，使用轮廓族创建散水是否合适？

3 Revit 创建结构专业信息模型

【学习目标】

（1）掌握链接模型的使用；
（2）掌握 Revit 创建结构实体的一般工具；
（3）掌握项目阶段化的应用；
（4）掌握钢结构创建及其节点连接。

使用 Revit 软件创建结构专业模型时，一般考虑选择“结构样板”进行创建。在 BIM 协同工作中，往往需要参考其他专业模型以获取本专业所需数据。因此本章将以提取已有建筑专业模型数据（轴网、标高、结构柱等）为基础，利用结构模块、钢模块工具继续创建结构专业模型。

3.1 创建混凝土结构模型

3.1.1 提取轴网与结构模型

（1）提取链接模型

新建结构项目：单击“（主页）”图标，返回 Revti 主页→单击“新建”命令→弹出“新建项目”对话框，选择“结构样板”→单击“确定”，即可新建基于“结构样板”的项目。

链接 Revit 模型：单击“插入”选项卡→进入“链接”功能区→单击“（链接 Revit）”图标→弹出“导入/链接 RVT”面板，选择“2-6 幕墙和卫生间”文件，单击“打开”。

从建筑模型复制图元：单击“协作”选项卡→进入“坐标”功能区→单击“（复制/监视）”图标→出现下拉选项，单击“选择链接”→鼠标移至绘图区中的链接模型，当链接模型边缘高亮显示时，单击→出现“复制/监视”上下文选项卡，单击“选项”→弹出“复制/监视”面板，并按如图 3.1 所示进行设置→单击“确定”返回“上下文”选项卡，并按如下步骤继续操作：

进入“南”立面视图→单击“复制”，勾选“多个”→选择所有标高→单击快速属性栏中的“完成”，如图 3.2 所示；

进入“标高 1”平面视图→进入“复制/监视”上下文选项卡→单击“复制”，勾选“多个”→选择所有轴线→单击快速属性栏中的“完成”；

进入“三维”视图→进入“复制/监视”上下文选项卡→单击“复制”，勾选“多个”→选择所有结构柱→单击快速属性栏中的“完成”；

进入“三维”视图→进入“复制/监视”上下文选项卡→单击“复制”，勾选“多个”→选择所有楼板→单击快速属性栏中的“完成”，再单击绿色勾号“✔（完成）”。

卸载链接的 Revit 模型：单击“插入”选项卡→进入“链接”功能区→单击“（管理链接）”工具图标，弹出“管理链接”面板→选择“2-6 幕墙和卫生间”文件，单击“卸载”→单击“确定”返回。

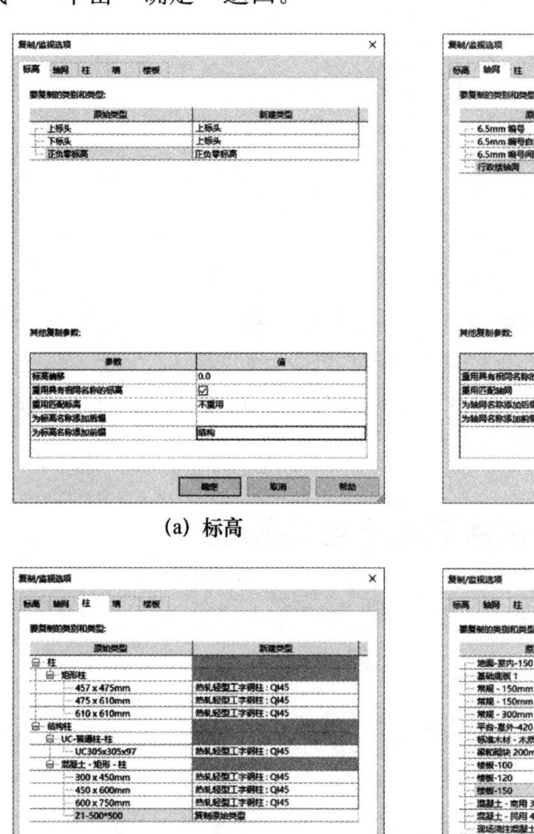

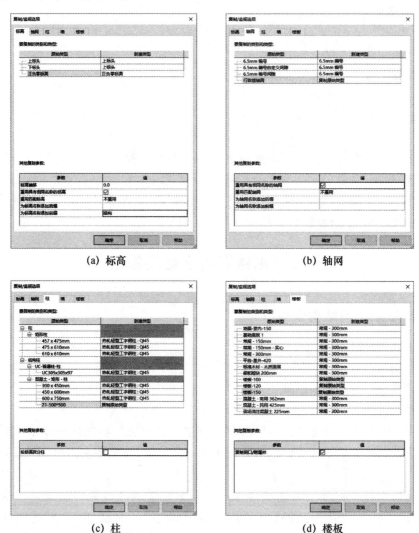

(a) 标高

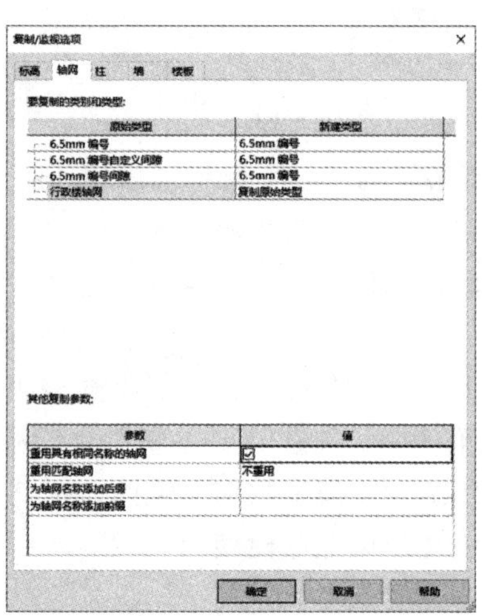

(b) 轴网

(c) 柱

(d) 楼板

图 3.1 “复制/监视选项”面板

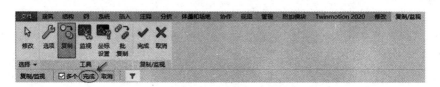

图 3.2 “复制/监视”上下文选项卡

(2) 修改提取的模型

修改提取的图元属性目的是使图元定位到提取的标高而不是结构样板文件默认的“标高 1”和“标高 2”上，否则将来删除这两个标高会导致提取的图元被删除。另外，为方便选择结构对象，可进入“可见性/图形替换”面板→进入“分析模型类别”选项卡→取消选中“在此视图中显示分析模型类别”。也可以通过取消选中结构对象实例属性中的“启用分析模型”，达到取消显示分析模型的目的。

修改提取的图元属性：

选择“结构标高 1”→在类型选择器选择“上标头”→修改实例属性中的“立面”为“-1200”。

选择所有首层柱，修改实例属性“底部标高：结构标高 1”；选择顶层柱，修改“顶部偏移：0”。

选择二层和三层卫生间处的楼板，分别修改实例属性“底部标高：结构标高 2，自标高的高度偏移：-30”和“底部标高：结构标高 3，自标高的高度偏移：-30”。

选择二层楼梯间处和大厅处的洞口，均修改实例属性“底部约束：结构标高 2，底部偏移：-1000”。

删除不必要标高：进入“南”立面视图→在绘图区选择“结构室外地坪”“标高 1”和“标高 2”三根标高线→按 Delete 键将其删除（同时也删除了依附在标高上的其他对象）。

标高偏移：进入“南”立面视图→选择“结构标高 2”～“结构标高 4”标高线→单击“修改｜标高”上下文选项卡中的“✥（移动）”图标工具，竖直向下移动 50mm，如图 3.3 所示。

创建结构平面：进入“视图”选项卡→进入“创建”功能区，展开“平面视图”下拉选项→单击“结构平面”→选择“结构标高 1”～“结构标高 7”后，单击“确定”。

修改楼板属性：分别进入“楼板-100”“楼板-120”和“楼板-150”类型属性，删除除结构层以外的其他功能层，并重命名为“楼板-结构-100”“楼板-结构-120”和“楼板-结构-150”。

新增结构柱类型：新建类型名称为“Z2-400 * 400”的结构柱，其中类型属性“b：400”“h：400”。

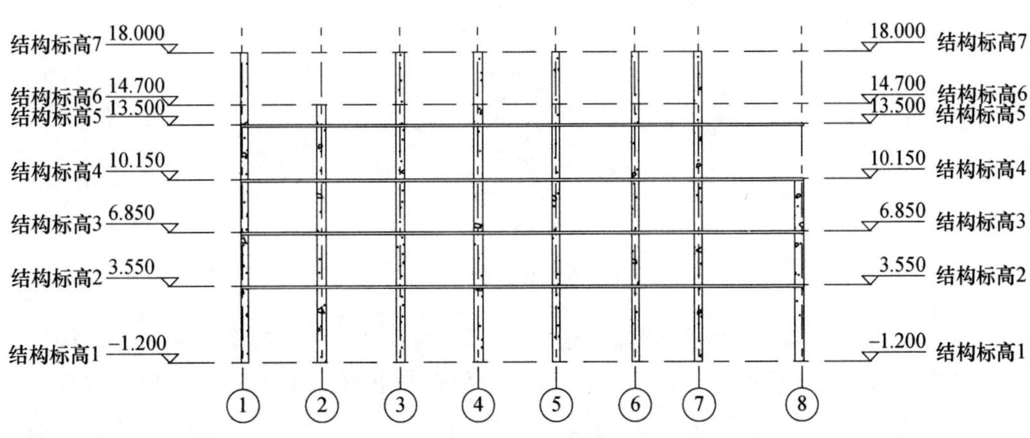

图 3.3　提取模型与结构标高

3.1.2 基础

（1）绘制柱下独立基础

创建基础类型：单击“结构”选项卡→在“基础”功能区中，单击“（独立基础）”图标工具→单击属性面板中“编辑类型”按钮，弹出“类型属性”对话框→单击“载入”→弹出“打开”对话框→依次打开“结构→基础”文件夹，选择“独立基础-坡形截面.rfa”→单击“打开”→返回“类型属性”面板→单击“复制”，输入“J-1”（独立基础），按图 3.4（a）所示修改类型属性→单击“复制”，输入“J-2”（双柱联合基础），按图 3.4（b）所示修改类型属性→单击“确定”，按两次 Esc 键退出命令执行状态→进入各基础实例属性，修改“材质：基础-C30-混凝土”。

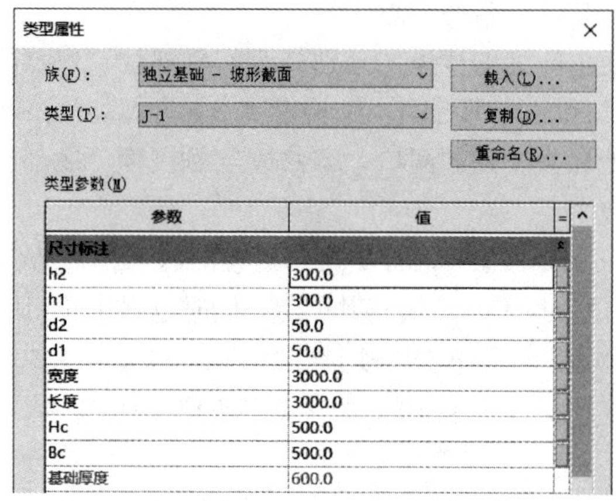

(a) J-1

(b) J-2

图 3.4　独立基础类型属性设置

布置独立基础：进入项目浏览器→进入“结构标高 1”平面视图→单击“结构”选项卡中的“（独立基础）”图标工具→通过类型选择框器选择“J-1”→单击“修改｜放置独立基础”上下文选项卡中的“（在柱处）”→按住 Ctrl 键，框选Ⓐ轴和Ⓓ轴上的结构柱，如图 3.5 所示→单击绿色勾号“✔（完成）”→鼠标移至未布置成功基础的结构柱中心位置，待结构柱中心线高亮显示时，单击鼠标左键确定，如图 3.6 所示→按两次 Esc 键退出命令执行状态。

注意：一次性选择多个结构柱，会导致距离较近的柱下独立基础布置不成功。此时只需单个布置即可。

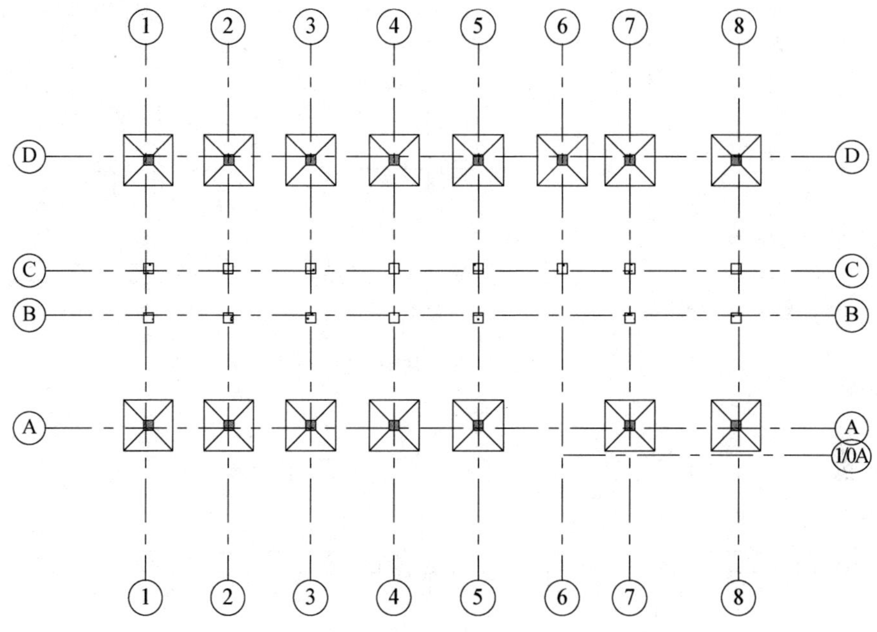

图 3.5 J-1 基础布置

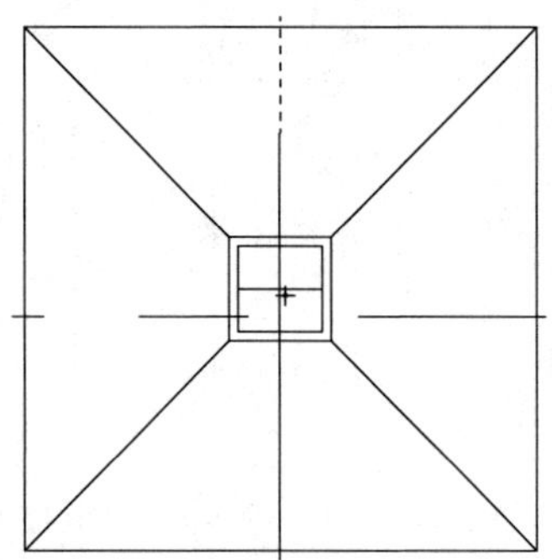

图 3.6 单个 J-1 基础居于柱中心布置

(2) 绘制双柱联合基础

布置联合基础：单击“结构”选项卡→在“基础”功能区中，单击“(独立基础)”工具图标→通过类型选择框器选择“J-2”→光标移动至①轴和Ⓒ轴相交位置处的结构柱中心位置，待其中心线高亮显示时单击“确定”，如图 3.7 (a) 所示→使用“对齐”命令，使得基础上口边与柱边对齐，如图 3.7 (b) 所示→使用“移动”命令，使基础向上侧移动 50mm，如图 3.7 (c) 所示→按两次 Esc 键退出命令执行状态→自行按图 3.8 所示创建其他“J-2”基础。

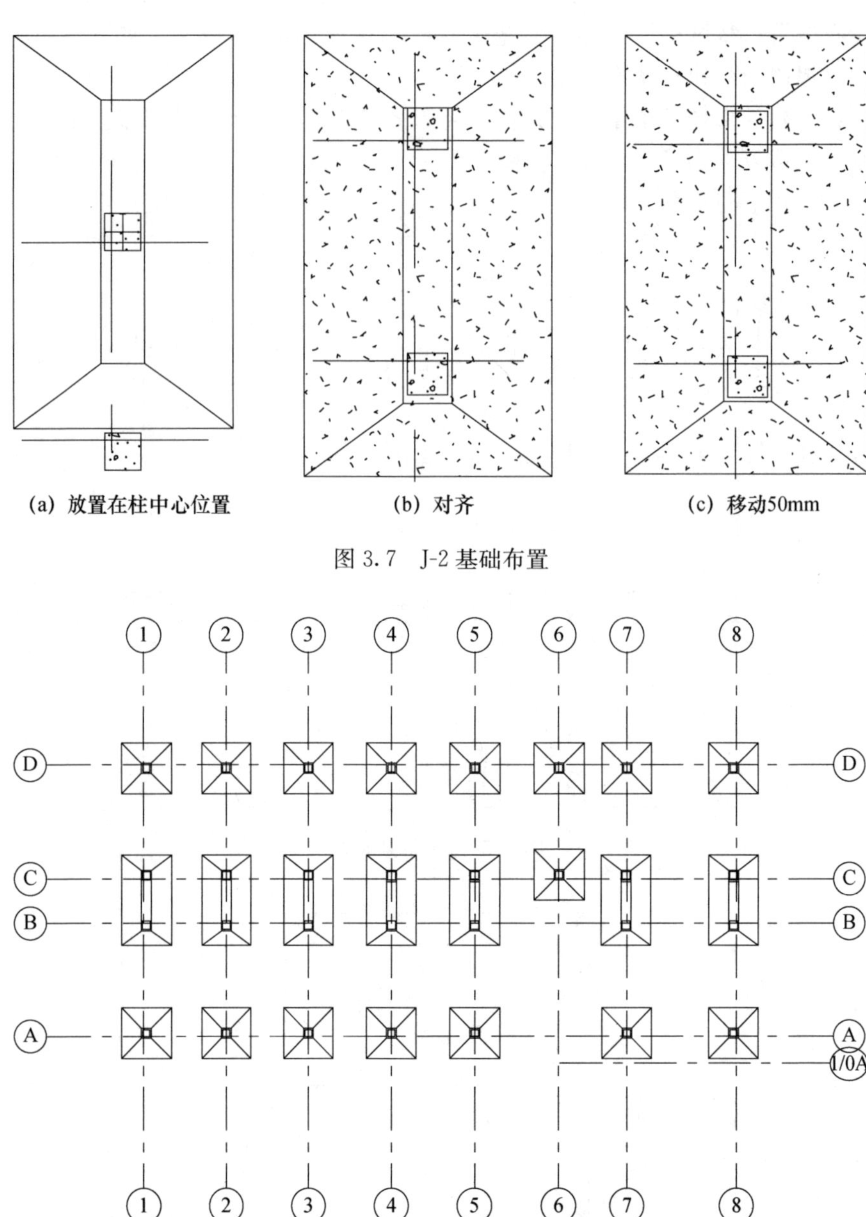

(a) 放置在柱中心位置　　(b) 对齐　　(c) 移动50mm

图 3.7　J-2 基础布置

图 3.8　基础平面布置

3.1.3　结构梁

创建梁类型：进入“结构标高 2”平面视图→单击“结构”选项卡→在“结构”面板中，单击“（梁）”工具图标→进入“修改｜放置梁”上下文选项卡→单击属性面板中“编辑类型”按钮，弹出“类型属性”对话框→选择族为“混凝土-矩形梁”，默认类型为“300×600”→单击“复制”，输入“KL1-300＊600”，修改类型属性“b：300”“h：600”“类型标记：KL1”；继续单击“复制”，输入“KL2-250＊500”，修改类型属性“b：250”“h：500”，“类型标记：KL2”；继续单击“复制”，输入“KL3-250＊400”，修改类型属性“b：250”“h：400”“类型标记：KL3”→单击“确定”→进入各结构梁实例属性，修改“材质：梁-C25-混凝土”。

绘制框架梁：返回“结构标高 2”平面视图→确认类型选择器里为“KL1-300 * 600”，确认绘制方式为“直线”，勾选属性选项栏上的“链”→单击依次单击柱的中心，即可创建 KL1→同理可创建 KL2→利用“对齐“工具按图 3.9 所示对梁柱进行对齐操作。

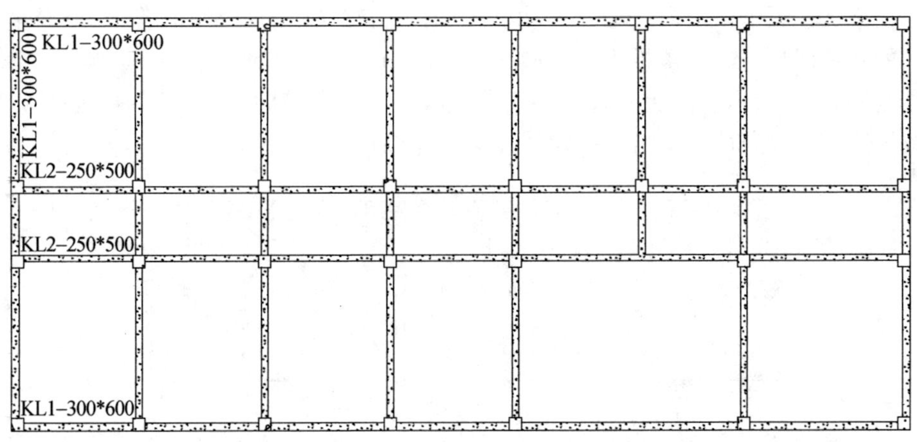

图 3.9 结构标高 2 框架梁平面布置

其他楼层梁：进入三维视图→单击“ViewCube”中的“前”→选择所有二层的梁→单击“复制到剪贴板”工具，粘贴至“标高 3”～“标高 5”“标高 1（起终点偏移：1000)”→删除“结构标高 1”和“结构标高 5”处多余的梁→将“结构标高 5”以上的柱设置为“Z2-400 * 400”，并设置边柱外对齐→最终得到如图 3.10 所示的梁柱结构（不包含屋顶斜梁）。

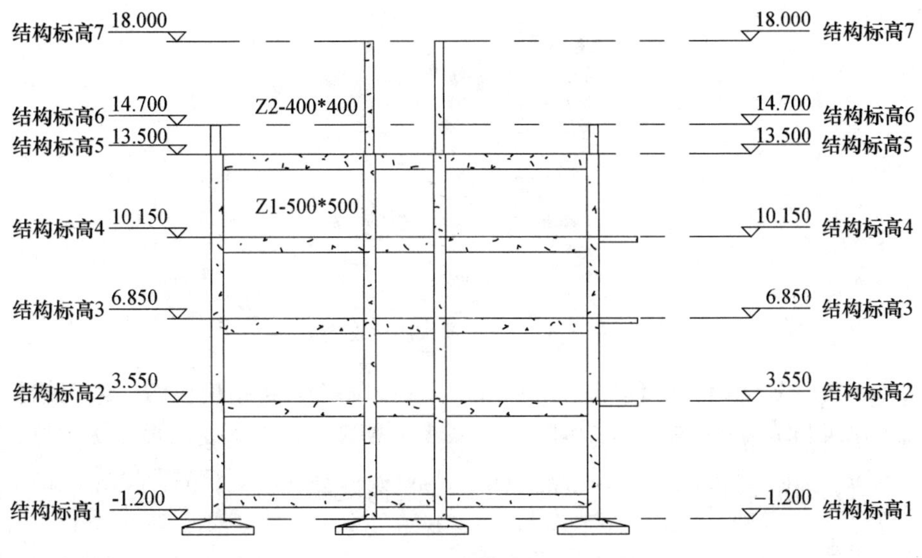

图 3.10 框架三维视图（西立面）

3.1.4 屋面斜板与斜梁

（1）屋面斜结构板

绘制斜结构板：重新载入链接模型“2-6 幕墙和卫生间”→进入“结构标高 7”结构平面视图，单击“结构”选项卡中的“（楼板）”图标，出现“修改｜创建楼层边界”上下文选项卡→在类型选择器中选择“楼板-结构-150”→进入“修改｜创建楼层边界”上下文选项卡，单击“绘制”功能区中的“（矩形）”→沿着“2-6 幕墙和卫生间”的建筑屋顶边绘制楼板边界，如图 3.11 所示→单击“坡度箭头”，默认“线”方式→绘制图 3.11 所示的箭头（首尾接于草图线，并指向屋面正脊线），并按图 3.12 所示修改坡度箭头的属性→单击绿色勾号“（完成）”。

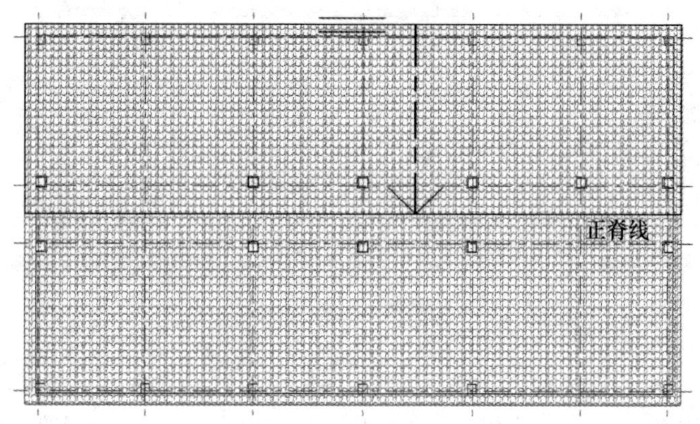

图 3.11 斜屋面结构板绘制

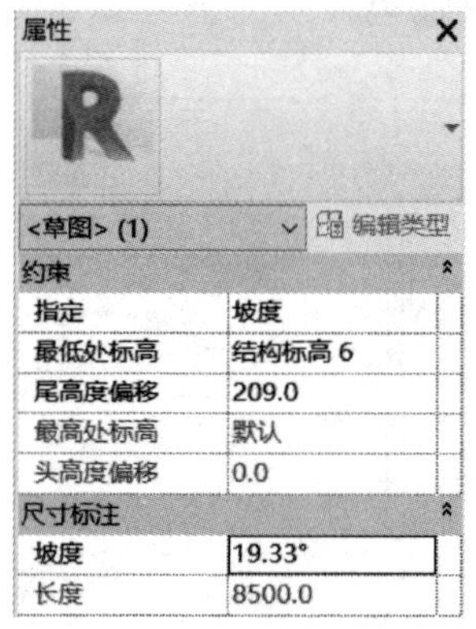

图 3.12 坡度箭头属性设置

注意：由于 Revit 默认将屋面板的板底定位在标高上，将结构板的板面定位在标高上，因此建筑和结构专业协同建模时，经常需要调整结构板的高度位置，使之与建筑专业位置吻合，如图 3.13 所示。这里的斜板的“尾高度偏移”$=\frac{\text{结构板厚}}{\cos\text{（坡度）}}+$建筑结构标高差$=\frac{150}{\cos 19.33}+0=159\text{mm}$，而不是 150mm；否则会出现结构斜板与链接的建筑坡屋面位置无法吻合现象。

镜像斜板：选择已绘制完成的屋面斜板→单击“修改｜楼板”上下文选项卡中的“(镜像-拾取轴)”工具→选择已绘制完成的屋顶结构斜板的正脊线，即可完成镜像→卸载“2-6幕墙和卫生间”链接模型。

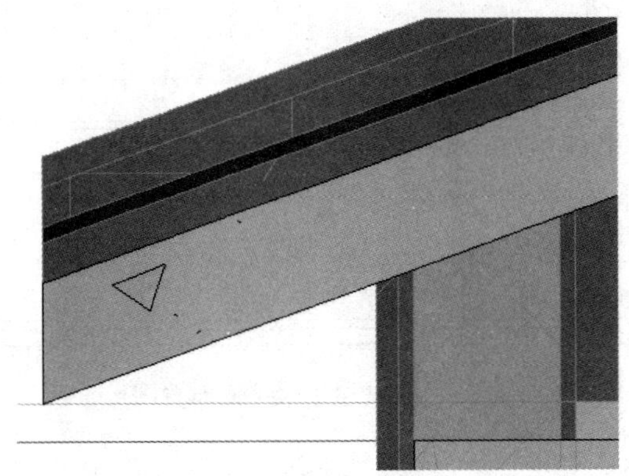

图3.13　屋面斜结构板与建筑模型位置吻合

(2) 屋顶斜梁

调整柱高：进入三维视图→选择“结构标高5”与“结构标高6”标高之间的短边柱→单击“修改｜结构柱”上下文选项卡中的“(附着)”工具图标→选择结构板，进入“结构柱”属性面板并修改“顶部附着对正：最大相交”，得到图3.14→请读者以相同方式附着其他结构柱至坡屋面结构板。

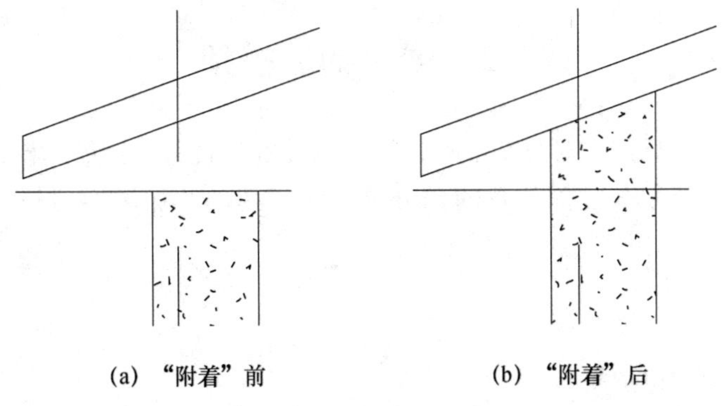

图3.14　附着柱至斜屋面板底

调整平面视图与绘制斜梁：进入“结构标高7”结构平面视图，设置“结构平面”属性面板中的底图为“底部标高：结构标高5”“顶部标高：结构标高6”，单击“应用”→单击“结构”选项卡→在“结构”面板中，单击“(梁)”工具图标→确认类型选择框器为“KL3-250＊400”→进入“修改｜放置梁”上下文选项卡，确认绘制方式为“直线”，勾选属性选项栏上的“三维捕捉”→分别单击斜板边与屋脊线，即可绘制平行斜板的梁，然后调整梁长度→通过“镜像”和“复制”等命令，创建图3.15中所示坡屋顶结构梁→最终可得到如图3.16所示的屋面结构。

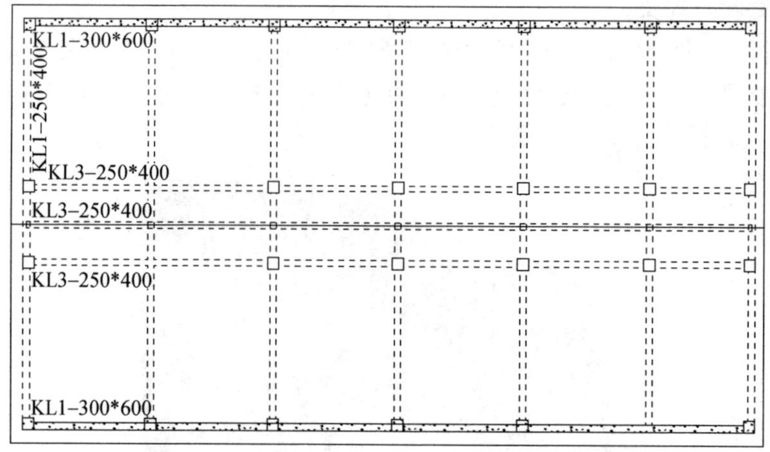

图 3.15　坡屋顶梁平面布置图

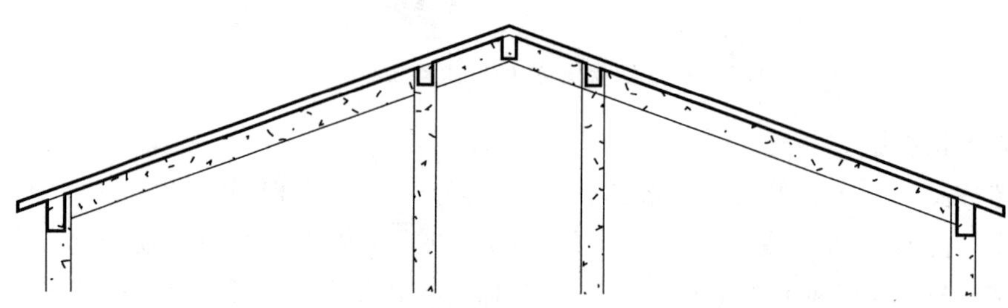

图 3.16　坡屋顶剖面图

3.2　创建钢筋模型

在实践中，往往只需要对复杂节点、异形构件等位置进行钢筋建模以指导施工。因此，本节主要以首层①轴北侧位置的部分梁、柱、基础及坡屋面斜板为例介绍钢筋的创建。

3.2.1　梁钢筋

（1）设置剖面与保护层

创建梁剖面：进入项目浏览器，单击立面中的“西”→进入“西”立面视图→单击“视图”选项卡→在“创建”功能区中，单击“◆（剖面）”工具图标→绘制如图 3.17 所示的剖面 1（若模型中已创建有其他剖面，此处将会是剖面 2 或其他数字）→再次进入项目浏览器，双击剖面中的“剖面 1”，即可进入“剖面 1”视图。

连接梁板：进入“剖面 1”视图→单击“修改”选项卡中的“（连接）”工具→依次点选梁和楼板，即可连接→再次单击“连接”下拉列表中的“切换连接顺序”，依次点选梁和楼板，直至如图 3.18 所示。

保护层设置：进入“结构”选项卡→单击“（保护层）”图标工具→点选梁（梁处于高亮显示状态）→进入快速访问属性栏中，修改“保护层设置：Ⅰ（梁、柱、钢

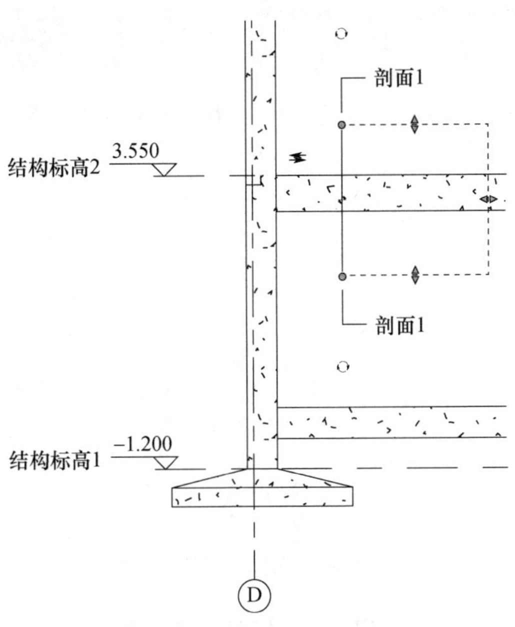

图 3.17 在“南”立面图上绘制剖面

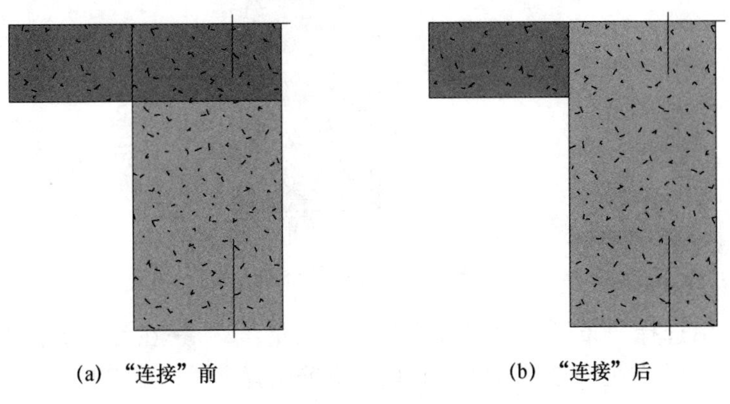

(a) “连接”前　　(b) “连接”后

图 3.18 梁板剖面

筋）≥C30”（默认）→在绘图区模型以外的空白处单击，按 Esc 键，退出。

（2）放置钢筋

放置箍筋：在“剖面 1”视图中选择梁→出现“修改｜结构框架”上下文选项卡→单击“(钢筋)”工具图标→出现“钢筋形状定义”的提示框，单击“确定”即可→出现“钢筋形状浏览器”（可通过快速访问属性栏上的图标进行关闭和开启），如图 3.19所示→选择钢筋形状：33（矩形）→在类型选择器中选择“8 HRB400”→在“钢筋集”功能区中选择“布局：最大间距”和“间距：200”→光标移动至梁截面，出现虚线（混凝土保护层），此时单击，即可布置箍筋→修改“视图详细程度：详细”，如图 3.20 所示。

放置成组纵筋：在“钢筋形状浏览器”中选择钢筋形状：01（直线）→进入“修改｜结构框架”上下文选项卡中，在“放置方向”功能区中选择“垂直于保护层”→在“钢

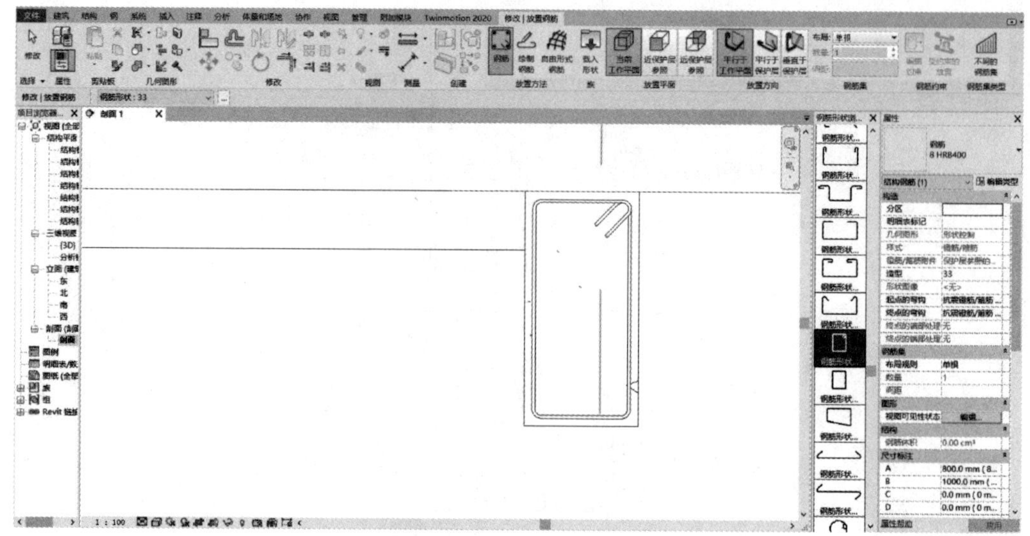

图 3.19　选择“钢筋形状”

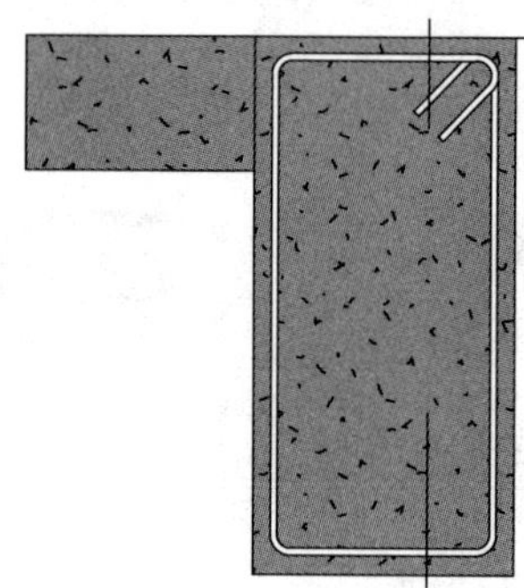

图 3.20　梁中的箍筋

筋集”功能区中选择“布局：固定数量”和“数量：2”→在类型选择器中选择“22 HRB400”→鼠标移至箍筋上部附近，待两根纵筋位置合适，单击布置。

放置单独纵筋：在“钢筋集”功能区中选择“布局：单根”→在类型选择器中选择“20 HRB400”→鼠标移至箍筋上部附近，待单根纵筋位置合适，单击两次即可布置两根单独纵筋→同理可布置梁下部的三根纵筋，如图 3.21 所示。

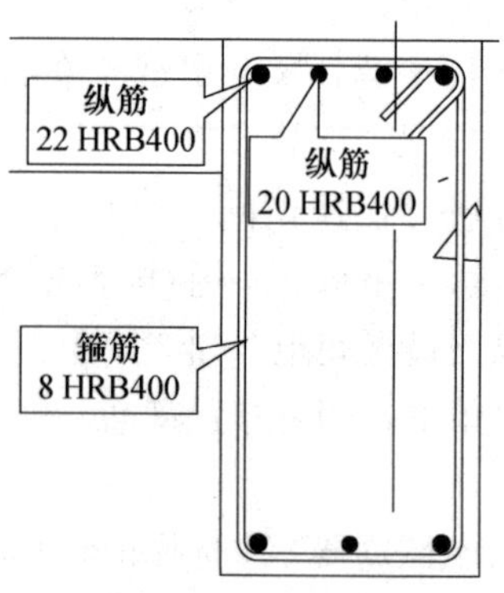

图 3.21　梁截面钢筋

（3）钢筋可见性与弯钩

调整钢筋图元视图可见性：选择梁截面上所有箍筋和纵筋→进入属性面板，单击视图可见性状态后的“编辑”按钮→弹出“钢筋图元视图可见性状态”面板，按图 3.22 所示进行勾选→单击“确定”→进入“西”立面视图，修改“视图详细程度：详细”。

设置纵筋弯钩：在“剖面 1”视图中选择梁纵筋→进入属性面板，修改“终点的弯钩：标准-90 度”（或者修改“起点的弯钩：标准-90 度”）→返回“西”立面视图→单击底部钢筋，拖动操纵柄，避免底部钢筋弯钩与顶部钢筋弯钩位置重叠，如图 3.23 所示→选择纵筋，按空格键即可调整钢筋弯钩方向（若必要）。读者可自行调整梁另一端钢筋弯钩。

钢筋图元视图可见性状态　? ×

在三维视图(详细程度为精细)中显示清晰钢筋图元和/或显示为实心。

单击列页眉以修改排序顺序。

视图类型	视图名称	清晰的视图	作为实体查看
三维视图	分析模型	☐	☐
三维视图	{3D}	☑	☑
剖面	剖面 1	☑	☐
立面	南	☑	☐
立面	东	☐	☐
立面	北	☐	☐
立面	西	☐	☐
结构平面	结构标高 1	☐	☐
结构平面	结构标高 2	☐	☐
结构平面	结构标高 3	☐	☐
结构平面	结构标高 4	☐	☐
结构平面	结构标高 5	☐	☐

确定　取消

图 3.22　钢筋视图可见性设置

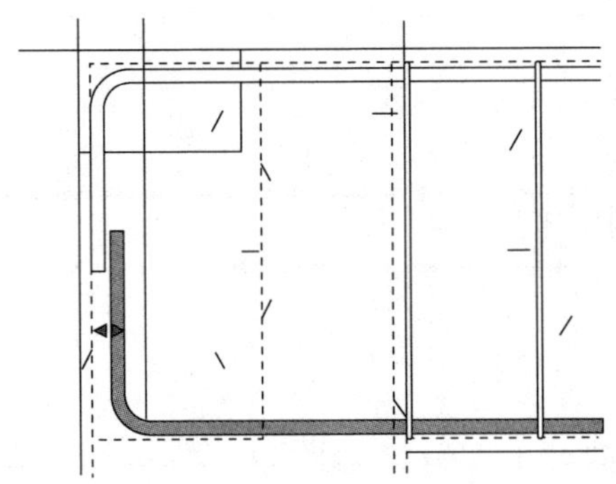

图 3.23　钢筋长度调整

（4）加密区箍筋设置

进入“西”立面视图，先隐藏“剖面 1”图元，然后在梁段区间绘制 4 个参照平面，距离如图 3.24 所示。按下列操作依次修改：

布置加密区 1 箍筋：点选箍筋→拖动两端“操纵柄”，使之分别移动到加密区 1 的左右两侧参照平面位置，如图 3.25（a）所示→在“钢筋集”功能区中选择“布局：最大间距”和“间距：100”→得到加密区 1 箍筋，如图 3.25（b）所示。

布置加密区 2 箍筋：点选加密区 1 的箍筋→进入“修改｜结构钢筋”上下文选项卡，单击“ （复制）”工具图标→复制起点：加密区 1 右侧参照平面，复制终点：加密区 2 右侧参照平面→得到加密区 2 箍筋，如图 3.25（c）所示。

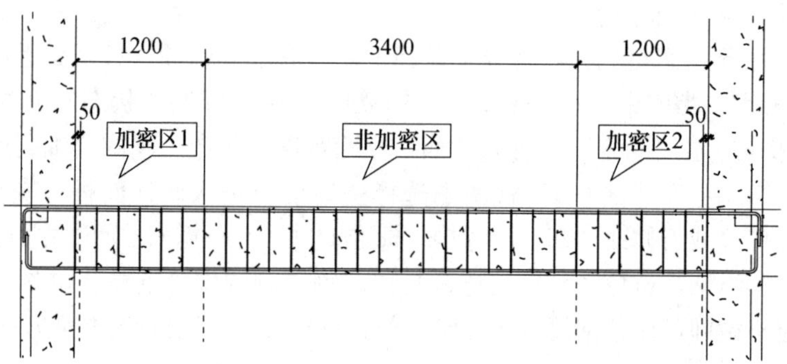

图 3.24　非加密区和加密区箍筋位置

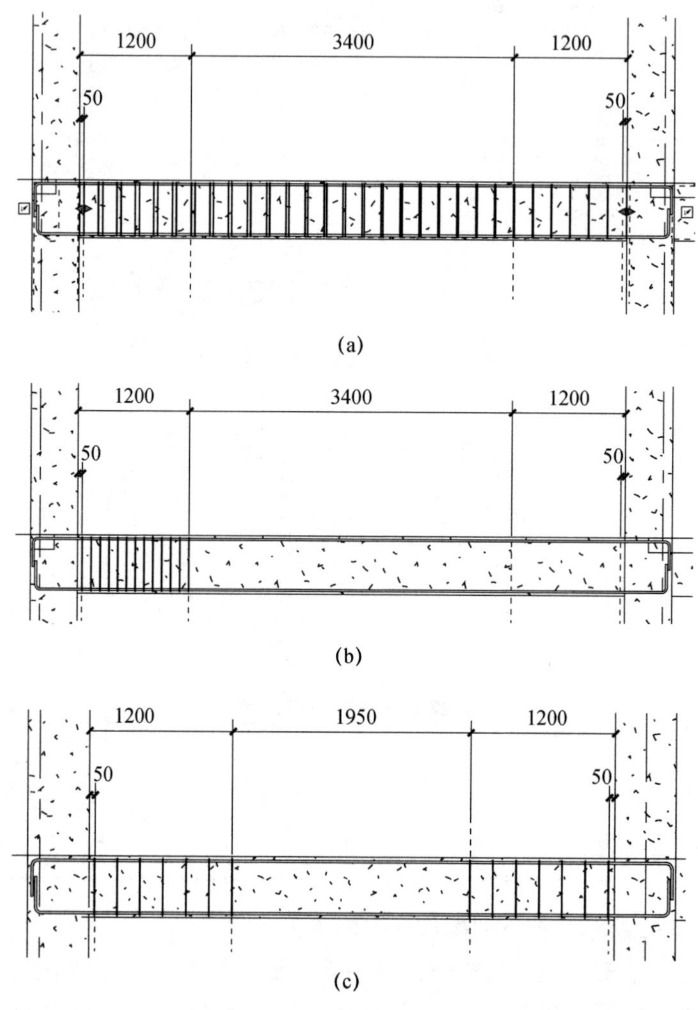

图 3.25　加密区箍筋布置

布置非加密区箍筋：点选加密区 1 的箍筋→进入“修改｜结构钢筋”上下文选项卡，单击“ （复制）”工具图标→复制到非加密区段内即可，如图 3.26（a）所示→取消选中端部箍筋，并拖动“操纵柄”至参照平面即可得到非加密区箍筋，如图 3.26（b）所示。

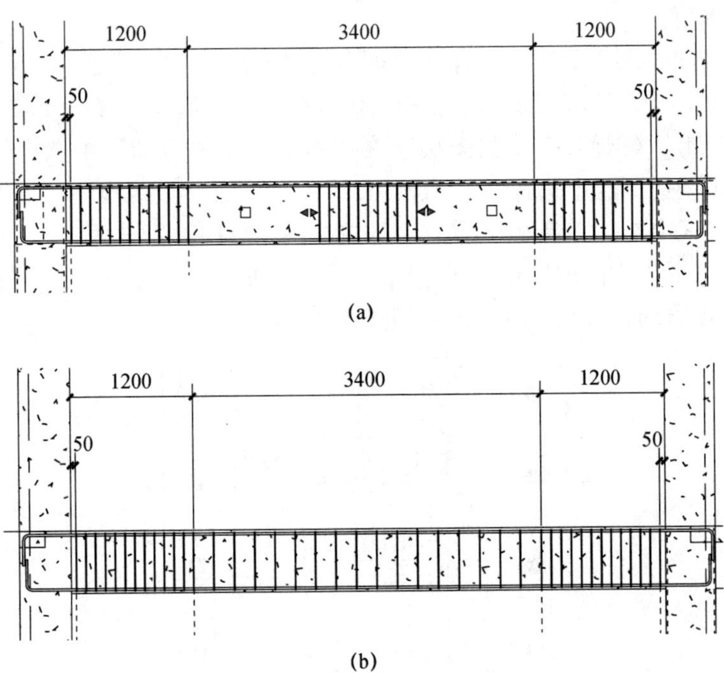

图 3.26 非加密区箍筋布置

3.2.2 柱钢筋

（1）设置剖面

创建柱剖面：进入项目浏览器，单击立面中的“西”→进入“西”立面视图→单击“视图”选项卡→在“创建”功能区中，单击“（剖面）”工具图标→绘制如图 3.27（a）所示的剖面 2→单击“旋转”命令，将剖面 2 顺时针旋转 90°（虚线所示的视图深度范围可调小一点，否则在剖面 2 视图中将会看到其他模型对象），如图 3.27（b）所示。

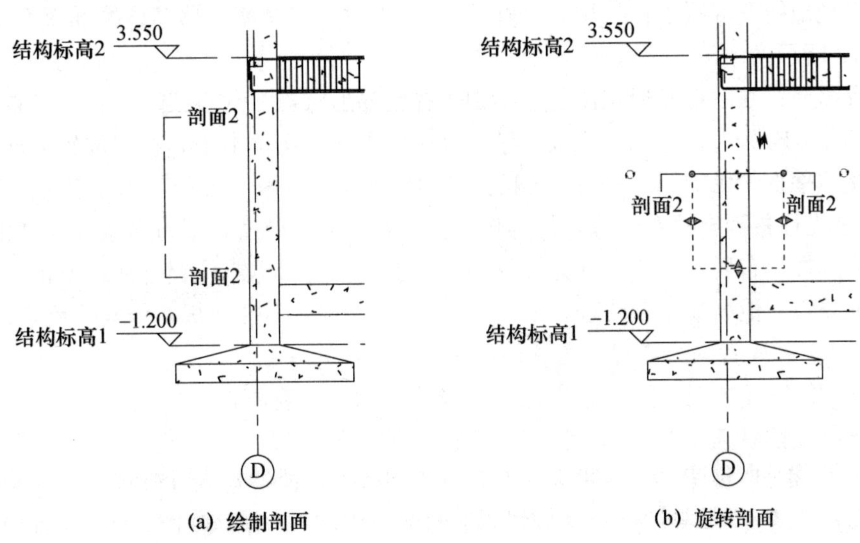

图 3.27 创建柱剖面

（2）放置钢筋

放置箍筋：进入项目浏览器，单击剖面中的“剖面 2”，即可进入“剖面 2”视图→在“剖面 2”视图中点选柱①轴和Ⓓ轴相交位置处的柱→出现“修改 | 结构柱”上下文选项卡→单击“ （钢筋）”工具图标→在“钢筋形状浏览器”中选择钢筋形状：33（矩形）→在类型选择器中选择“8 HRB400”→在“修改 | 结构柱”上下文选项卡的“钢筋集”功能区中选择“单根”，确认“放置方向：平行于工作面”→光标移动至梁截面，出现虚线（混凝土保护层），此时单击，即可布置箍筋→拖动箍筋“控制柄”，调节其大小→复制该箍筋，将其错位放置，如图 3.28 所示。

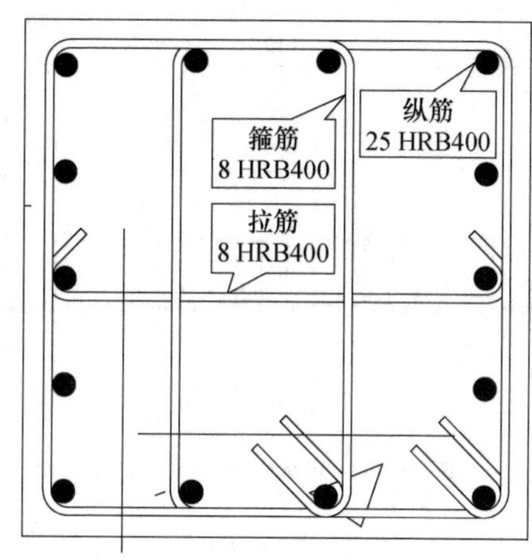

图 3.28　柱横截面钢筋

放置拉筋：同理，单击“ （钢筋）”工具图标→在“钢筋形状浏览器”中选择钢筋形状：1（直线）→在类型选择器中选择“8 HRB400”，设置“起点的弯钩：标准-135 度”和“终点的弯钩：标准-135 度”→在“修改 | 结构柱”上下文选项卡的“钢筋集”功能区中选择“单根”，确认“放置方向：平行于工作平面”→光标移动至梁截面，出现虚线（混凝土保护层），此时单击，即可布置箍筋→移动该拉筋至合适位置，如图 3.28 所示。

放置纵筋：在“钢筋形状浏览器”中选择钢筋形状：01（直线）→在类型选择器中选择“25 HRB400”→进入“修改 | 结构框架”上下文选项卡中，在“放置方向”功能区中选择“垂直于保护层”→在“钢筋集”功能区中选择“布局：固定数量”和“数量：5”→光标移动至柱左边缘，待 5 根纵筋位置合适，单击，即可布置→在“钢筋集”功能区中选择“布局：单根”→光标移动至柱上边缘，待纵筋位置合适，单击，即可布置单根纵筋，其他纵筋布置同理，如图 3.28 所示→进入属性面板，修改“终点的弯钩：标准－90 度”（或者修改“起点的弯钩：标准-90 度”）。

调整钢筋图元视图可见性和弯钩：选择柱截面上所有箍筋和纵筋→进入属性面板，单击视图可见性状态后的“编辑”→设置“钢筋图元视图可见性状态”面板，使其“西”和“{3D}”视图可见→进入“西”立面视图，修改“视图详细程度：详细”→调整箍筋和拉筋的位置后→选择箍筋和拉筋，进入“修改 | 结构钢筋”上下文选项卡，设置“布局：间距数量”“间距：100mm”“数量：（以进入基础内箍筋不少于 2 道为准）”→

逐根选择柱钢筋，拖动“操纵柄”至基础底部保护层厚度位置，如图 3.29 所示→进入三维视图查看弯钩是否合适，若不合适，按空格键调整其方向，如图 3.30 所示。

注意：若在“南”立面无法拾取某根纵筋，可在剖面 2 视图中选择纵筋后（保持其选择状态），再进入“南”立面对其进行调整。

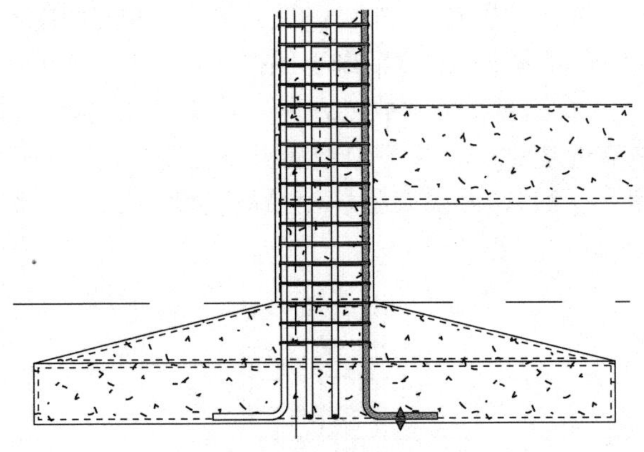

图 3.29 柱钢筋深入基础

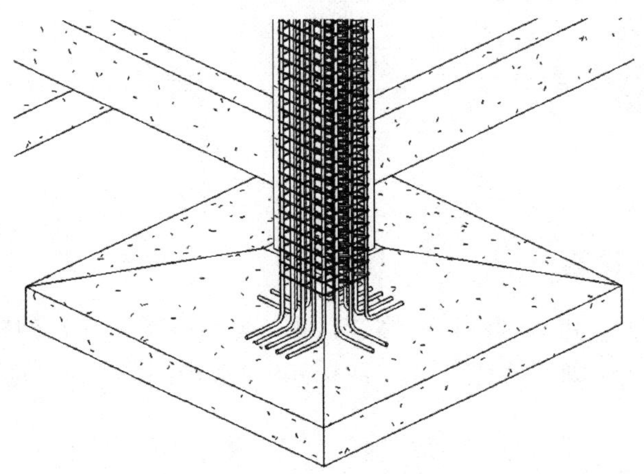

图 3.30 柱钢筋深入基础三维视图

3.2.3 基础钢筋

创建基础剖面：进入“结构标高 1”平面视图→单击“视图”选项卡→在“创建”功能区中，单击“◆（剖面）”工具图标→绘制如图 3.31 所示的剖面 3（深度范围可调整小一点，否则进入“剖面 3”视图后可能会看到其他模型对象）。

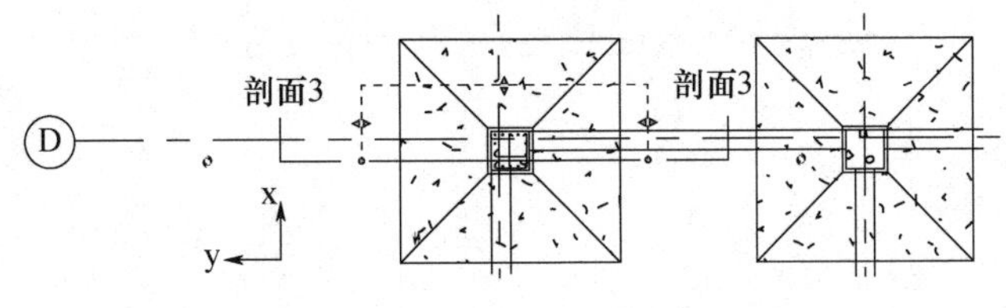

图 3.31 基础剖面

放置纵筋：进入项目浏览器，单击剖面中的“剖面 3”，即可进入“剖面 3”视图→拖动裁剪区域的“控制”按钮调整区域至合适的大小→选择基础，进入“修改｜结构基础”上下文选项卡→单击“ (钢筋)”工具图标→在“钢筋形状浏览器”中选择钢筋形状：01（直线）→在类型选择器中选择“14 HRB400”→在“修改｜结构基础”上下文选项卡的“钢筋集”功能区中选择“布局：最大间距”和“间距：200”→光标移动至基础截面，在靠近基础底部虚线位置（混凝土保护层）单击，即可布置 X 方向钢筋→在“修改｜结构基础”上下文选项卡的“放置方向”功能区中选择“垂直保护层”→光标移动至基础截面，在靠近基础底部 X 方向钢筋上方位置单击，即可布置 Y 方向钢筋→修改“视图详细程度：详细”，再次调整柱中纵筋长度，使其端部落于基础钢筋之上，如图 3.32 所示。

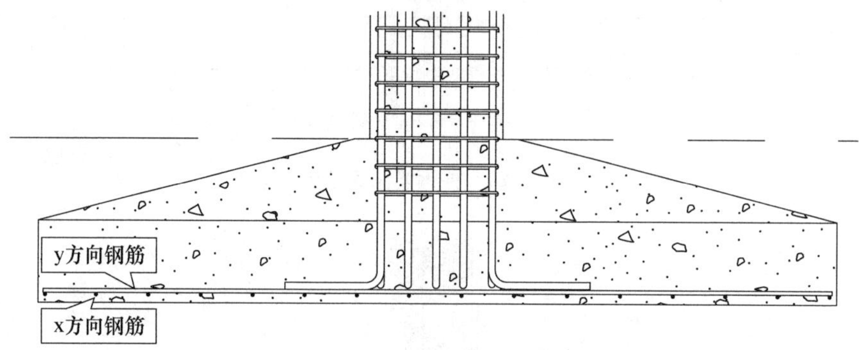

图 3.32　基础钢筋

3.2.4　坡屋面板钢筋

创建坡屋顶剖面：进入“结构标高 7”平面视图→单击“视图”选项卡→在“创建”功能区中，单击“ (剖面)”工具图标→绘制如图 3.33 所示的“剖面 4”。

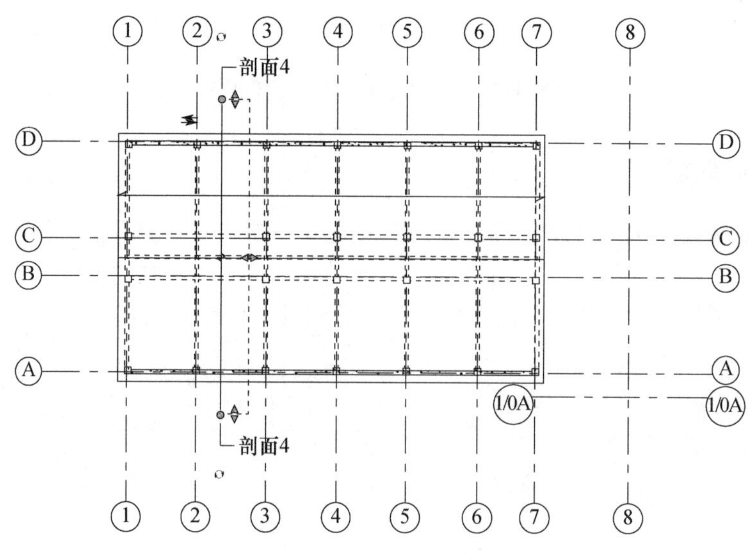

图 3.33　坡屋顶平面

布置坡屋面板钢筋（Y）：进入项目浏览器，双击“剖面 4”，即可进入“剖面 4”视图→点选坡屋面板→出现“修改｜楼板”上下文选项卡→单击“(钢筋)”工具图标→在“钢筋形状浏览器”中选择钢筋形状：01（直线）→在类型选择器中选择“10 HRB400”→在“修改｜放置钢筋”上下文选项卡的“钢筋集”功能区中设置“布局：间距数量”“数量：151”和“间距：200”→确认：“放置平面：当前工作平面”“放置方向：平行于工作平面”→光标移动至坡屋面板截面，在靠近板底部虚线位置（混凝土保护层）单击，即可布置纵筋→选择纵筋，单击“修改｜放置钢筋”上下文选项卡的“(编辑草图)”工具图标→按图 3.34 所示绘制草图→单击绿色勾号“(完成)”退出编辑模型。

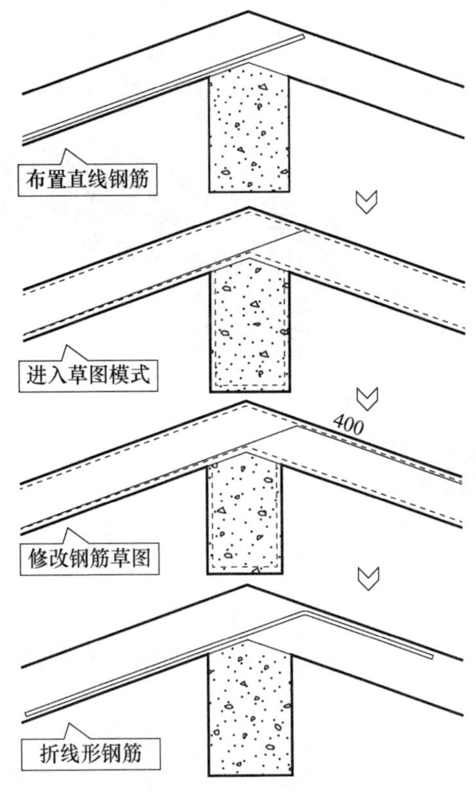

图 3.34　坡屋顶阳角剖面

布置坡屋面板钢筋（X）：在钢筋形状浏览器中选择“钢筋形状：01（直线）”→在类型选择器中选择“10 HRB400”→在“修改｜放置钢筋”上下文选项卡的“钢筋集”功能区中设置“最大间距：200”→确认：“放置平面：当前工作平面”“放置方向：垂直于保护层”→光标移动至坡屋面板截面，在靠近钢筋（Y）附近位置单击，即可布置→取消选中“显示第一栏”（因屋脊位置处需另布置梁纵筋）→进入“结构标高 7”平面视图，打开“线框”模式后，调整钢筋的平面位置以考虑避让（碰撞）。同理，读者可根据前述方法，并结合图 3.35 布置坡屋面板和屋脊梁的其他钢筋。

屋脊梁板局部三维设置：在“剖面 4”立面视图中选择所有钢筋→进入属性面板，单击视图可见性状态后的“编辑”→弹出“钢筋图元视图可见性状态”面板，选中相应

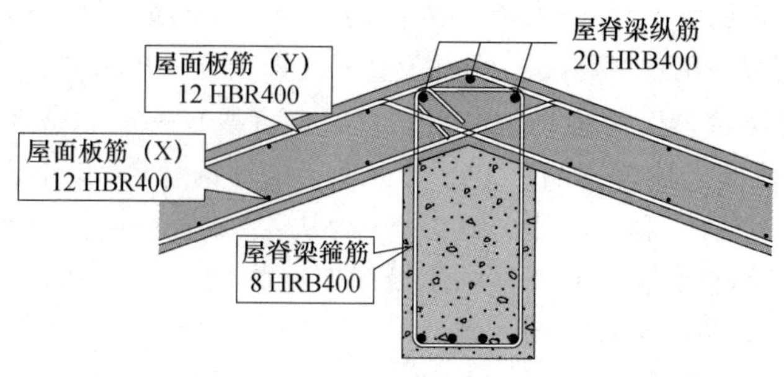

图 3.35　屋脊梁板局部剖面

三维视图的“清晰的视图”和“作为实体查看”，单击“确定”→进入该三维视图，并在其属性面板中选中“剖面框”，通过“控制柄”调整裁剪位置→隐藏剖面框，可得到如图 3.36 所示效果→进入项目浏览器，将该三维视图重命名为“屋脊梁板局部三维”。

图 3.36　屋脊梁板局部三维视图

3.3　创建钢结构电梯改造模型

本节内容主要介绍在第 2 章的文件基础上拆除部分工程，并增加钢结构电梯工程，属于对既有项目的工程改造。因此，实践中可以直接对原有项目文件进行修改，也可以利用 Revit 软件提供的阶段化功能进行创建，本书将结合阶段化功能进行介绍。

3.3.1　阶段化设置与电梯井坑创建

添加阶段：打开“2-7 场地规划 . rvt”文件，进入“管理”选项卡→单击“（阶段）”工具图标→弹出“阶段化”面板，在“新构造”阶段后增加“改造工程”的阶段→单击“确定”，如图 3.37 所示。

阶段化设置：进入三维视图→选择次入口附近的台阶、雨棚和窗，如图 3.38 所示→进入属性面板，设置“拆除的阶段：改造工程”→单击“应用”（拆除对象呈虚线显示样式）→按 Esc 键，进入三维视图属性面板，设置“阶段过滤器：完全显示”和“阶段：改造工程”→按图 3.39 所示创建次入口附近的模型（台阶、坡道和梯井坑）。

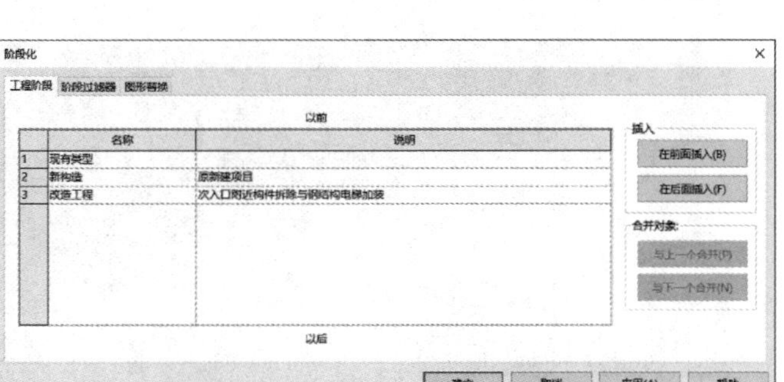

图 3.37　“阶段化”面板

注意：进入相应平面视图绘制模型时，均需设置视图属性“阶段：改造工程”。

梯井坑地坪：进入场地视图→进入“体量和场地”选项卡→单击“建筑地坪”→进入实例属性面板，单击“编辑类型”→单击“复制”，输入“梯井坑地坪-300”，单击“确定”→单击“结构”后的“编辑”按钮→修改“结构：300”→两次单击“确定”，返回实例属性面板→修改“标高：室外地坪”和“自标高的高度偏移：-1400”→进入绘图区，按图 3.39 所示创建模型→单击绿色勾号“✔（完成）”。

梯井坑壁：进入场地视图→单击“建筑”选项卡→单击“墙”工具图标→单击“属性”面板中“编辑类型”按钮→进入“类型属性”面板→确认族为基本墙，族类型为“常规-200mm”→单击“复制”，输入“梯井坑壁-250”→单击“结构”后的“编辑”按钮→修改“结构：250”→两次单击“确定”返回实例属性面板→进入绘图区，按图 3.39所示创建模型→单击绿色勾号“✔（完成）”。

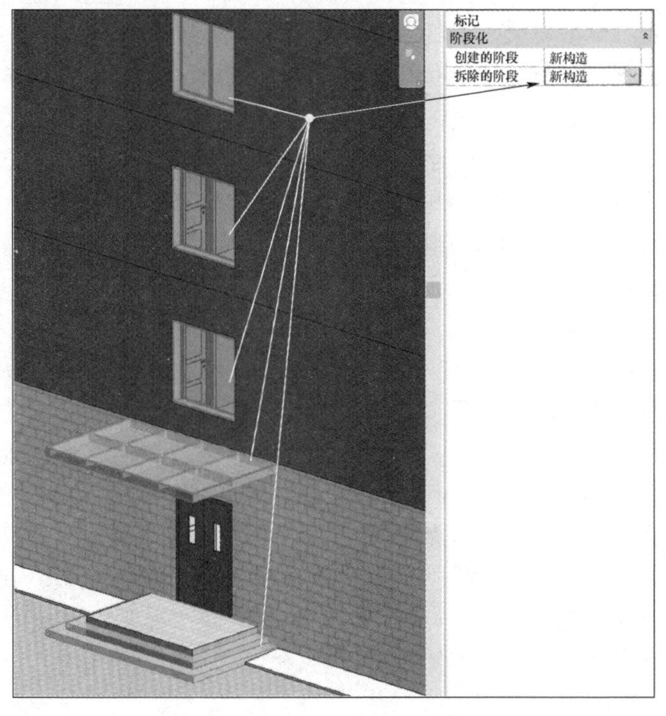

图 3.38　原模型中对象的“拆除”设置

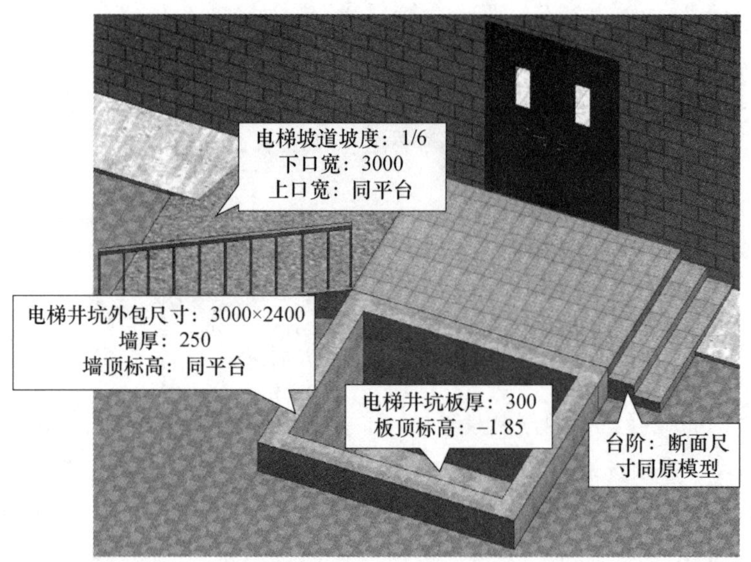

图 3.39　台阶、坡道和梯井坑（“改造工程”阶段）

3.3.2　钢结构组装

载入钢管柱族：进入“场地”平面视图，单击“结构”选项卡→单击“结构柱”工具→单击“属性”面板中的“编辑类型”按钮，弹出“类型属性”面板→单击“载入”→弹出“打开”对话框→依次打开“结构→柱→钢”文件夹，选择“方形冷弯空心型钢柱.rfa”→弹出“指定类型”面板，选择“B180×180×8”，单击“确定”。

载入钢管梁族：单击“梁”工具→单击“属性”面板中的“编辑类型”按钮，弹出“类型属性”面板→单击“载入”→弹出“打开”对话框→依次打开“结构→框架→钢”文件夹，选择“矩形冷弯空心型钢柱.rfa”→弹出“指定类型”面板，选择“B140×80×5”，单击“确定”→返回“类型属性”面板，再次单击“确定”。

钢柱布置：进入“场地”平面视图→在类型选择器中选择“B180×180×8”和“B200×120×6”→进入绘图区，在坑底墙四个角部中心布置四根柱，如图 3.40 所示。选择这四根柱，设置其实例属性“底部标高：标高 1”“底部偏移：-30”“顶部标高：标高 5”和“顶部偏移：1400”。

电梯钢梁布置：进入“标高 2”平面视图→进入楼层平面属性面板，按图 3.41 修改视图深度→在类型选择器中选择“B140×80×5”→进入绘图区，沿柱中绘制四根钢梁→选择这四根钢梁，进入属性栏，按图 3.42 所示修改属性参数→利用“对齐”或“移动”工具，调整钢梁中心线与柱中心位置对齐，如图 3.43 所示→进入立面视图，并利用“复制”工具创建其他不同标高处的钢梁，如图 3.44 所示。

通道钢梁布置：进入“标高 2”平面视图→在类型选择器中选择“B200×120×6”→进入绘图区，沿柱中心至混凝土框架柱绘制钢梁→选择“钢梁”，修改其类型属性“起点标高偏移：-150”“终点标高偏移：-150”→利用“复制到剪贴板”工具完成其他楼层标高处的钢梁，如图 3.44 所示。

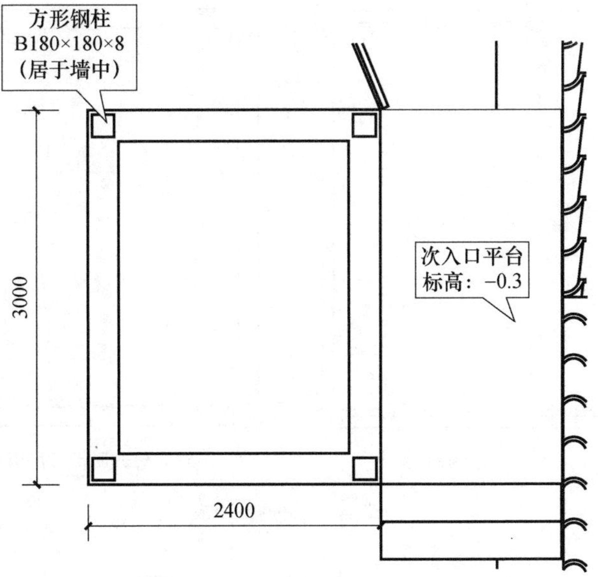

图 3.40　坑壁角部居中布置钢管柱

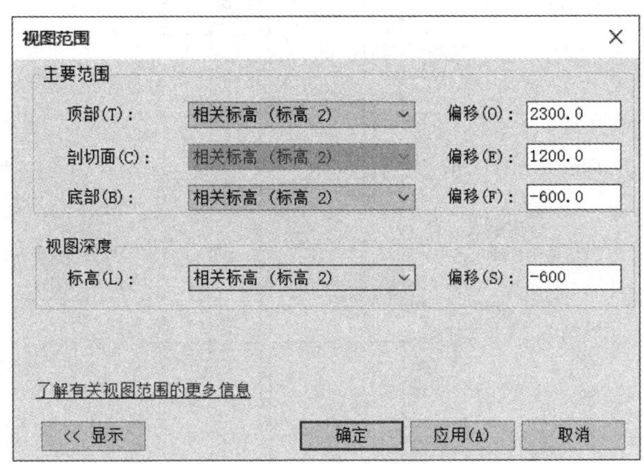

图 3.41　视图范围设置

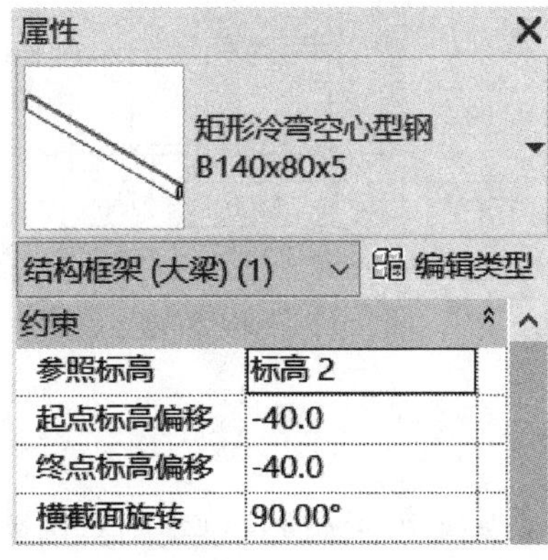

图 3.42　矩形冷弯空心型钢实例属性设置

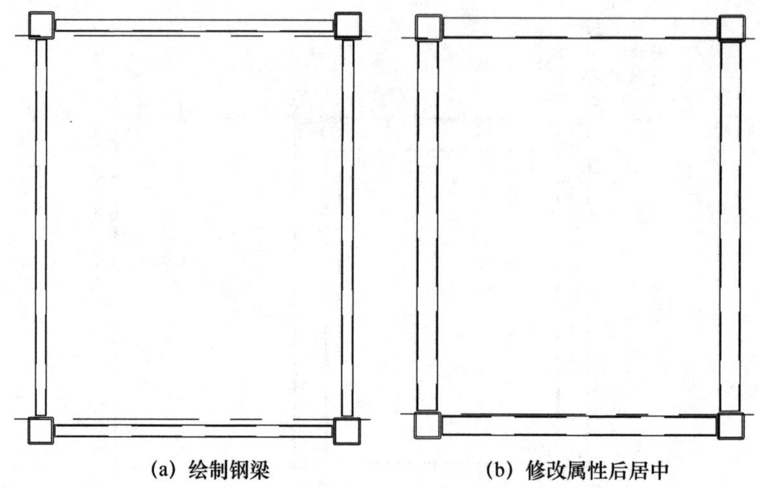

图 3.43　创建钢梁

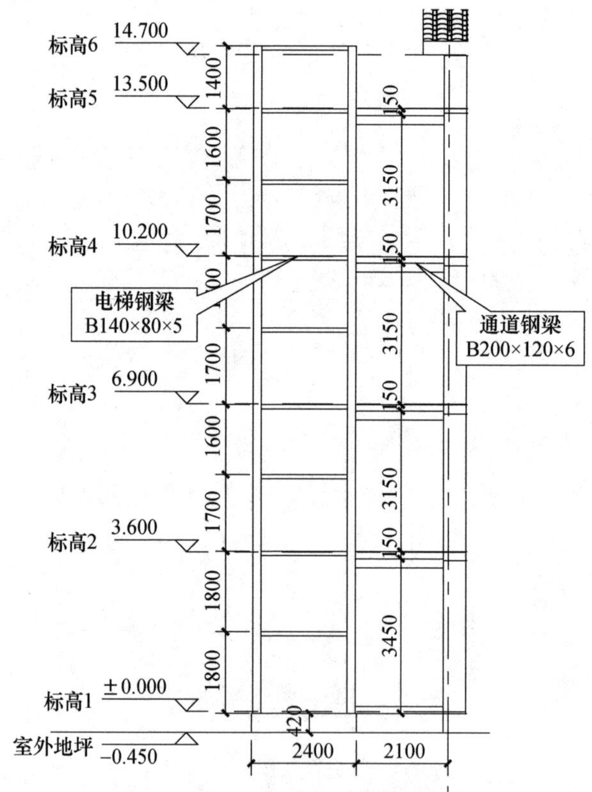

图 3.44　钢梁位置

3.3.3　节点连接

载入节点连接族：进入三维视图→修改三维视图实例属性“规程：结构”，以显示结构构件→进入“钢”选项卡→单击“连接”工具下方的“↘”符号→弹出“结构连接设置”面板，依次单击“全部”“添加”“确定”，即可返回绘图区。

设置通道钢梁-混凝土柱节点连接：按住 Ctrl 键选择通道钢梁和混凝土柱→进入“钢”选项卡→单击“连接”工具→在类型选择器中，选择“管底板”，结果如图 3.45 所示（若不显示，请进入“可见性/图形替换”中选中“结构连接”的所有子选项）→选择“管底板”连接，进入实例属性面板→单击修改参数后的“编辑”即可弹出“管底板”面板，修改标注参数“板宽度：340”，上部螺栓参数“距离：40”，其余默认。请读者自行创建其他钢梁-混凝土柱节点处的“管底板”连接。

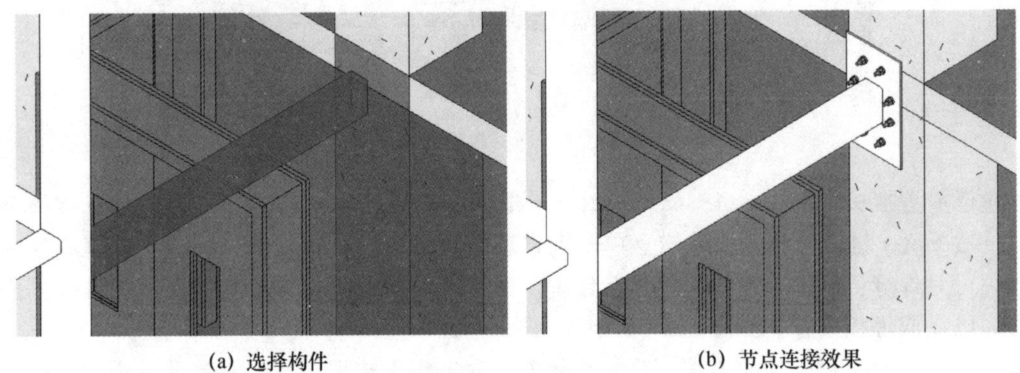

(a) 选择构件　　(b) 节点连接效果

图 3.45　“管底板”连接模型

设置电梯钢柱和混凝土墙的连接：选择电梯钢柱→进入“钢”选项卡→单击“连接”工具→在类型选择器中，选择“底板”→选择“底板”连接，进入实例属性面板→单击修改参数后的“编辑”即可弹出“底板”面板，修改底板标注参数“投影 1：10”（选中“所有投影等同于”）、锚固件平行腹板参数“中间距离：100”，其余默认→请读者自行创建其他钢柱和混凝土墙的“底板”连接，结果如图 3.46 所示。

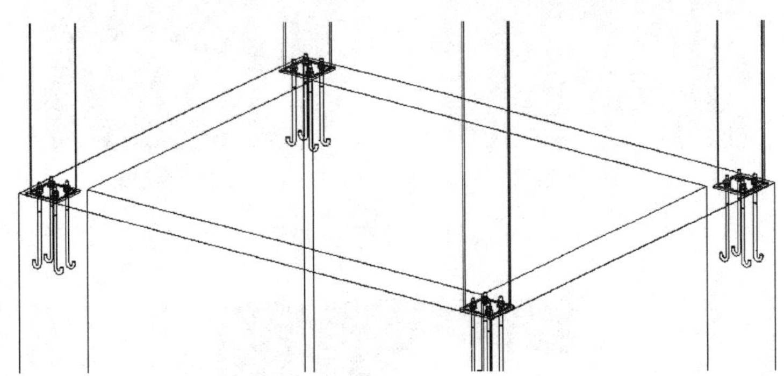

图 3.46　“底板”连接（线框模式）

设置电梯钢柱的顶端封板：选择电梯钢柱→进入“钢”选项卡→单击“连接”工具→在类型选择器中，选择“端板”（图 3.47）。

注意：通过单击选择钢结构构件时，应在靠近构件布置“连接”的一端单击，否则软件会将“连接”布置在构件的另一端。

设置电梯横梁与钢柱的焊接：进入“钢”选项卡→单击参数化切割功能区上的“斜接”下拉箭头→选择“锯切”→按住 Ctrl 键选择电梯横梁和电梯钢柱→按 Enter 键或空

图 3.47 “端板”连接

格键以放置接头，如图 3.48（a）所示→单击预制图元面板上的“焊缝”工具→选择钢梁→按 Enter 键或空格键以确定→单击钢梁端面的边缘线以布置焊缝→进入焊缝属性面板，可对焊缝长度、厚度等属性进行设置。请读者对其他电梯横梁和电梯钢柱做相同操作，以完成焊接设置，如图 3.49 焊缝。

注意：对于钢管结构连接，腹板锯切方式和翼缘锯切方式的切割效果一样。被连接的构件是有顺序的，实心圆是主图元，带编号的空心圆是次图元，可通过拖动实心圆至空心圆上以调整主次图元顺序，如图 3.48（b）所示。

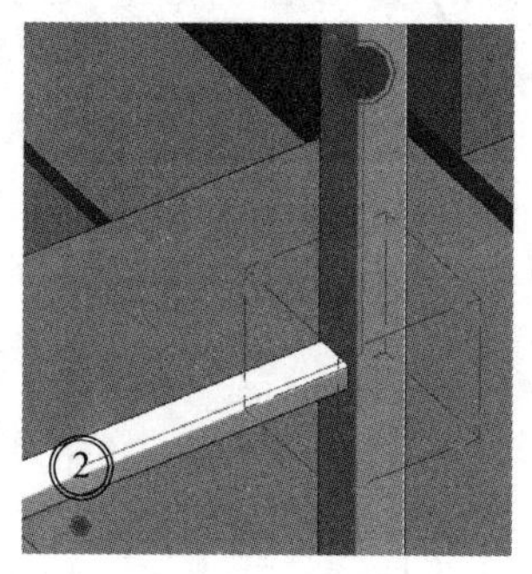

(a) 主图元为钢柱

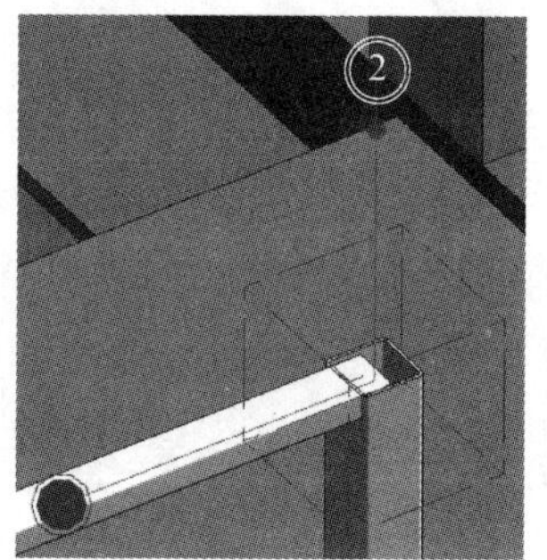

(b) 主图元为钢梁

图 3.48 参数化切割

图 3.49 焊缝

3.3.4 压型钢板组合楼板

绘制结构楼板：进入标高 2 平面视图→进入平面视图属性面板，设置“规程：结构”→进入“结构”选项卡→单击“楼板”工具→新建名为“压型钢板组合楼板-120”（结构厚 120，其他参数同“楼板-100”）→沿电梯通道边缘绘制如图 3.50 所示楼板草图线→进入属性面板，设置“自标高的高度偏移：-30”→单击绿色勾号“✔（完成）”。跳出的警告信息面板，均单击“否”。

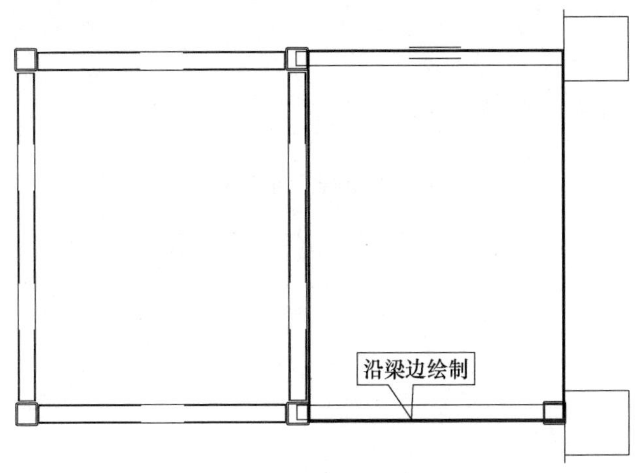

图 3.50 通道楼板草图

编辑压型钢板轮廓：依次单击“文件”“打开”“族”→弹出“打开”面板，进入“轮廓→金属压型板”文件夹，选择“形状压型板 _ 复合-YX51-240-720.rfa”，单击“打开”，进入族编辑环境并得到如图 3.51（a）所示的默认轮廓→进入创建选项卡，单击“线”工具，选择“拾取线”绘制方式（偏移：3）→按图 3.51（b）所示绘制，并删除轮廓两端斜线→最终得到图 3.51（c）所示封闭轮廓→依次单击“文件”“另存为”“族”→弹出“另存为”面板，选择合适位置，输入文件名为“通道楼板用金属压型板断面”，单击“保存”→返回“修改”选项卡，单击“（载入到项目）”图标→返回到项目编辑环境。

布置压型钢板：进入三维视图→选择通道楼板→单击视图控制栏上的“临时隐藏/隔离”工具，选择“隔离图元”→此时绘图区边缘出现浅蓝色线框，除通道楼板以外所有图元均被隐藏→依次单击“结构”选项卡、“构件”“内建模型”→弹出“族参数和族类别”面板，选择“楼板”，单击“确定”→弹出“名称”对话框，输入“金属压型板”，单击“确定”→进入族编辑环境，如图 3.52 所示→依次单击“创建”选项卡、“放样”，进入“修改 | 放样”上下文选项卡→单击“拾取路径”工具，拾取如图 3.53（a）所示路径，单击绿色勾号“✔（完成）”→返回“修改 | 放样”上下文选项卡，单击“选择轮廓”，在轮廓选择器中选择“通道楼板用金属压型板轮廓”→进入快速访问属性栏，设置“角度：180°”，单击“应用”，结果如图 3.53（b）所示→单击绿色勾号“✔（完成）”→单击 ViewCube 上的“前”，进入前视图→利用“复制”工具，将该轮廓复制足够数目，以覆盖楼板范围→选择所有轮廓，设置实例属性“水平轮廓偏

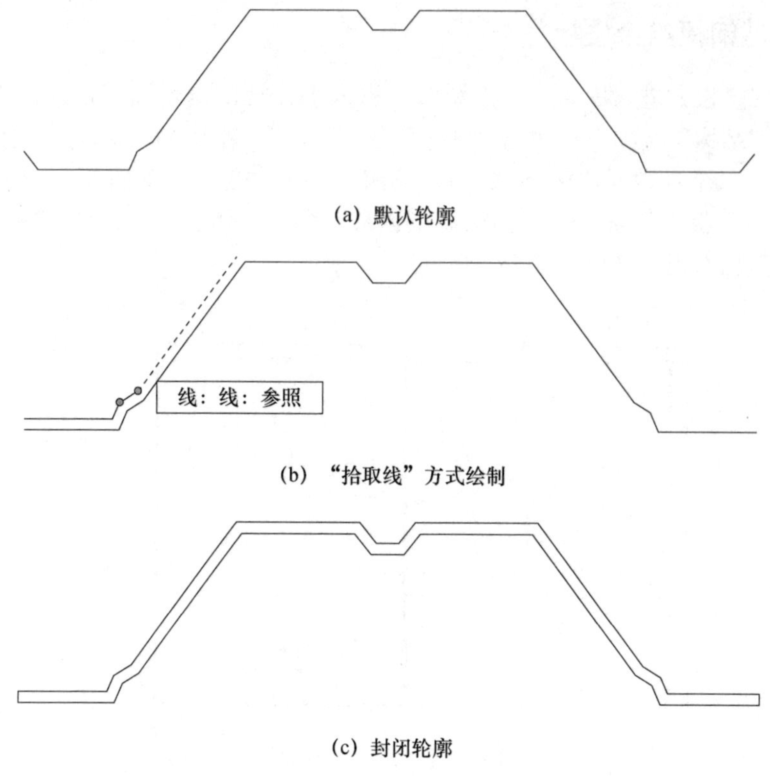

(a) 默认轮廓

(b) “拾取线”方式绘制

(c) 封闭轮廓

图 3.51　通道楼板用金属压型板轮廓

移：-25”，以调整压型板相对于楼板的左右位置，类似于图 3.54（a）所示。

切割压型钢板：依次单击“创建”选项卡、“空心形状”“空心放样”，进入“修改｜放样”上下文选项卡→单击“拾取路径”工具，拾取如图 3.53（a）所示相同路径，单击绿色勾号“✔（完成）”→返回“修改｜放样”上下文选项卡→单击“编辑轮廓”，绘制如图 3.54（b）所示草图线（包络至突出楼板范围的金属压型板即可）→多次单击绿色勾号“✔（完成）”，直至完全退出内建族编辑环境。

切割组合楼板：依次单击“结构”选项卡、“构件”“内建模型”→弹出“族参数和族类别”面板，选择“楼板”，单击“确定”→弹出“名称”对话框，输入“组合楼板空心剪切”，单击“确定”→进入族编辑环境→依次单击“创建”选项卡、“空心形状”“空心放样”，进入“修改｜放样”上下文选项卡→单击“拾取路径”工具，拾取如图 3.53（a）所示相同路径，单击绿色勾号“✔（完成）”→返回“修改｜放样”上下文选项卡→单击“编辑轮廓”，绘制如图 3.54（c）所示草图线（包络压型板及其下方的楼板部分即可）→两次单击绿色勾号“✔（完成）”→返回“修改｜空心放样”上下文选项卡，单击“剪切”工具→先拾取楼板（被剪切对象），再拾取空心几何部分（剪切对象），结果如图 3.54（d）所示→单击绿色勾号“✔（完成模型）”，返回项目编辑环境→单击视图控制栏上的“临时隐藏/隔离”工具，选择“重设临时隐藏/隔离”→将组合楼板复制到“标高 3”～“标高 5”上→修改顶部组合楼板宽度为 3200mm。

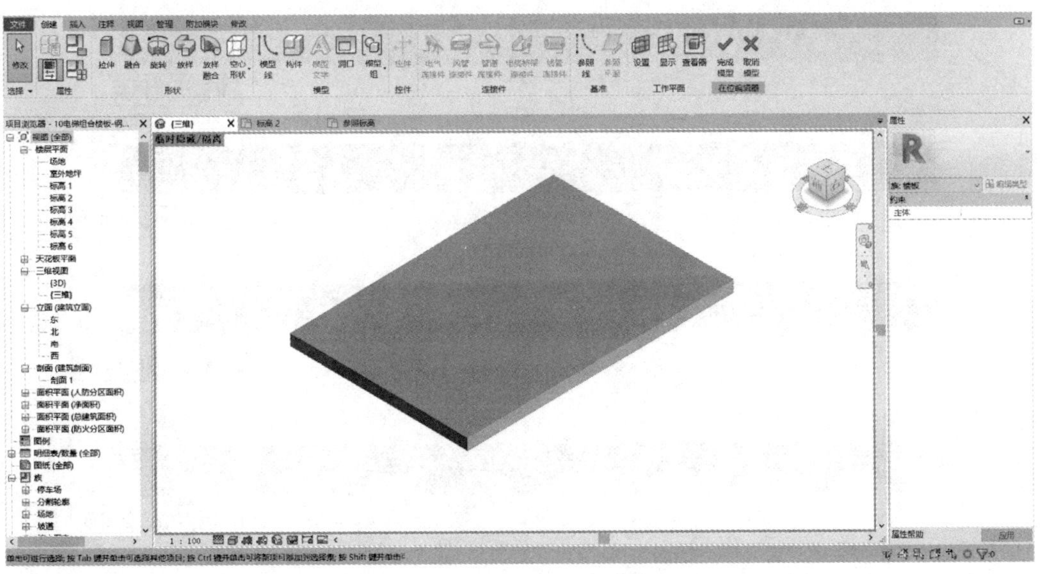

图 3.52 隔离通道楼板（内建模型）

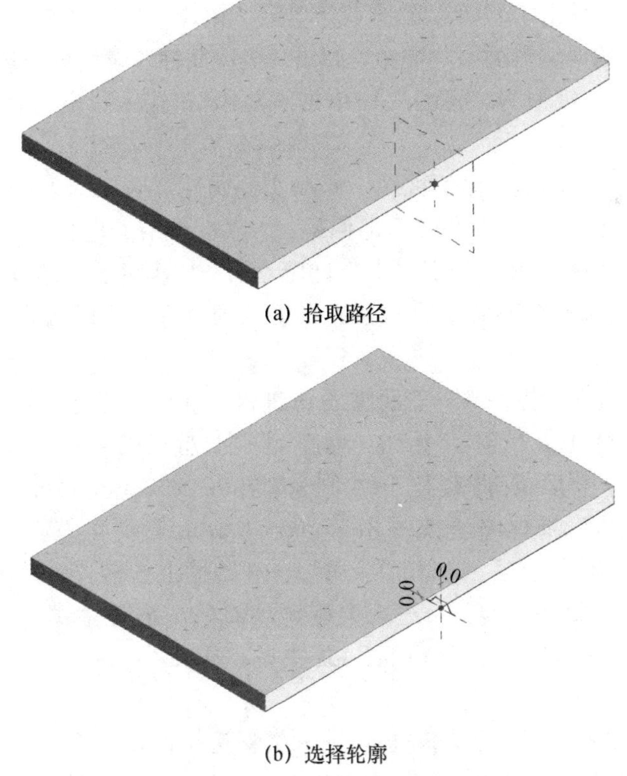

(a) 拾取路径

(b) 选择轮廓

图 3.53 置入压型板

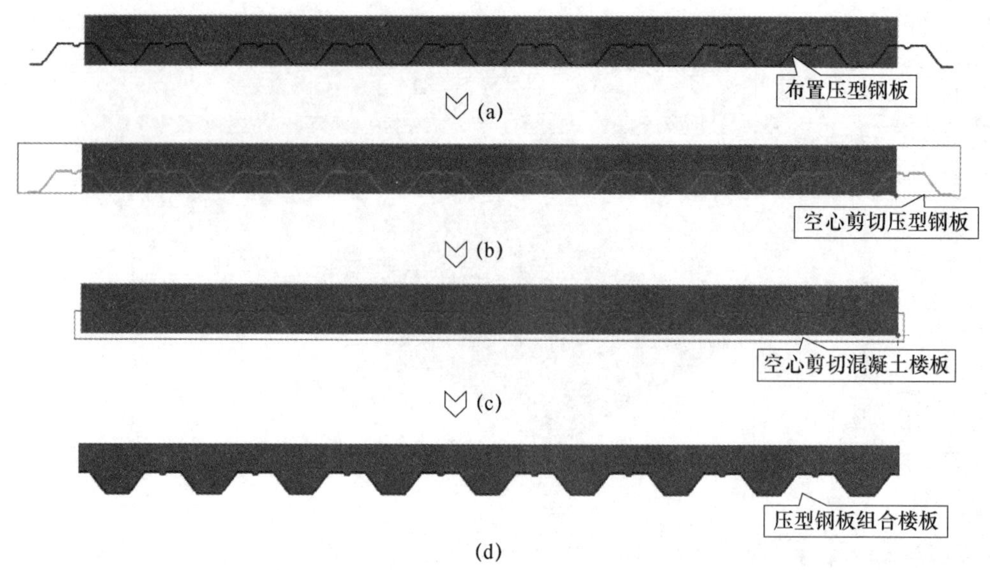

图 3.54　编辑压型钢板组合楼板

3.3.5　电梯玻璃幕墙

创建幕墙属性：单击“建筑”选项卡→单击“构建”功能区中的“（墙）”→单击“属性”面板中的“编辑类型”按钮，弹出“类型属性”对话框→选择“族”为“系统族：幕墙”，确认族类型为“幕墙”→单击“复制”，输入“电梯幕墙”→两次单击“确定”，退出该界面。

绘制幕墙：进入“场地”平面视图→修改实例属性“底部约束：标高 1”“底部偏移：-30”“顶部约束：标高 5”和“顶部偏移：1420”→沿着电梯井坑壁外边缘绘制电梯幕墙→分别进入“东”“南”“西”“北”四个立面→依次单击“建筑”选项卡、“幕墙网格”→按图 3.55 所示对玻璃幕墙网格进行手动划分（必要时可借助“临时隐藏/隔离”工具）。

布置玻璃顶：进入“标高 5”平面视图→进入“建筑”选项卡→单击“屋顶”工具，新建“电梯玻璃顶盖-25”（“标高：标高 5”“自标高的偏移：1420”“结构厚度：25mm”“结构材质：幕墙-玻璃-蓝”）→绘制 3400mm×2800mm 尺寸的玻璃屋顶。

嵌板置换：进入三维视图→按图 3.55（c）所示在幕墙上选择“空”区域嵌板，进入类型选择器，选择“空”，单击“应用”→在幕墙上选择“百叶风口”区域嵌板，单击属性面板上的“编辑类型”→进入类型属性面板，单击“载入”→弹出“打开”面板，进入“建筑→幕墙→其他嵌板”文件夹，选择“百叶风口 . rfa”，单击“打开”。

电梯门放置：选择“门”区域嵌板，进入类型选择器，选择“常规-200mm”→单击“编辑类型”，进入类型属性面板→单击“复制”，输入“嵌板替身墙-25”，单击“确定”→单击结构“编辑”，设置“结构厚度：25mm”→两次单击“确定”，返回绘图区→进入“插入”选项卡，单击“载入族”工具→进入“建筑→专用设备→电梯”文

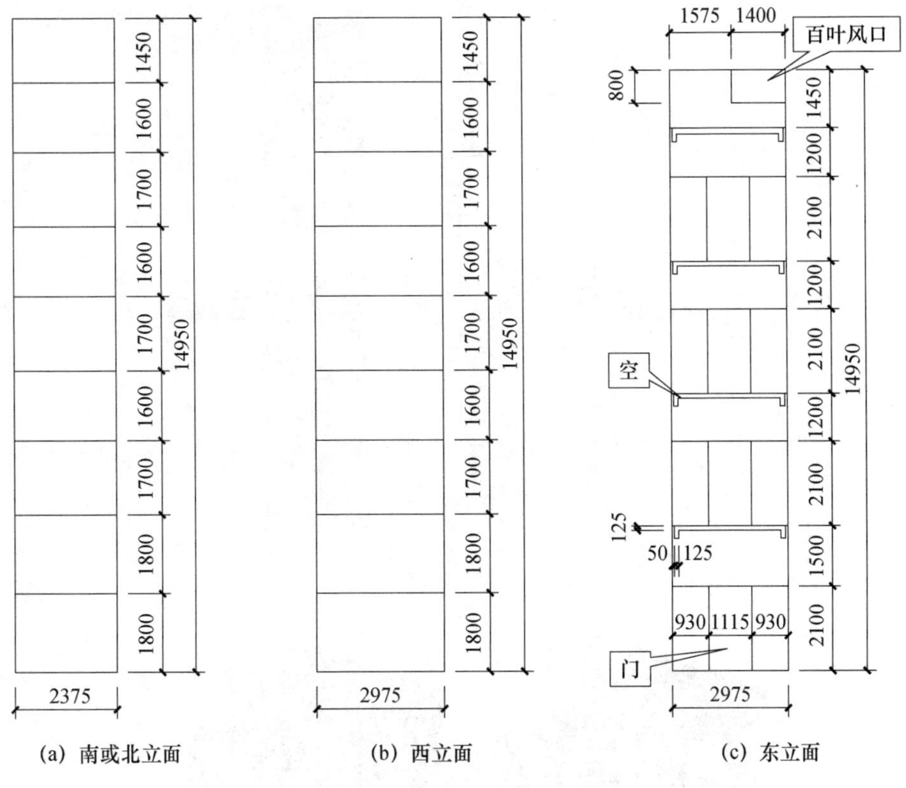

图 3.55 电梯玻璃幕墙网格划分

件夹，选择“电梯门 . rfa”族文件，单击“打开”→进入“建筑”选项卡，单击“放置构件”，在属性面板的类型选择器中选择“1100mm _ 入口宽度”→光标移动到替身墙附近，单击鼠标以放置电梯门，调整至合适的位置即可，如图 3.56 所示。

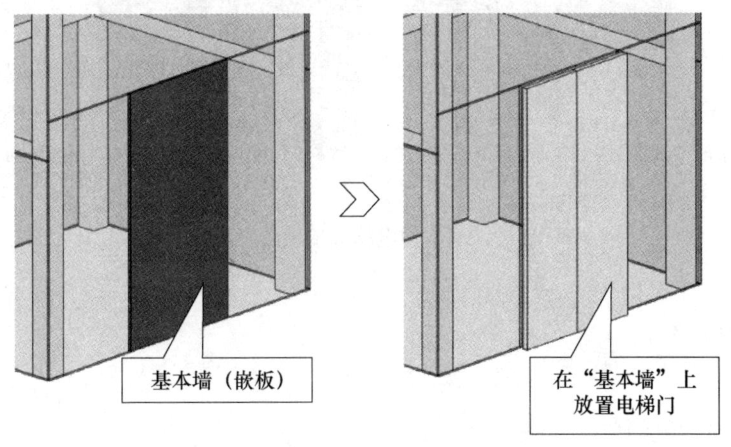

图 3.56 利用基本墙布置电梯门

试根据图 3.57 自行布置通道幕墙，并通过设置三维视图的“阶段过滤器”和“阶段”对比项目模型的变化，如图 3.58 所示。

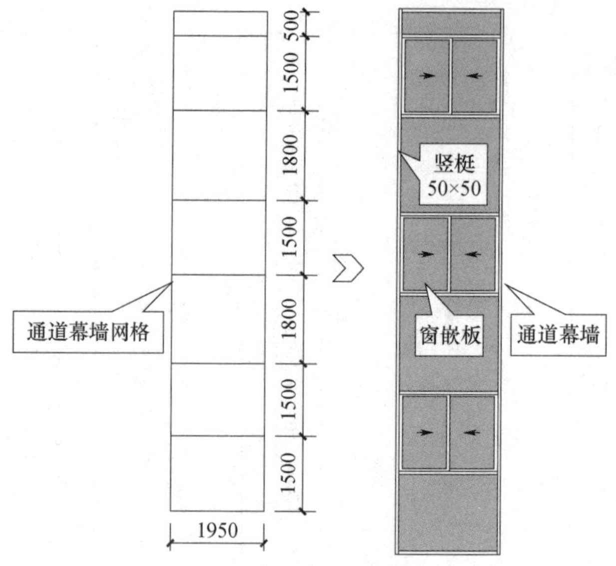

图 3.57 通道幕墙

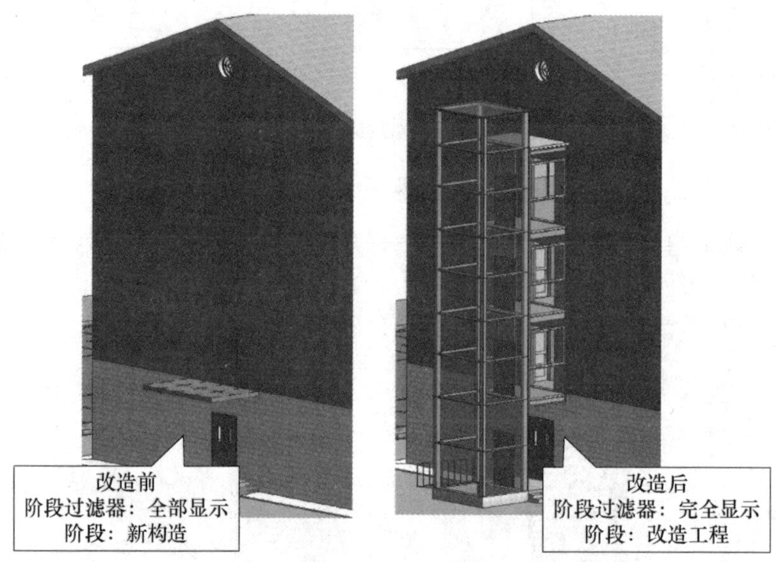

图 3.58 钢结构电梯改造项目三维模型

【思考与练习】

(1) 如何从 Revit 链接模型中提取图元?

(2) 如何创建坡屋面结构板?

(3) 试对常见混凝土构件进行钢筋布置?

(4) 基于“楼板”工具创建压型钢板组合楼板有什么优点? 能否仅使用“内建模型”工具创建组合楼板?

(5) 如何理解钢结构节点连接中的主图元和次图元?

4 Revit 创建 MEP 专业信息模型

【学习目标】

（1）掌握 Revit 创建 MEP 实体的一般工具；

（2）掌握布管系统配置；

（3）掌握 MEP 内建族的创建。

除了建筑、结构和钢结构专业三个模块，Revit 2019 软件也集成了 MEP 系统模块。MEP 是机械（Mechanical）、电器（Electrical）和管道（Plumbing）的英文缩写。由于篇幅所限，本书仅以排水、雨水系统为例介绍 MEP 系统的基本创建方法，且不考虑管道坡度。

4.1 MEP 卫浴设备

4.1.1 提取轴网

新建机械项目：单击“(主页)”图标，返回 Revit 主页→单击“新建”命令→弹出“新建项目”对话框，选择“机械样板”→单击“确定”，即可新建基于机械样板的项目。

注意：进入项目浏览器，会发现有“名目繁多”的视图，实际上这是因为软件将视图按照“规程”进行分类产生的。图 4.1（a）中视图被分成“卫浴”和“机械”两类，若将卫浴楼层平面“1-卫浴”实例属性中的规程改成“机械”，将子规程改成“HVAC”，视图将按图 4.1（b）所示自动重新分类。这样的视图分类方式与基于建筑样板的项目不同。读者可以尝试参考 7.10 节将浏览器的组织方式修改成“全部”，以获得与基于建筑样板的项目类似的视图分类方式。

链接 Revit 模型：单击“插入”选项卡→进入“链接”功能区→单击“(链接 Revit)”图标→弹出“导入/链接 RVT”面板，选择“2-6 幕墙和卫生间”文件，单击“打开”。

提取轴网和标高：单击“协作”选项卡→进入“坐标”功能区→单击“(复制/监视)”图标→出现下拉选项，单击“选择链接”→鼠标移至绘图区中的链接模型，当链接模型边缘高亮显示时，单击→出现“复制/监视”上下文选项卡→单击“选项”，进入“复制/监视”面板，按如图 4.2 所示设置“选项”面板参数→单击“确定”返回“复制/监视”上下文选项卡，并按如下步骤继续操作：

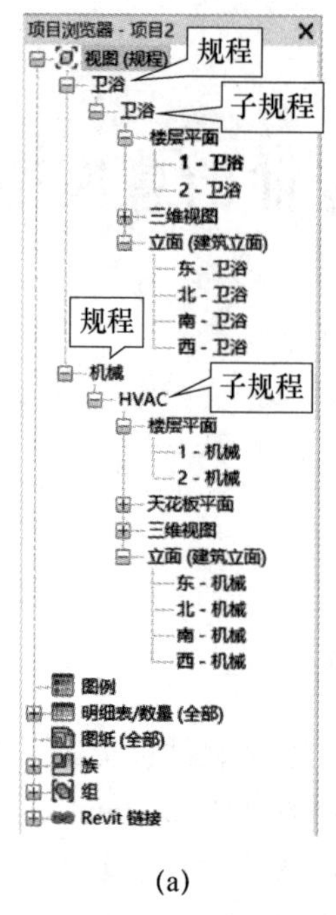

(a)

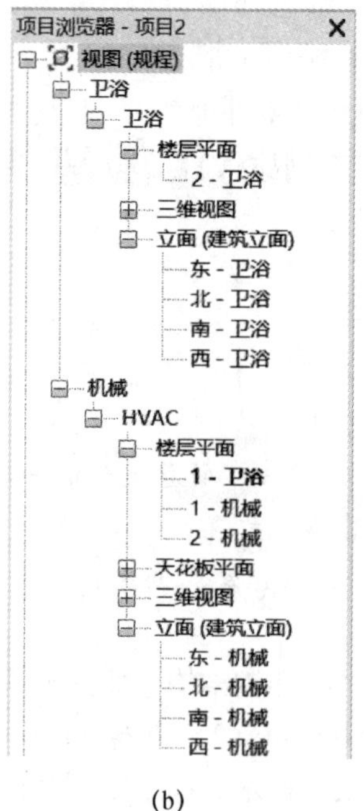

(b)

图 4.1　卫浴视图分类（“规程”方案）

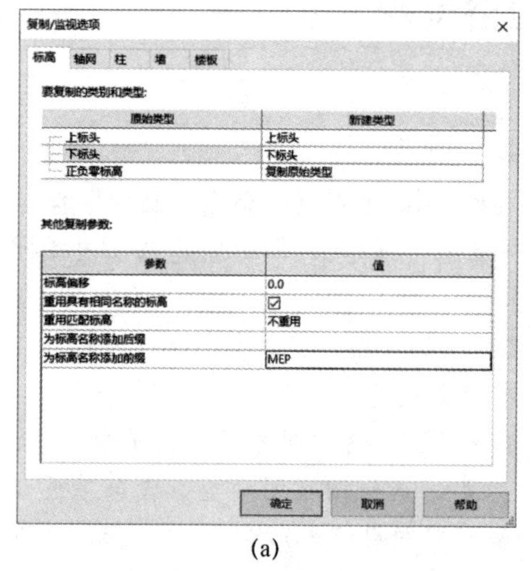

(a)

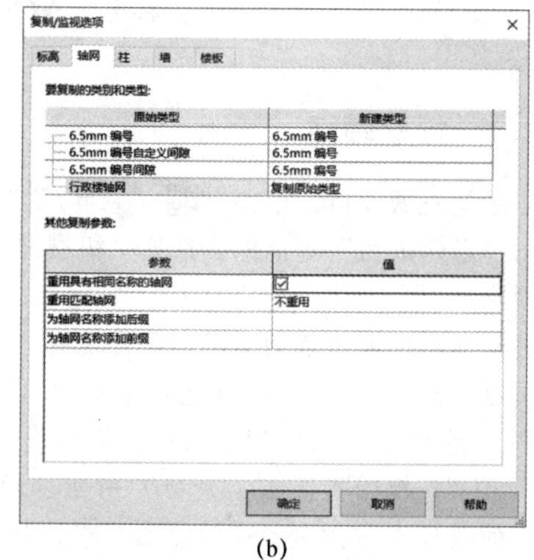

(b)

图 4.2　“复制/监视”选项面板

进入“标高 1”平面视图→进入“复制/监视”上下文选项卡→单击“复制”，勾选“多个”→选择所有轴线→单击快速属性栏中的“完成”。

进入“南”立面视图→进入“监视/复制”上下文选项卡→单击“复制”，勾选“多个”→选择所有标高→单击快速属性栏中的“完成”，再单击绿色勾号“✔（完成）”。

创建楼层平面视图：进入“视图”选项卡→进入“创建”功能区，展开“平面视图”下拉选项→单击“楼层平面”，弹出“新建楼层平面”面板→单击“编辑类型”，弹出“类型属性”面板，单击“机械视图”→弹出“指定视图样板”→选择“无”，如

图 4.3所示→两次单击“确定”，返回“新建楼层平面”面板→选择所有标高，单击“确定”，如图 4.4 所示→进入任一立面视图，删除“标高 1”和“标高 2”→选择“协调”规程中的“MEP 室外地坪”～“MEP 标高 7”平面视图，修改实例属性中规程为“卫浴”，子规程为“卫浴”，即可得到图 4.5。

注：为了简化视图显示方式，这里指定视图样板为“无”，另采用规程方式控制。

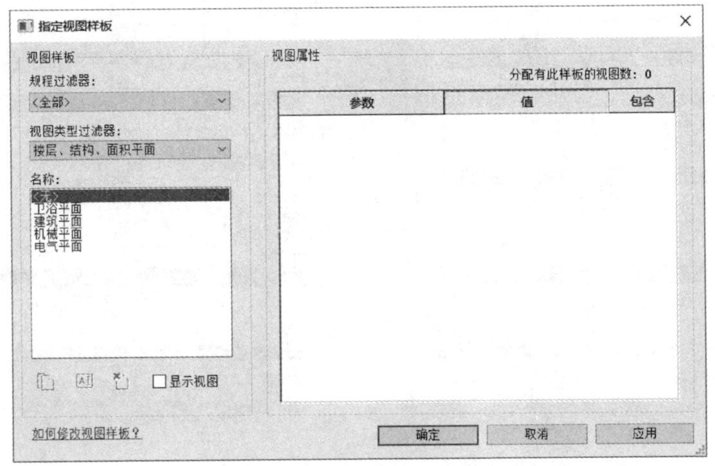

图 4.3 “指定视图样板”面板

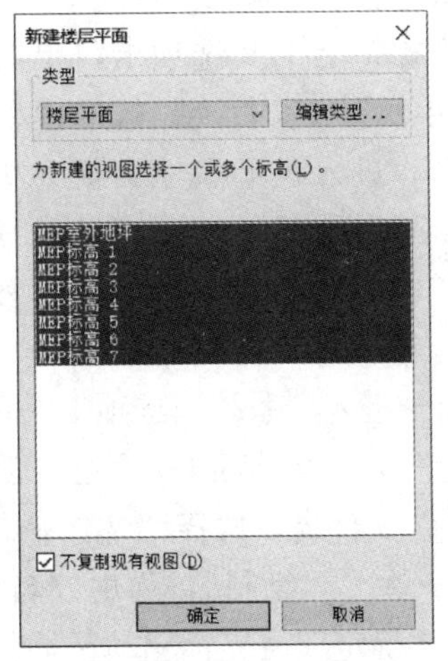

图 4.4 “新建楼层平面”面板

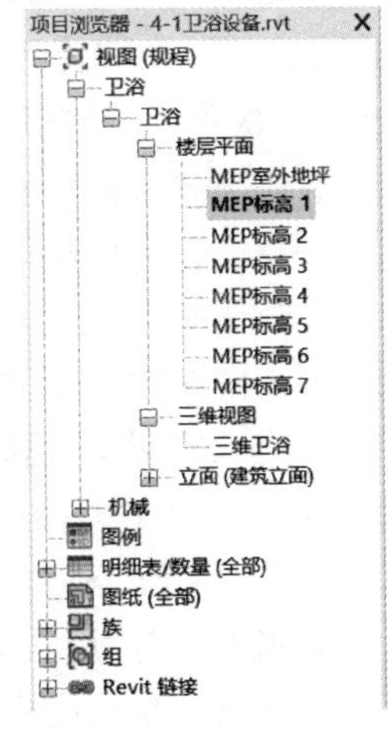

图 4.5 新建设备专业楼层平面视图

4.1.2 布置卫生间设备

布置蹲便器：进入“MEP 标高 1”平面视图→进入“系统”选项卡，单击“（卫浴装置）”工具图标→单击“载入族”提示面板上的“是”，依次单击“MEP→卫生器具→蹲便器”文件夹，选择“蹲便器-自闭式冲洗阀 .rfa”族文件→单击“编辑类型”，进入类型属性面板→单击“复制”，弹出“名称”对话框，输入“蹲便器”→按图 4.6 所示设置材质，单击“确定”→光标移动至“男卫”墙体附近，待光标处出现蹲便器模型时单击即可布置→并利用“移动”命令调整蹲便器至合适位置→通过“复制”命令，布置所有隔断内的蹲便器。请读者自行布置如图 4.8 所示（男卫和女卫）的蹲便器。

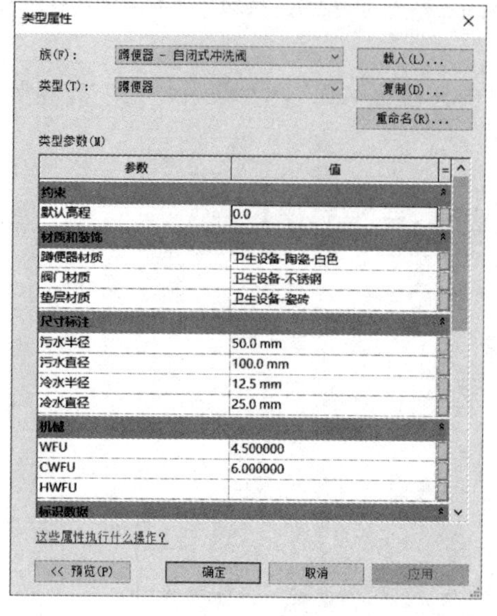

图 4.6　蹲便器类型属性设置

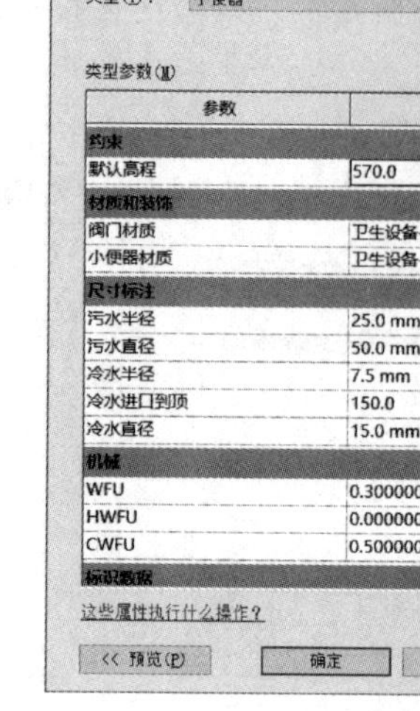

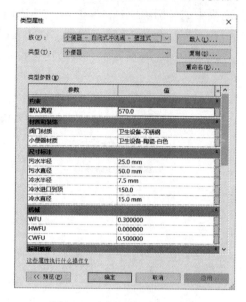

图 4.7　小便器类型属性设置

布置小便器：进入“MEP 标高 1”平面视图→进入“系统”选项卡，单击“（卫浴装置）”工具图标→进入“修改｜放置卫浴装置”上下文选项卡，单击“（载入族）”工具图标→依次单击“MEP→卫生器具→小便器”文件夹，选择“小便器-自闭式冲洗阀-壁挂式 . rfa”族文件→单击“编辑类型”，进入类型属性面板→单击“复制”，弹出“名称”对话框，输入“小便器”→按图 4.7 所示设置材质，单击“确定”→光标移动至墙体位置，待光标处出现小便器模型时单击即可布置→并利用“移动”和“复制”命令，创建所有隔断内的小便器。

布置洗涤池：进入“MEP 标高 1”平面视图→进入“系统”选项卡，单击“（卫浴装置）”工具图标→进入“修改｜放置卫浴装置”上下文选项卡，单击“（载入族）”工具图标→依次单击“MEP→卫生器具→洗涤盆”文件夹，选择“洗涤池-服务用 . rfa”族文件→单击“编辑类型”，进入类型属性面板→单击“复制”，弹出“名称”对话框，输入“洗涤池”→修改“默认高程：400”，单击“确定”→光标移动至墙体位置，待光标处出现洗涤池模型时单击即可布置。读者自行设置“洗涤池”的材质。

布置残卫卫生设备：进入“系统”选项卡，单击“（卫浴装置）”工具图标→进入“修改｜放置卫浴装置”上下文选项卡，单击“（载入族）”工具图标→依次单击“MEP→卫生器具→大便器”文件夹，选择“抽水马桶-静音冲洗箱 . rfa”族文件→单击“编辑类型”，进入类型属性面板→单击“复制”，弹出“名称”对话框，输入“马桶”，单击“确定”→光标移动至“残卫”墙体面层边缘合适位置，多次按空格键以调整马桶方向，然后单击即可放置→再次单击“（载入族）”工具图标→依次单击“MEP→卫生器具→洗脸盆”文件夹，选择“洗脸盆-梳洗台 . rfa”族文件→单击“编辑类型”，进入类型属性面板→单击“复制”，弹出“名称”对话框，输入“梳洗台”，单击“确定”→光标移动至墙体位置，在合适位置单击即可，如图 4.8 所示。读者自行设置“马桶”和“梳洗台”的材质。

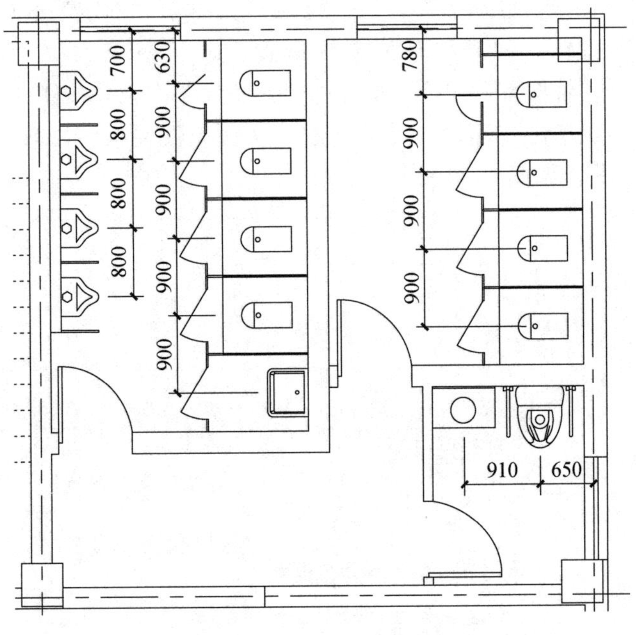

图 4.8　卫生间设备布置

4.2　卫生间排水系统

4.2.1　系统设置

调整视图范围：进入“MEP 标高 1”平面视图→进入“属性”面板，单击“视图范围”后的“编辑”→弹出“视图范围”面板，按图 4.9 修改参数，单击“确定”。

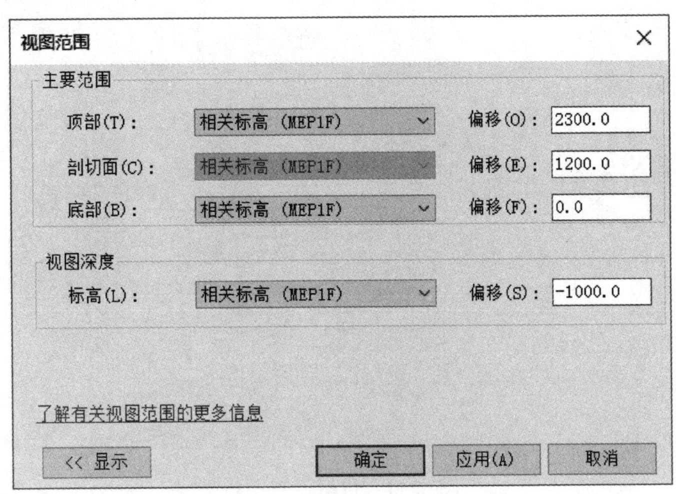

图 4.9　视图范围设置

配置布管系统：进入“系统”选项卡，单击“卫浴和管道”面板上的“（管道）”工具图标→单击“属性”面板中的“编辑类型”，进入“类型属性”面板→单击“复制”，弹出“名称”对话框，输入“排水管道”，单击“确定”→单击“布管系统配置”后的“编辑”按钮，弹出“布管系统配置”面板→修改“管段：PVC-U”，如图4.10所示→单击“管段和尺寸”，进入“机械设置”面板，按图4.11新建管道尺寸（公称50mm）→多次单击“确定”返回→进入实例属性面板，修改“系统类型：卫生设备”，单击“应用”。如图4.12所示。

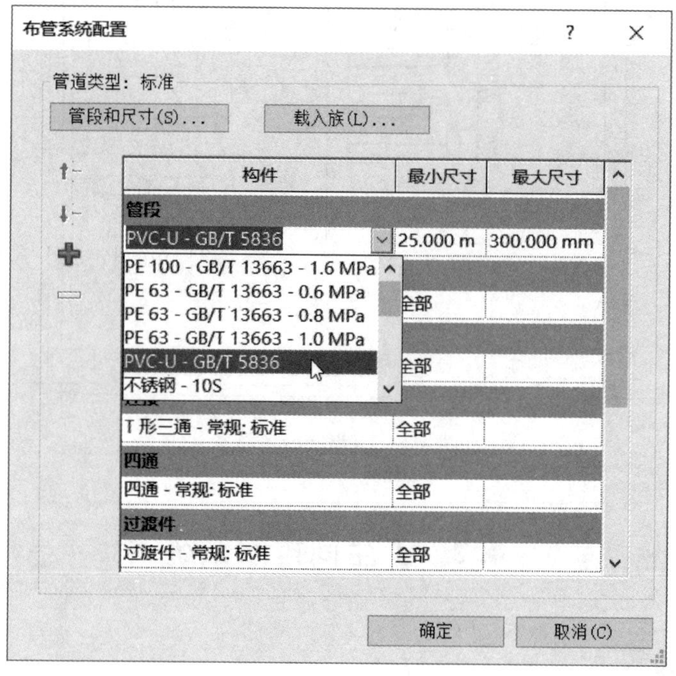

图 4.10　布管系统配置

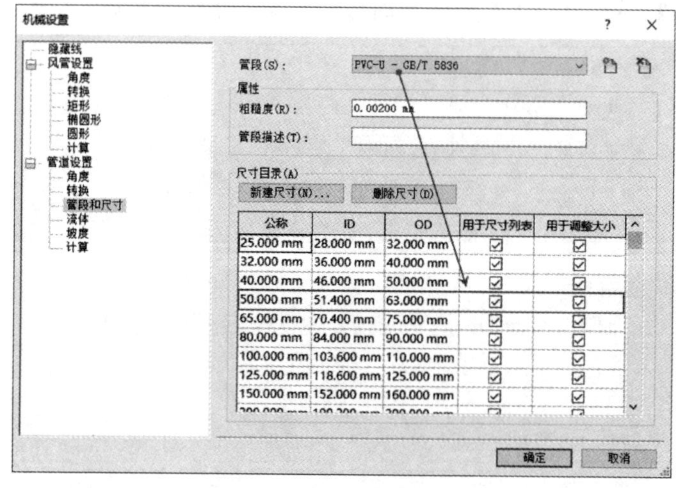

图 4.11　机械设置面板

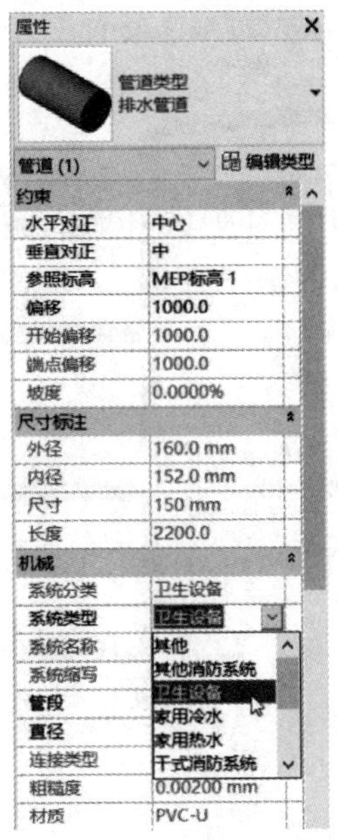

图 4.12　系统类型选择

载入族：进入“插入”选项卡→单击“ （载入族）”工具图标→依次单击“MEP→水管管件→GBT 5836 PVC-U→承插类型”文件夹，按住 Ctrl 键选择“P 形存水弯 . rfa”“S 形存水弯 . rfa”“顺水三通 . rfa”和“同心变径管 . rfa”族文件，单击“打开”→同理，依次单击“MEP→卫浴附件→通气帽”文件夹，选择“通气帽-伞状-PVC-U. rfa”族文件→单击“打开”。

4.2.2　排水系统绘制

（1）蹲便器排水系统

绘制垂直管道 A：进入“系统”选项卡→单击“ （管道）”工具图标→在快速访问属性栏中，修改“直径：100”“中间偏移：-1000”→在图 4.13 所示位置（管中心距离柱边 150mm）单击→修改“中间偏移：1000”，单击“应用”后将光标移动至绘图区即可完成绘制。

绘制水平管道 B 和 C：进入“系统”选项卡→单击“ （管道）”工具图标→在快速访问属性栏中，修改“直径：100”“中间偏移：-400”→在图 4.13 所示位置绘制水平管道→利用“ （修剪/延伸为角）”工具修剪水平管道 B 和 C，即可自动连接（弯头）。

连接蹲便器：选择座便器→单击“修改｜卫浴装置”上下文选项卡中的“ （连接到）”图标→弹出“选择连接件”对话框，选择“连接件 1：卫生设备”，单击“确定”→返回绘图区，选择水平管道 B，即可自动连接→选择“T 形三通”，在类型选择器中选择“顺水三通-PVC-U-排水”（若方向相反，可单击⇕符号以翻转方向）。

增加 P 形存水弯：进入三维视图，旋转视图至合适的视角→删除“弯头”，如图 4.14（a）所示→单击“系统”选项卡中的“ （管件）”工具图标→在类型选择器中

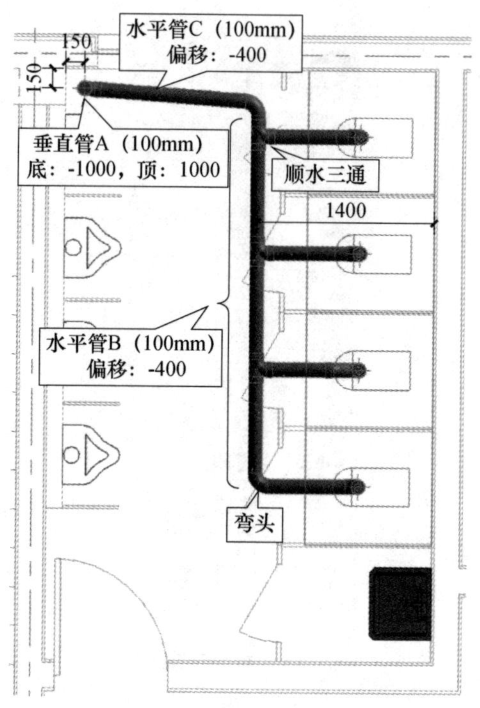

图 4.13　男卫蹲便器排水管道连接（直径 100mm）

选择“P 形存水弯”→单击蹲便器下立管端中心，以放置管件，如图 4.14（b）所示→单击符号以修改管道方向→修改类型属性“偏移：-400”→重新调整水平管的长度，使其端部与“P 形存水弯”连接，如图 4.14（c）所示。同理，读者可自行创建其他蹲便器与水平管道 B 的连接。

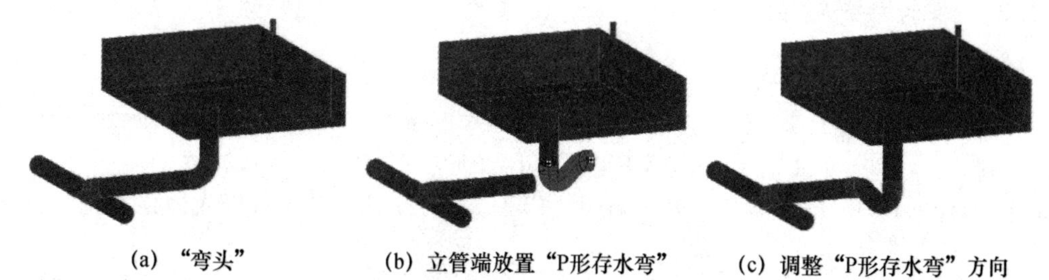

(a)“弯头”　(b) 立管端放置“P形存水弯”　(c) 调整“P形存水弯”方向

图 4.14　布置“P 形存水弯”示意图

“三通”变“弯头”：删除如图 4.15 所示多余管段→选择“顺水三通”，单击“-”符号，将其转变成弯头（两通）→最终得到图 4.13 所示的蹲便器管道连接样式。读者也可以删除该三通，然后利用“（修剪）”工具修剪水平管道即可自动生成“弯头”。

（2）小便器排水系统

绘制水平管道 D：进入“系统”选项卡→单击“（管道）”工具图标→在快速访问属性栏中，修改“直径：50”“中间偏移：-700”→在图 4.16 所示位置绘制水管管道（与立管中心对齐）→进入三维视图，单击“（修剪/延伸单个图元）”工具图标，分别选择立管 A 和水平管 D，即可自动连接→选择连接位置的“过渡件”，在“类型选择

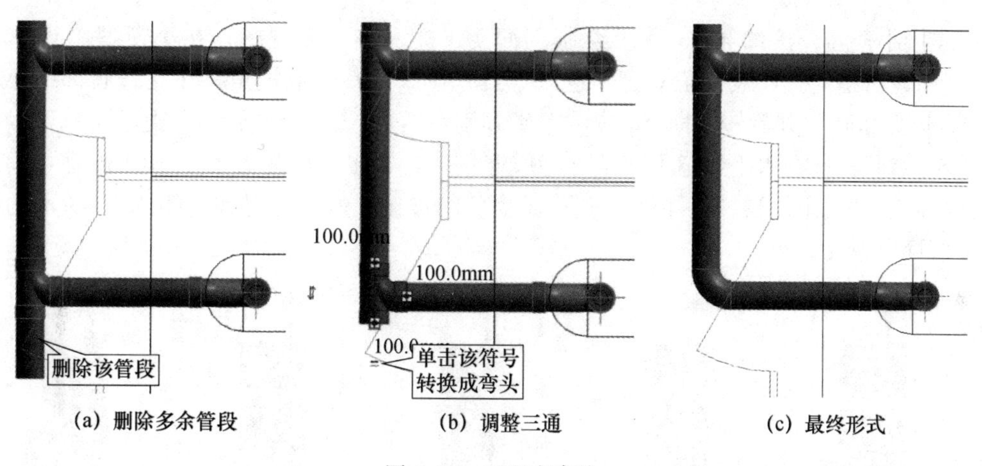

图 4.15 三通变弯头

器”中变更为“同心变径管”，同理设置“T 形三通”为“顺水三通”。如图 4.17 所示。

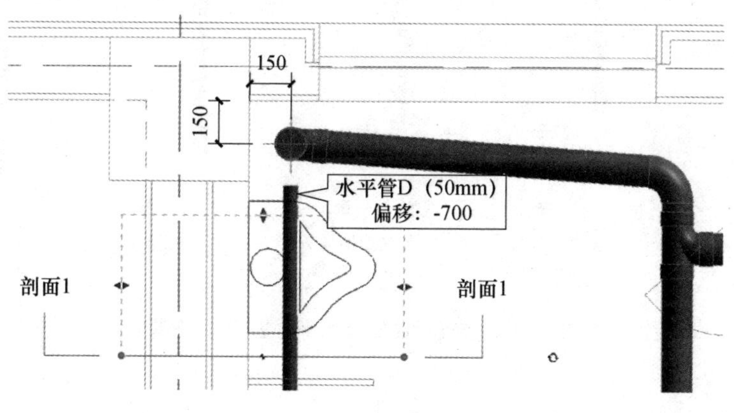

图 4.16 创建剖面

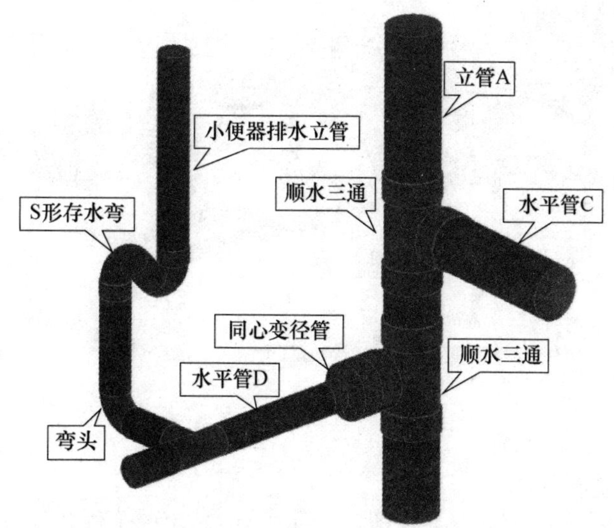

图 4.17 立管 A 连接位置的三维示意图

连接小便器：按图 4.16 所示绘制剖面 1→进入该剖面视图，在小便器附近单击“(创建管道)”，绘制一段立管→进入三维视图，调整合适视角，在立管底部中心放置“S 形存水弯”并旋转方向→选择“S 形存水弯”，单击“修改管道”上下文选项卡中的“连接到”，选择水平管道 D，即可完成连接。具体步骤可参见图 4.18。同理，读者可自行创建其他小便器、洗涤池与水平管道 C 的连接，最终可得到如图 4.19 所示的男卫排水管道系统。

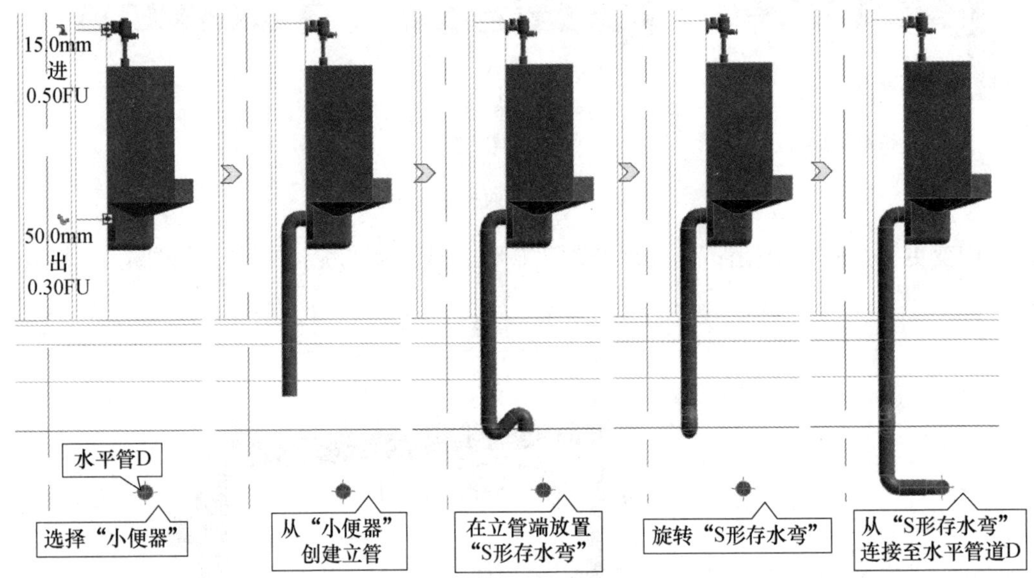

图 4.18　连接小便器至水平管道 D 示意图

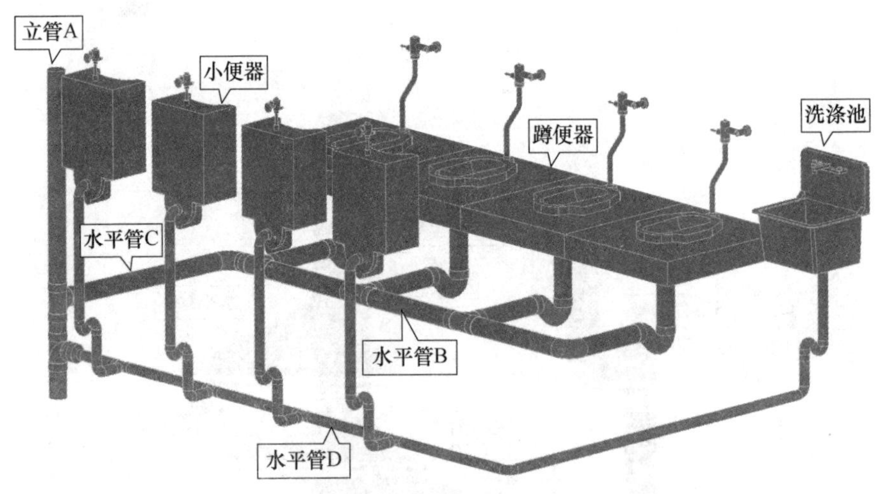

图 4.19　男卫排水管道系统

（3）卫生间排水系统

复制全楼排水系统：进入三维视图，选择所有“MEP 标高 1”上的所有管道和卫生设备→依次单击“复制到剪贴板”和“粘贴（与选定的标高对齐）”→在“选择标高”面板中，选择“MEP 标高 2”和“MEP 标高 3”→单击“确定”，如图 4.20（a）所示→利用

“(修剪/延伸为角)”工具修剪立管 A 使上下连接→绘制出水管并设定顶部立管的高度，使其顶部标高达到 1.4m。

完善排水系统：进入“系统”选项卡，单击“卫浴和管道”面板上的“(管路附件)”工具图标→在“类型选择器”中选择“通气帽-伞状-PVC-U（100mm）”→在立杆顶端中心单击，即可放置通气帽→在立杆底端绘制一段水平管段，使其引出建筑外墙（出 1000mm，坡度 5%），结果如图 4.20（b）所示。

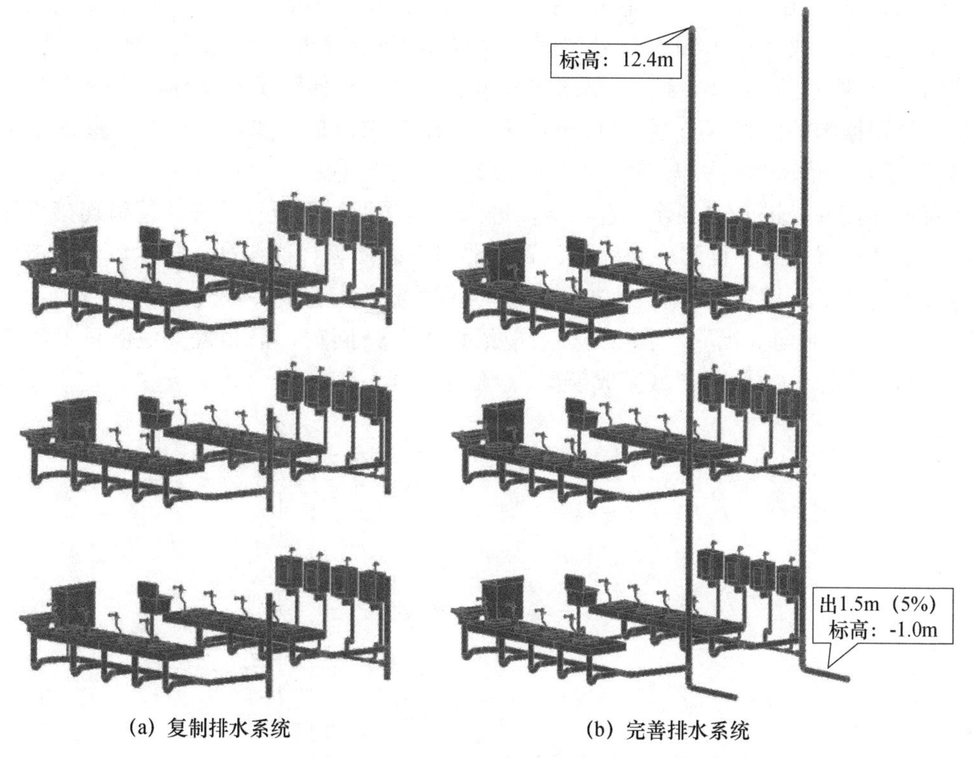

(a) 复制排水系统　　(b) 完善排水系统

图 4.20　卫生间排水系统

4.3　檐沟雨水系统

4.3.1　檐沟内建族创建

增加“雨水”系统类型：进入项目浏览器，通过“族-管道-管道系统-管道系统”找到“卫生设备”→双击“卫生设备”打开“类型属性”面板，单击“复制”后，重命名为“雨水”→单击“图形替换”后的“编辑”按钮，弹出“线图形”设置面板，修改“颜色：红色”，如图 4.21 所示→修改类型属性“材质：系统-PVC-红色”，单击“确定”。

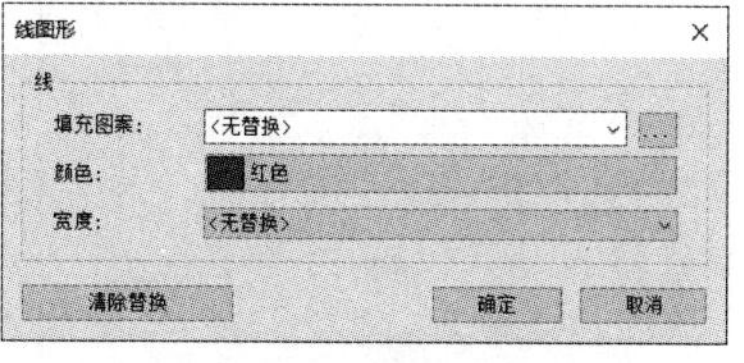

图 4.21　线图形设置面板

值得注意的是，“雨水”系统类型是基于“卫生设备”衍生而来，“本质”并未改变。读者可以利用上述方法尝试对 4.2.1 节的卫生间排水系统（卫生设备）材质进行设置。

创建檐沟：进入“系统”选项卡，单击“构件”下拉列表中的“（内建模型）”工具图标→在“族类别和族参数”中选择“管件”，单击“确定”→弹出“名称”对话框，输入“檐沟”，单击“确定”，进入族编辑环境→进入“创建”选项卡，进入“东-卫浴”立面视图→单击“设置”工具图标，在弹出的“工作平面”设置面板上修改“名称：轴网 1”，单击“确定”→单击“拉伸”工具图标，并按图 4.22 所示在北侧屋檐边缘绘制檐沟草图线→单击绿色勾号“✔（完成）”确定→继续单击“拉伸”工具图标，并按图 4.23 所示绘制檐沟封盖的草图线→单击“空心拉伸”工具图标，并按图 4.24所示位置绘制檐沟的洞口（直径 100mm）→（若洞口未形成）单击“修改”选项卡中的“剪切”工具，依次单击“檐沟”和“空心形状”完成开孔。

布置连接件：进入“创建”选项卡，进入“连接件”面板→选择“管道连接件”工具，确认“放置方式：面”→将光标放置在洞口下表面，当边缘高亮显示后，单击以放置连接件→按 Esc 键以退出命令执行状态，继续选择该连接件，进入属性面板，修改“直径：100”“流向：出”“系统分类：卫浴设备”→同理，请布置其他洞口处的连接件，最后单击绿色勾号“✔（完成模型）”确定。

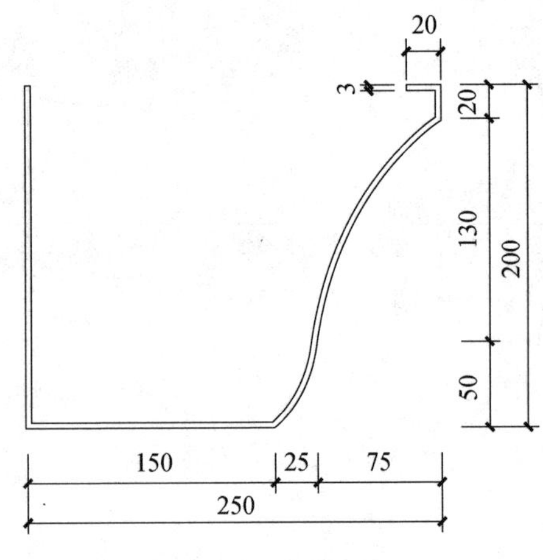

图 4.22　檐沟轮廓

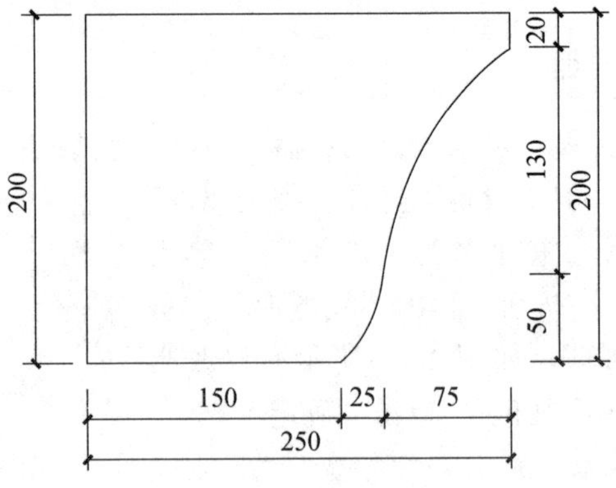

图 4.23　封盖轮廓

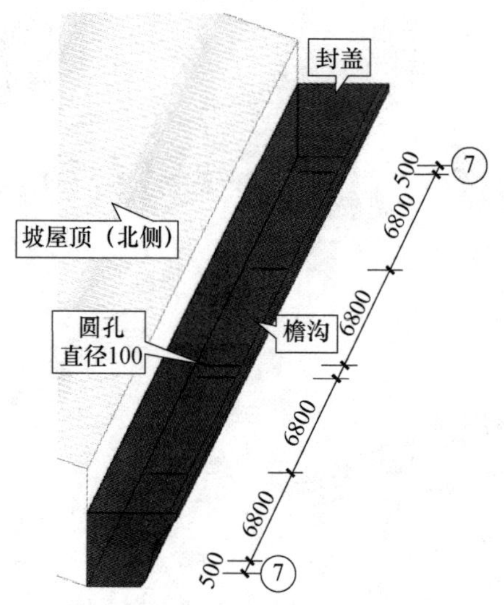

图 4.24 檐沟开孔

4.3.2 檐沟雨水系统绘制

绘制立管：在①轴和Ⓓ轴附近的北外墙上绘制一根立管（直径 100mm）→进入三维视图，选择“檐沟”→单击“修改 | 管件”上下文选项卡中的“ (连接到)”图标→弹出“选择连接件”对话框，根据指示标志选择相应的连接件，如图 4.25 所示，单击“确定”→返回绘图区，选择立管，即可自动连接，如图 4.26 所示。

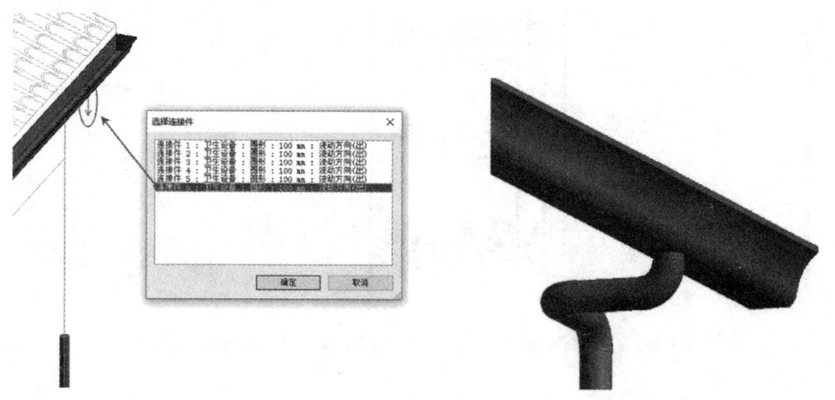

图 4.25 选择连接件的指示标志　　图 4.26 檐沟与立管连接

连接檐沟：进入三维视图，选择图 4.26 中的弯头→单击檐沟长度方向的“+”，以形成“T形三通”→选择“T形三通”，右击“拖曳柄”并选择“绘制管道”，按住 Shift 键沿第三通方向绘制水平管道（管道绘制长度任意）→选择檐沟，单击“修改 | 管件”上下文选项卡中的“ (连接到)”图标→弹出“选择连接件”对话框，根据指示标志选择相应的连接件→返回绘图区，选择水平管道，即可自动连接。如图 4.27 所示。同理，读者可自行连接更多管道至檐沟，并根据建筑几何外形调整管道走向，最终可得到如图 4.28所示檐沟雨水系统。

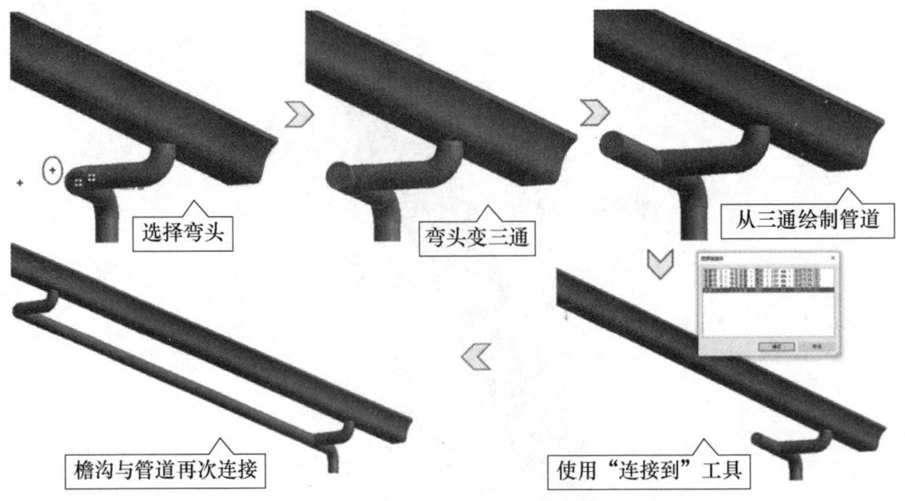

图4.27 檐沟与管道多次连接

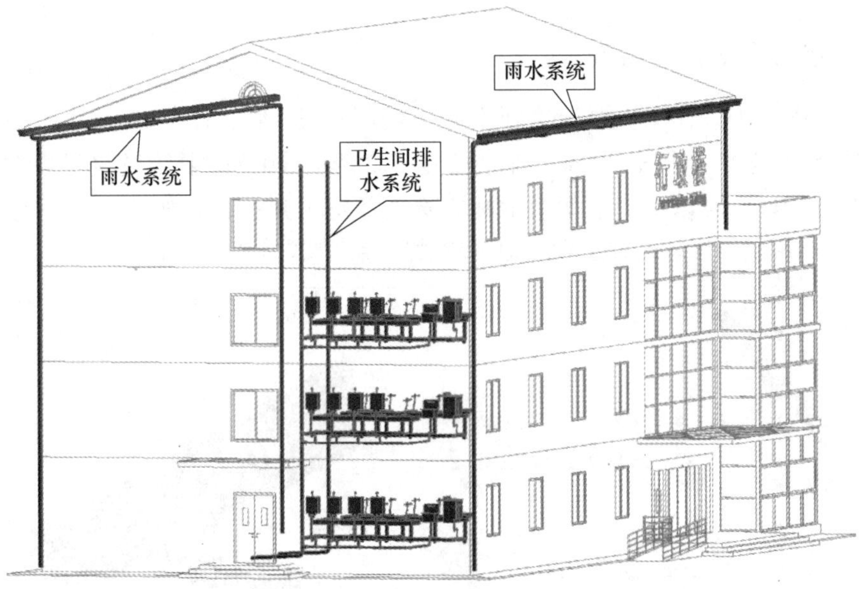

图4.28 檐沟雨水系统（红）和卫生间排水系统（绿）

【思考与练习】

(1) 如何绘制垂直管道?

(2) 基于“机械样板”的新建项目，为什么在卫浴平面视图中绘制管道却不可见?

(3) 如何将“弯头”替换成“三通”或“P形存水弯”等其他管件?

(4)“系统类型”有什么作用? 如何新建一个“系统类型”?

(5) 族库文件中，“建筑”与“MEP”的卫生器具有什么区别?

(6)“规程”设置会给“机械样板”项目的视图分类带来什么影响?

5 基于BIM的应用

【学习目标】

(1) 掌握详图、视图的创建;
(2) 掌握族的一般创建流程;
(3) 掌握明细表数据的提取和图纸的创建。

根据我国规范规定的BIM应用典型流程,碰撞报告、施工模拟动画、图纸文件等是应用的重要方面。这些应用成果的获取需要专业知识的支撑,也离不开BIM基本工具的使用。本章将继续结合工程案例介绍Revit软件基本工具的使用,为BIM应用建立基础。

5.1 创建详图

有两种视图类型可用于创建平面详图:即详图视图和绘图视图。详图视图包含建筑信息模型中的图元,可通过详图索引和剖面视图进行表达;而绘图视图是与建筑信息模型没有直接关系的图纸。

5.1.1 创建卫生间详图

打开"2-6幕墙和卫生间"文件→进入"标高1"平面视图,修改"视图范围"如图5.1所示,以确保散水可见→进入"视图"选项卡,单击"详图索引"下拉列表中的"(矩形)"工具图标→绘制如图5.2所示的详图索引区域→进入项目浏览器,自动生

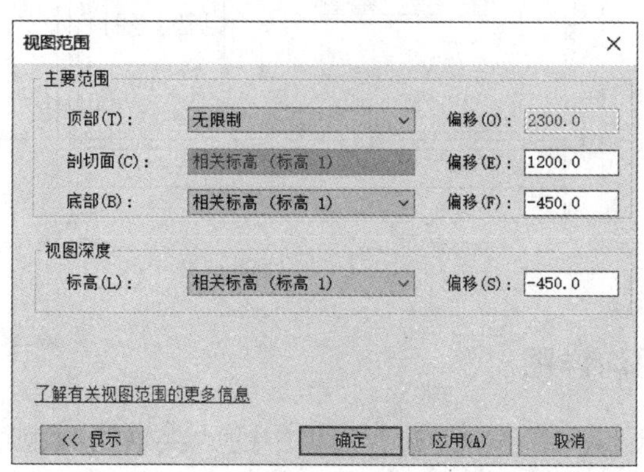

图5.1 视图范围(标高1视图)

成一个名为“标高 1-详图索引 1”的视图，将其重命名为“卫生间详图”→进入“卫生间详图”视图，按图 5.3 所示标注尺寸。

注意：该详图索引视图中的尺寸标注不会影响其父级视图，即“标高 1”平面视图。

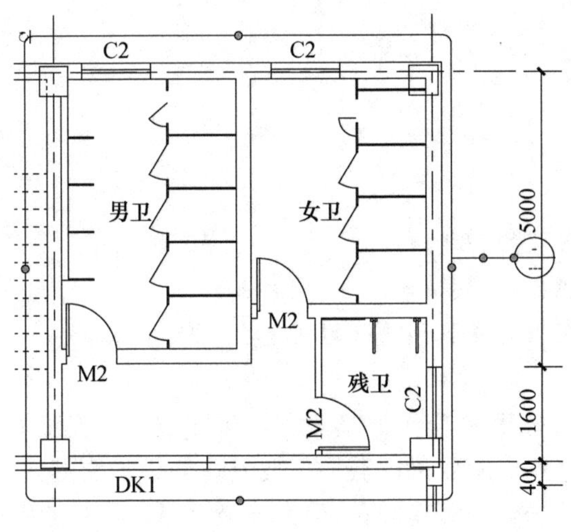

图 5.2 创建详图索引

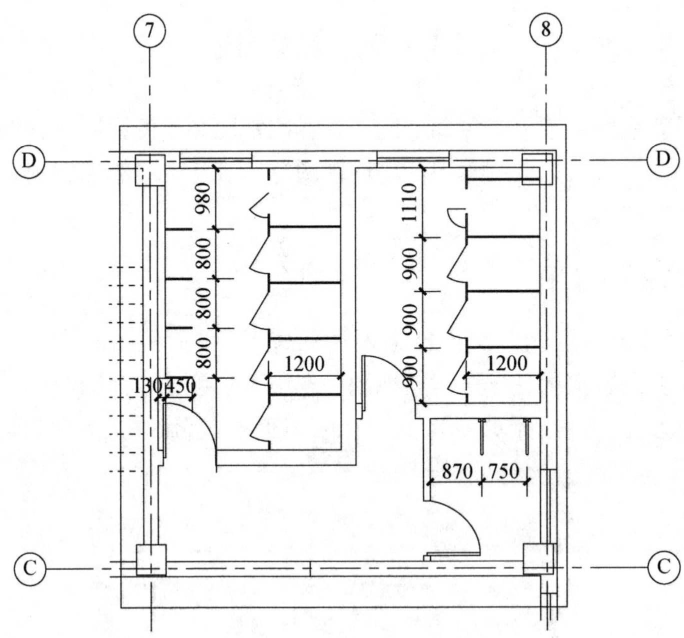

图 5.3 卫生间详图示意

5.1.2 创建散水明沟详图

进入“视图”选项卡→单击“创建”面板中的“(绘制视图)”工具图标→弹出“新绘图视图”面板，“设置名称：散水明沟详图”“比例 1：10”→单击“确定”后，项目浏览器出现名“散水明沟详图”的视图→按下列步骤继续完成详图绘制：

（1）进入“注释”选项卡→单击“（详图线）”工具，设置线样式为“中粗线”→按图5.4所示绘制线条（标注除外）。

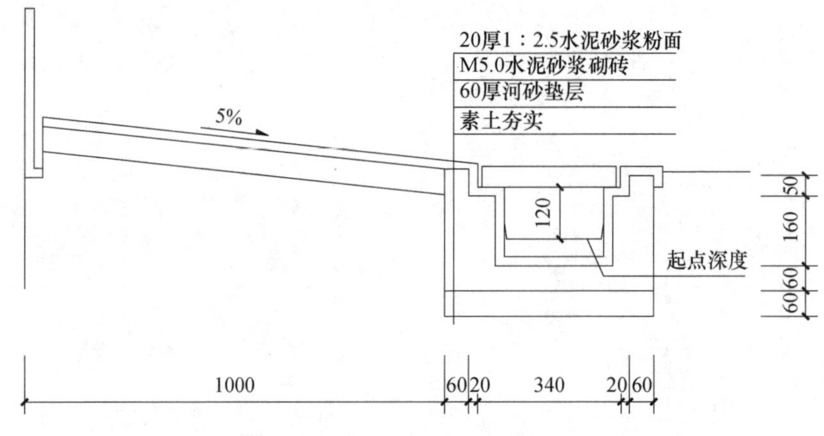

图5.4　详图线绘制

（2）进入“注释”选项卡→单击“（填充区域）”工具，设置线样式为“细线”→在类型选择器中选择图5.5中所示的“前景填充样式”→绘制封闭线条→选择部分线条，设置“线样式”为“<不可见线>”）→单击绿色勾号“（完成）”。

（3）进入“注释”选项卡→单击“（符号）”工具→在类型选择器中选择“标记_多重材料标注（垂直下）”→在合适位置单击鼠标布置→选择该图元，并进入属性面板，按图5.6所示设置实例属性→在类型选择器中选择“箭头无坡度”→在合适位置单击鼠标布置，使用“镜像”和“旋转”工具调整其方向→在其上方添加“5%”的文字注释即可。读者可自行按照图5.5所示，完成所有符号注释。

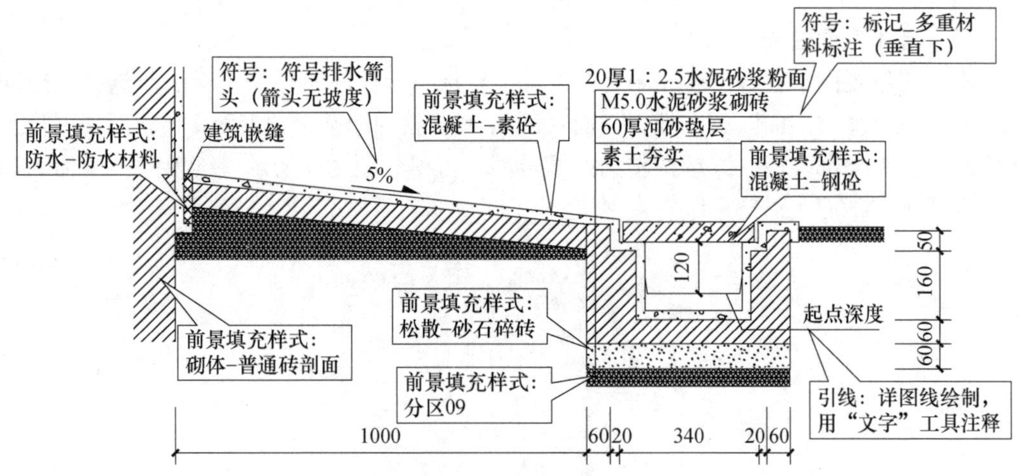

图5.5　详图填充与注释

（4）进入“标高1”平面视图→打开“视图”选项卡，单击“详图索引”下拉列表中的“（矩形）”工具图标→进入“修改｜详图索引”上下文选项卡，勾选“参照其他详图”和选择“绘图视图：散水明沟详图”→在⑧轴附近的散水位置，绘制如图5.7

所示的详图索引区域→右击该索引符号，选择“转到视图”即可跳转图 5.5 所示的“散水明沟详图”视图。

注意：如果模型精度足够，实际使用中还可以使用“剖面视图”表达与图 5.5 类似的详图。即进入平面视图，在散水位置直接放置“剖面”，然后进入类型选择器将其改为系统族“详图视图”，再对其进行注释。这种方式的详图中因包含项目图元，项目模型的变动将直接影响详图，读者可自行尝试。

图 5.6 “标记_多重材料标注”的实例属性

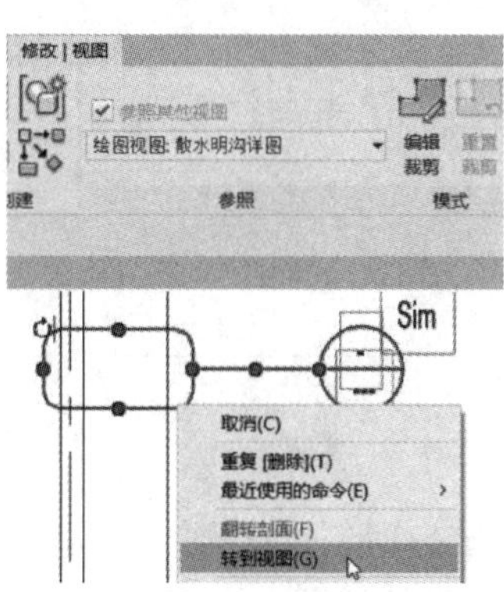

图 5.7 创建详图索引（参照）

5.1.3 创建局部三维视图

创建局部三维视图有多种方式，常见的有基于剖面的局部视图和基于选择对象的局部视图。

（1）基于剖面的局部视图

进入三维视图，在 ViewCube 上右击，出现选择面板，如图 5.8 所示→选择“定向到视图”→选择“剖面”→选择“剖面：剖面 1”，软件即基于“剖面 1”立面视图位置生成相应三维局部视图→继续调整剖面框范围，可得到图 5.9 所示三维模型→重命名该三维视图为“剖面 1 局部三维”。

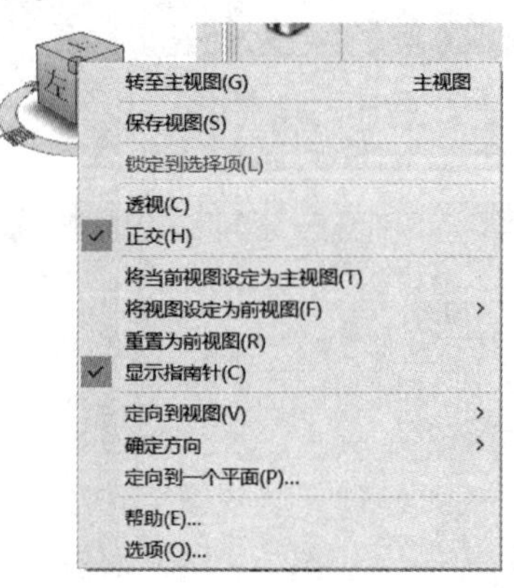

图 5.8 右击 ViewCube

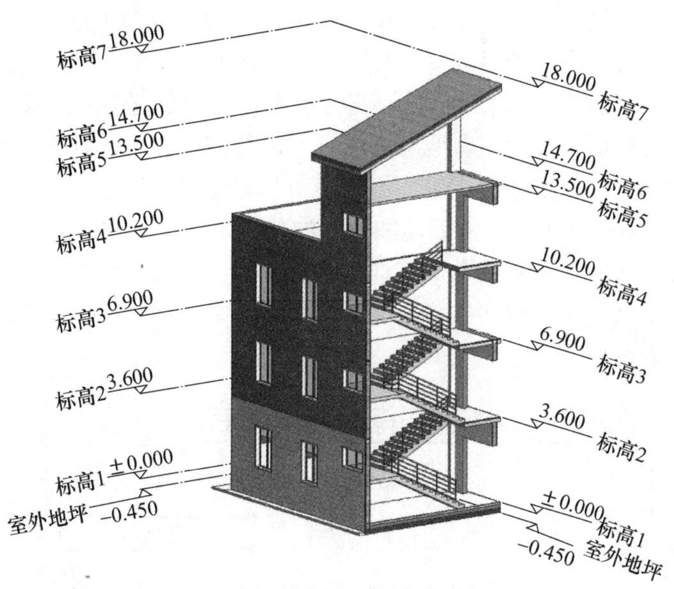

图 5.9 基于剖面 1 的局部三维视图（隐藏剖面框）

（2）基于选择对象的局部视图

进入标高 1 平面视图或者单击“🏠”进入默认三维视图，选择主入口处的雨棚→在“修改｜常规模型”上下文选项卡中，单击“（选择框）”工具图标，软件即基于选择对象自动生成相应三维局部视图→进入视图控制栏，修改“视觉样式：真实”，即可得到主入口雨棚局部三维，如图 5.10 所示。

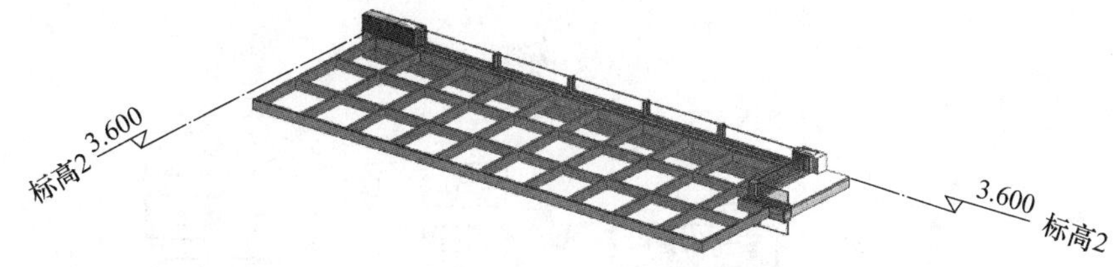

图 5.10 基于选择对象的局部三维视图（隐藏剖面框）

5.2 创 建 族

5.2.1 创建族的一般流程

在 Revit 2019 软件中，一般将参数化的图元叫作族，这是因为参数化的图元可以通过参数变化衍生出多个相似的子图元，而这种特性与英文 Family 所表达的含义极为相似。为了简化翻译，中文将其译为“族”。Revit 软件中的族主要有系统族、可载入族和内建族三类。

系统族是在软件中预设的，不能将其从外部文件中载入到项目中，也不能将其保存到项目之外的位置。如墙、屋顶、管道等。可载入族具有高度可自定义的特征，与系统族不同，可载入的族是在外部 rfa 文件中创建的，并可导入或载入到项目中。例如窗、门、橱柜等。内建族是指在项目环境内创建的几何图形或模型，不能将其从外部文件中载入到项目中，也不能将其保存到项目之外的位置。它的创建步骤与可载入族并无不同，只是他们的使用更多是为了参照项目中已有的几何图形，使其在所参照的几何图形发生大小或形状变化时进行相应调整。

可载入的族是在 Revit 中经常创建和修改的族。常见的有轮廓族、常规模型族以及体量族。这些可载入族经常需要基于族样板进行创建，虽然 Revit 2019 提供的族样板较多，很多初学者无从下手，但实践中经常使用的族样板不多。图 5.11 给出了族创建的基本流程，供读者参考。

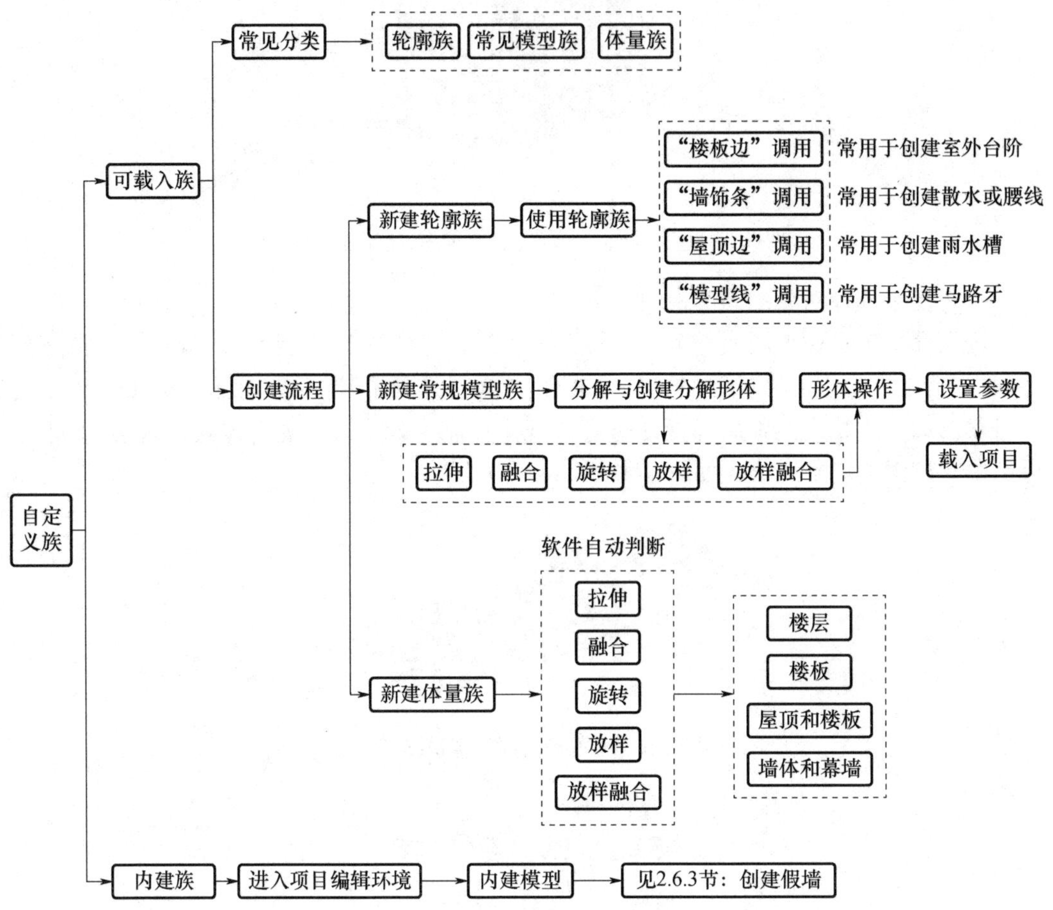

图 5.11　创建族的基本流程

轮廓族的创建一般基于“公制轮廓”族样板，轮廓族文件往往需要配合项目编辑环境中的“楼板边”“墙饰条”和“模型线”等功能进行使用。它常被用于创建室外台阶、散水等，读者可以回顾 2.4.3 节和 2.4.5 节介绍的内容。

常规模型族的创建一般基于“公制常规模型”或“基于某主体的公制常规模型”族样板。常规模型族在创建的过程中，往往需要借助工作平面，然后在相应的操作视图中通过“拉伸”“融合”“旋转”“放样”和“放样融合”五种基本方式创建形体，通过给定合适的参数，最终形成完整的模型。创建好的常规模型族一般可通过快捷键“CM”或族类别对应的快捷键在项目中放置。

读者在选择族样板创建门或窗时，可以尝试使用“公制常规模型”“公制门”“公制窗”“基于墙的公制常规模型”“基于面的公制常规模型”等的创建，无须拘泥于某一族类型。

体量族的创建只能基于“公制体量”族样板。它的创建方式与常规模型族类似，也有五种方式创建形体。但这五种方式是通过软件自动判断使用者的建模方式实现的，并不直接提供这五种工具。初学者往往认为这种方式比较隐晦难懂，在经过一段时间的使用后可能会发现这种方式更加灵活。体量族可被用于特殊项目对象的创建，例如异形墙、异形屋顶等。对于规则项目，除了方案阶段的体量应用，较少使用体量功能。

5.2.2 轮廓族

在主页视图中→单击“族”栏目中的“新建”（或单击“文件”菜单→光标移动至“新建”，出现“创建一个 Revit 文件”菜单→单击“族”），弹出“新族-选择样板文件”对话框→选择“公制轮廓”族样板文件→单击“确定”→进入族编辑环境→单击“创建”选项卡→单击“⌇⌊（线）”图标工具→出现“修改｜放置线”上下文选项卡→在“参照标高”视图中绘制表5.1所示的形状（线条须完全封闭）→保存，并命名为“台阶断面.rfa”（或“散水断面.rfa”或“反坎断面.rfa”或“路边石断面.rfa”）。

表5.1 轮廓族表

对象	布置方式	材质	轮廓形状尺寸
台阶断面	楼板边 （见2.4.3）	平台-面层-花岗岩	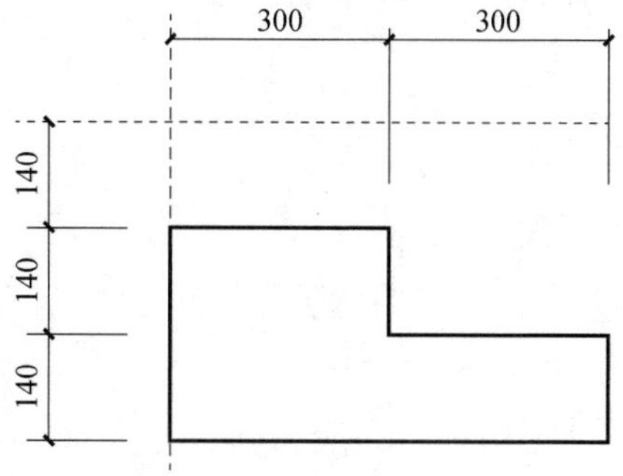 300 300 140 140 140
散水断面	墙饰条 （见2.4.5）	散水-砂浆	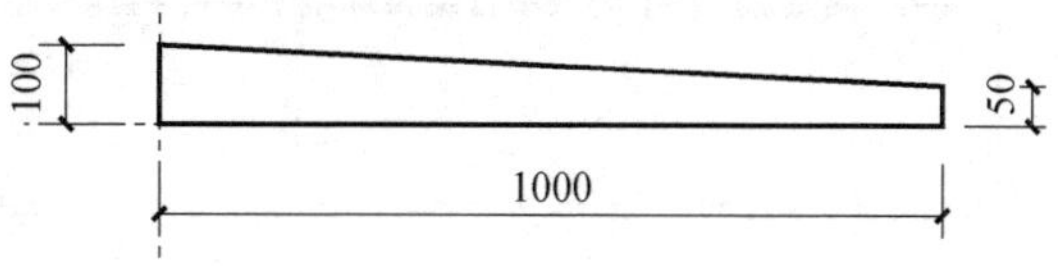 100 50 1000
反坎断面	栏杆扶手 （见2.5.4）	楼地面-面层-大理石	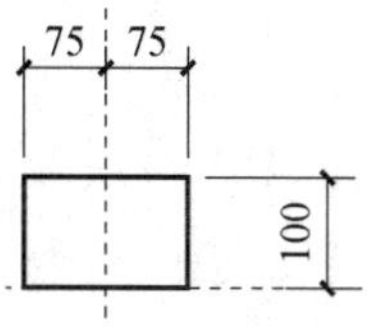 75 75 100

续表

对象	布置方式	材质	轮廓形状尺寸
路边石断面	模型线（见 2.7.3）	地面-硬化-混凝土	150 150 40 10 150 150

5.2.3 常规模型族

（1）主入口雨棚

新建族与修改族类型：在主页视图中→单击“族”栏目中的“新建”，弹出“新族-选择样板文件”对话框→选择“公制常规模型．rft”族样板文件→单击“确定”→进入族编辑环境。继续单击“创建”选项卡→单击“（族类别和族参数）”→在弹出的“族类别和族参数”面板中勾选“基于工作平面”，单击“确定”。

创建雨棚框架拉伸形状：进入“参照标高”视图→进入“创建”选项卡，单击“（实心拉伸）”→选择“（线）”工具，根据图 5.12 绘制草图线（雨棚框架）→设置拉伸起点（-10），拉伸终点（-190）→单击绿色勾号“（完成）”→继续单击“创建”选项卡中的“（实心拉伸）”，沿图 5.12 最外侧边线位置绘制封闭草图线（玻璃）→设置拉伸起点（0），拉伸终点（-10）→单击绿色勾号“（完成）”。

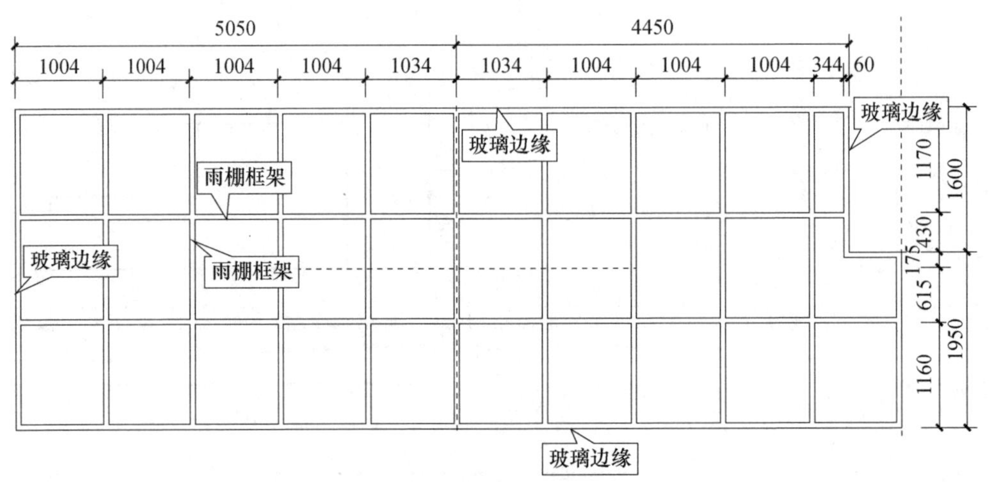

图 5.12 “主入口雨棚”尺寸

创建“雨棚框架”材质参数并关联：进入“创建”选项卡，单击“（族类型）”图标，弹出族类型面板→单击“（新建参数）”，弹出参数属性面板→设置“名称：雨棚框架”“参数分组方式：材质和装饰”、选择“实例”，单击“确定”返回→选择雨棚框架模型，进入其属性面板，单击“材质”右侧的“关联族参数”按钮→选择“雨棚框架”，单击“确定”(成功关联两个参数时，按钮上将显示等号▤)。

同理，可创建“雨棚玻璃”材质参数并关联，请读者自行尝试。最后，保存并命名为“主入口雨棚.rfa”。

(2) 标准车位

新建族与修改族类型：在主页视图中→单击“族”栏目中的“新建”，弹出“新族-选择样板文件”对话框→选择“公制常规模型.rft”族样板文件→单击“确定”→进入族编辑环境。继续单击“创建”选项卡→单击“(族类别和族参数)”→在弹出的“族类别和族参数”面板中选择“停车场”，勾选“基于工作平面”，单击“确定”。

创建拉伸形状：进入“参照标高”视图→进入“创建”选项卡，单击“(实心拉伸)”→选择“(线)”工具，绘制如图5.13所示的草图线→设置拉伸起点(0)，拉伸终点(5)→单击绿色勾号“✔(完成)”。

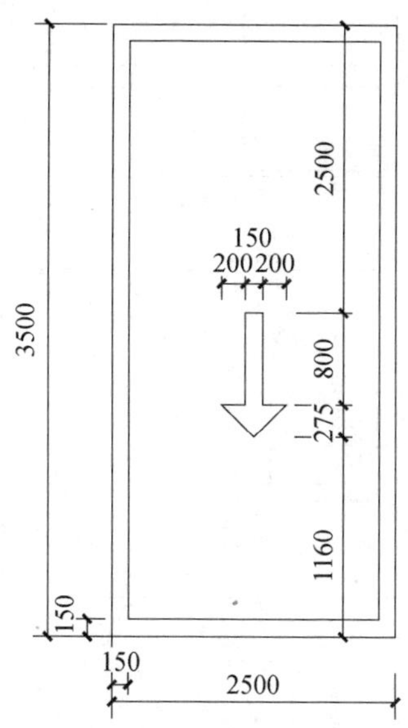

图5.13 “标准车位”尺寸

新建材质参数并关联：进入“创建”选项卡，单击“(族类型)”图标，弹出族类型面板→单击“(新建参数)”，弹出参数属性面板→设置“名称：材质”“参数分组方式：材质和装饰”，选择“类型”，单击“确定”返回→选择模型，进入其属性面板，单击材质右侧的“关联族参数”按钮→选择“材质”，单击“确定”(成功关联两个参数时，按钮上将显示等号▤)→保存，并命名为“标准车位.rfa”。

5.2.4 动画专用族

该部分的内容主要是为6.4节利用Twinmotion软件制作门的开闭动画准备的。实际上利用Revit软件创建普通族与动画用族的步骤几乎没有什么不同，只是在材质命名时需稍做处理。

（1）模型分解

创建任何常规模型族都应首先进行模型分解，而模型分解往往基于五种基本形体的创建方法进行。例如本例中的感应式移动门，其门框、门扇和凹形配件可以用拉伸方式创建，转轴配件既可以用拉伸方式创建，也可以用旋转方式创建，门把手可以用放样方式创建。这样，我们就可以把门族的创建分解为门框、门扇、凹形、转轴、门把手等基本形体的创建，见表 5.2。然后，通过连接或修剪命令对这些形体进行适当的操作。当然，根据需要，最终的族可能需要添加一些参数，并通过这些参数向项目中传递信息。由于本课程为基础教程，不对族参数作过分深入的介绍。

表 5.2　门族模型分解表

对象	创建方式	尺寸信息	图例与材质
玻璃门板 ①⑦⑧	拉伸厚 20	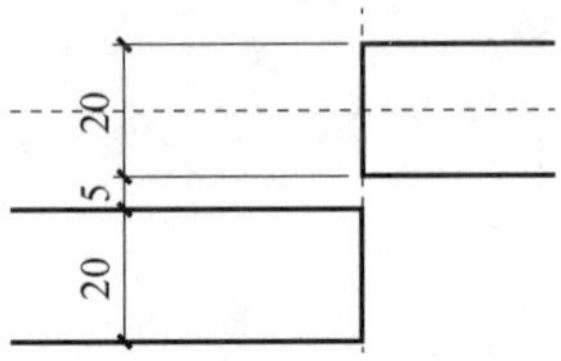 20；5；20	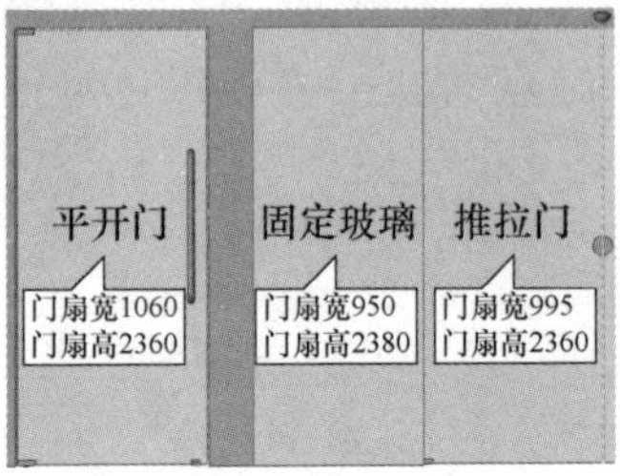 平开门 门扇宽1060 门扇高2360；固定玻璃 门扇宽950 门扇高2380；推拉门 门扇宽995 门扇高2360
底部转轴配件 ②	拉伸厚 100	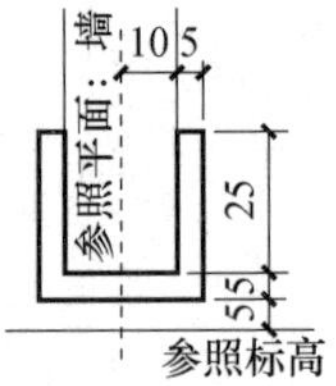 参照平面：墙；10；5；25；5；5；参照标高	
	拉伸厚 5	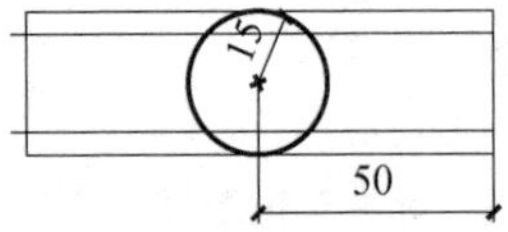 15；50	
把手③	放样半径 20	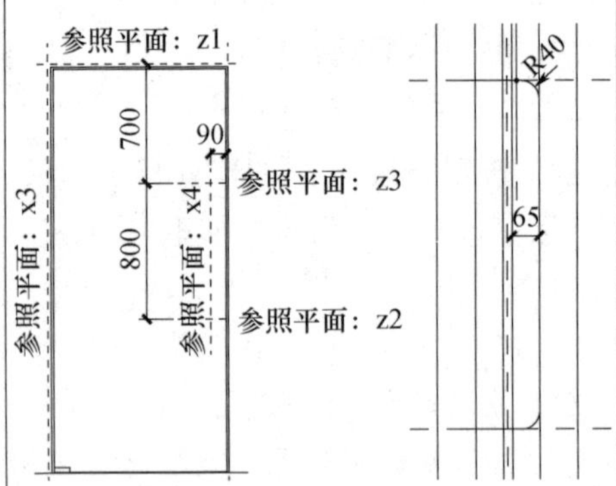 参照平面：z1；700；90；参照平面：z3；800；参照平面：x3；参照平面：x4；参照平面：z2；R40；65	

续表

对象	创建方式	尺寸信息	图例与材质
固定配件⑥	拉伸厚100	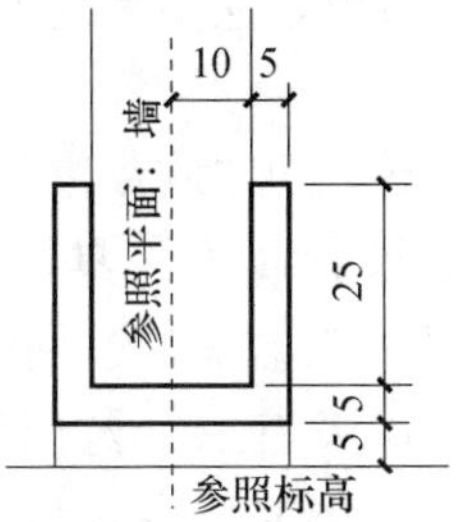 10 5 参照平面：墙 25 5 5 参照标高	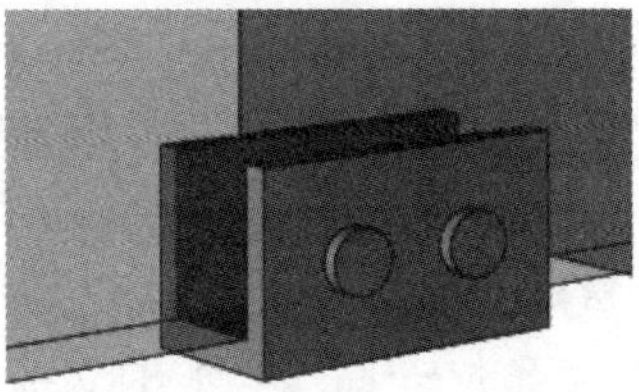
	拉伸厚2	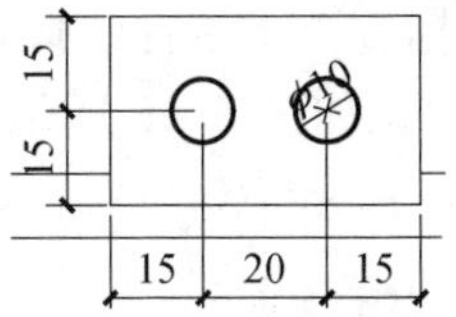 15 15 15 20 15	
感应器⑤	旋转角度180	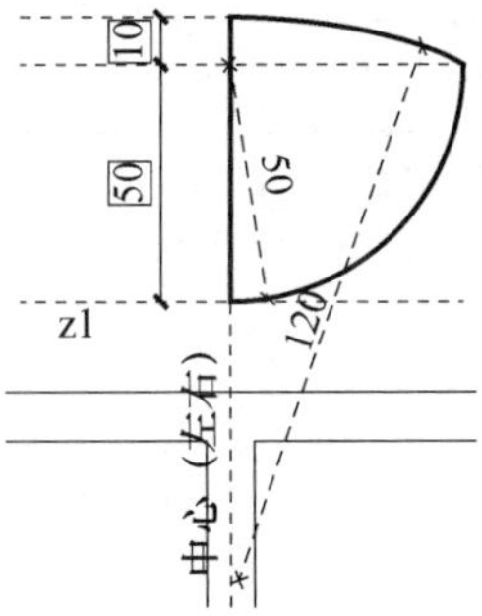 10 50 50 120 zl 中心（左右）	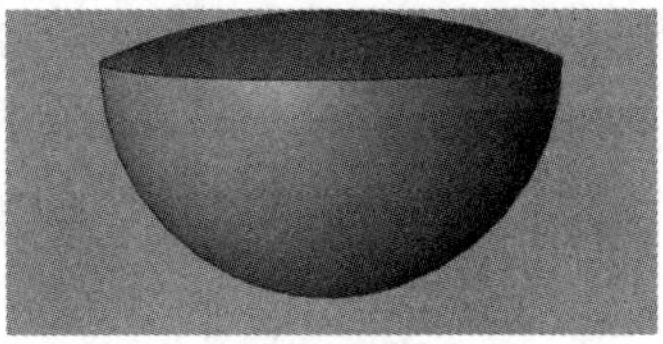
感应器④	拉伸厚20	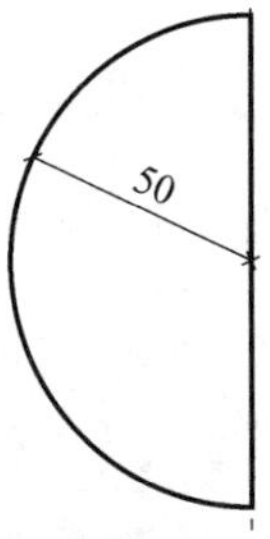 50	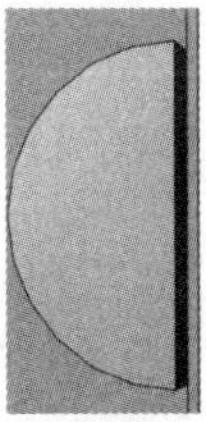
防撞护角⑨	拉伸厚50	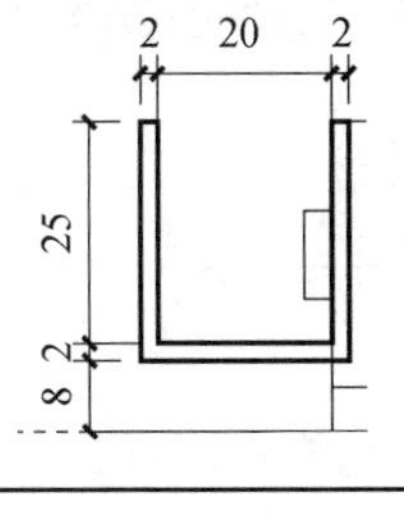 2 20 2 25 2 8	

（2）创建门族

新建族与修改族类型：在主页视图中→单击“族”栏目中的“新建”，弹出“新族-选择样板文件”对话框→选择“基于墙的公制常规模型.rft”族样板文件→单击“确定”→进入族编辑环境。继续单击“创建”选项卡→单击“ (族类别和族参数)”→在弹出的族类别和族参数面板中选择“门”，单击“确定”。此时单击“ (族类型)”后会发现，族类型面板出现了一些默认的参数，这不仅是为了省去读者自行创建参数的麻烦，更是规范化门参数的创建。

参照平面与参数设置：单击项目浏览器中的“放置边”立面，在绘图区显示有一片墙→进入“创建”选项卡，单击“ (参照平面)”工具，绘制如图 5.14 的参照平面→根据如图 5.14 所示，分别在相应属性面板中修改参照平面的“名称”为 x1、x2、x3 和 z1→进入“注释”选项卡，单击“ (对齐)”工具，绘制如图 5.14 所示的尺寸，并单击宽度方向多段尺寸标注线上的“EQ”使之等分→选择“6600”的尺寸标注，出现“修改｜尺寸标注”上下文选项卡，在“标签”下拉框中选择“宽度”，即完成了该尺寸的参数化，同理可对高度尺寸进行参数化，如图 5.15 所示→调整墙体尺寸，使之边缘稍超过最外侧的参照平面，最终如图 5.14 所示。

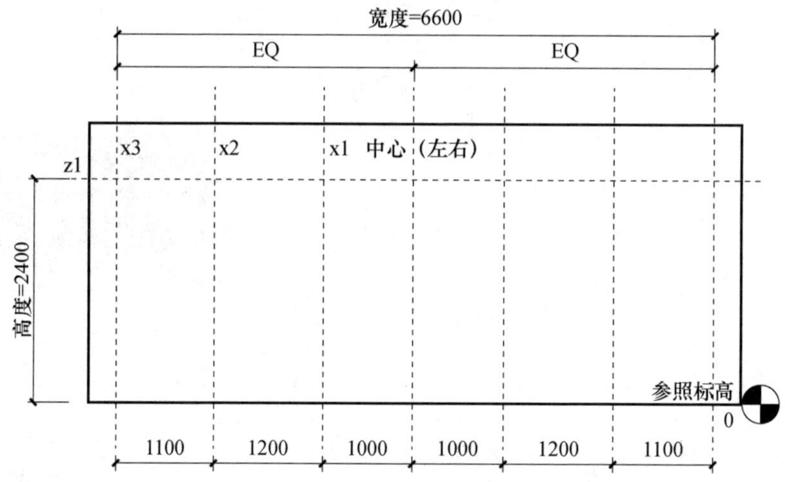

图 5.14　门族的参照平面与尺寸 (放置边视图)

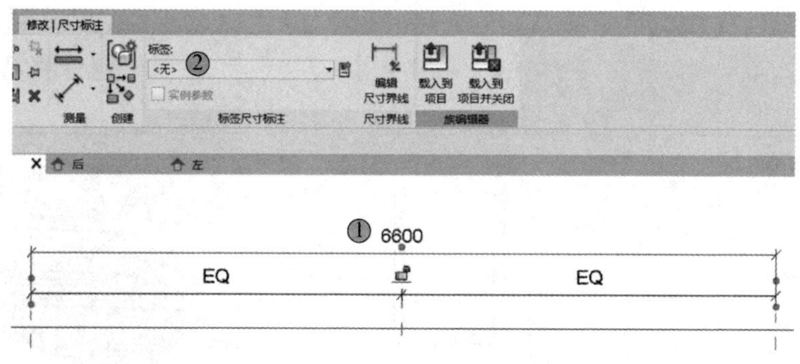

图 5.15　门族的参数化

“基于墙的公制常规模型”族编辑环境中，项目浏览器中的立面视图“后”与 ViewCube 中的“前”方向一致。项目浏览器中的立面视图“放置边”与 ViewCube 中的“后”方向一致，望读者留意。

创建洞口：双击进入项目浏览器中的“放置边”立面视图→进入“创建”选项卡，单击中“（洞口）”→选择“（矩形）”工具在如图5.16所示位置绘制草图线→单击绿色勾号“（完成）”即完成洞口的创建。

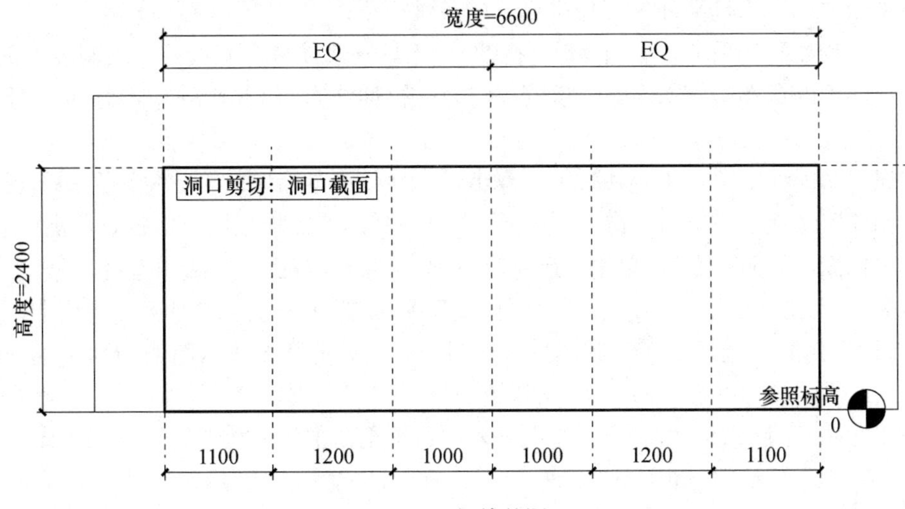

图5.16 门族的洞口

创建门框：进入“创建”选项卡，单击“（实心拉伸）”→选择“（线）”工具，绘制如图5.17所示的草图线→设置拉伸起点（165），拉伸终点（-165）→单击绿色勾号“（完成）”即完成门框的创建。

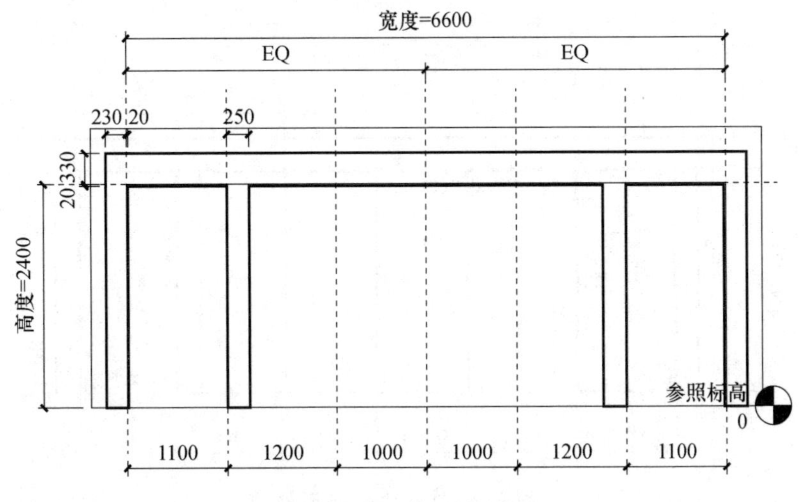

图5.17 门族的门框草图

创建门扇（图5.18对象①）：双击进入项目浏览器中的“放置边”立面视图→进入“创建”选项卡，单击“（实心拉伸）”→选择“（线）”工具，按表5-2中序号①所示的图例尺寸绘制草图线→单击绿色勾号“（完成）”。

注意：创建门框或门扇时，虽然没有手动设置工作平面，但是不代表没有工作平面，只是使用了默认工作平面（参照平面：墙）而已。

创建固定配件（图5.18对象②）：双击进入项目浏览器中的“放置边”立面视图→

进入“创建”选项卡，单击“(设置)”工具→弹出“工作平面”面板，选择“拾取一个平面”，单击“确定”→拾取参照平面“x3”→弹出“转到视图”面板，保持默认“立面：右”，单击“确定”→进入“右立面”视图。接下来，我们将在右立面视图绘制以参照平面“x3”为基准面（工作平面）的三维模型。

进入“创建”选项卡，单击“(拉伸)”工具→选择“(线)”，绘制表 5-2 中序号②所示图例的草图线→设置拉伸起点（30），拉伸终点（130）→单击绿色勾号“(完成)”。

创建转动配件（图 5.18 对象②）：双击进入项目浏览器中的“放置边”立面视图→进入“创建”选项卡，单击“(设置)”工具→弹出“工作平面”面板，单击“名称”并选择“标高：参照平面”，单击“确定”→弹出“转到视图”面板，选择“楼层平面：参照标高”，单击“确定”→进入“参照标高”平面视图→进入“创建”选项卡，单击“(拉伸)”工具→选择“(圆形)”，绘制表 5-2 中序号 2 所示图例的草图线→设置拉伸起点（0），拉伸终点（5）→单击绿色勾号“(完成)”。

创建配件（图 5.18 对象③）：双击进入项目浏览器中的“放置边”立面视图→绘制表 5-2 中序号③所示图例的参照平面 z2、z3 和 x4→进入“创建”选项卡，单击“(设置)”工具→弹出“工作平面”面板，选择“拾取一个平面”，单击“确定”→拾取参照平面 x4（若无法拾取，鼠标放置在该参照平面上，多次按 Tab 键，直到可拾取位置）→弹出“转到视图”面板，保持默认“立面：右”，单击“确定”→进入“右立面”视图。

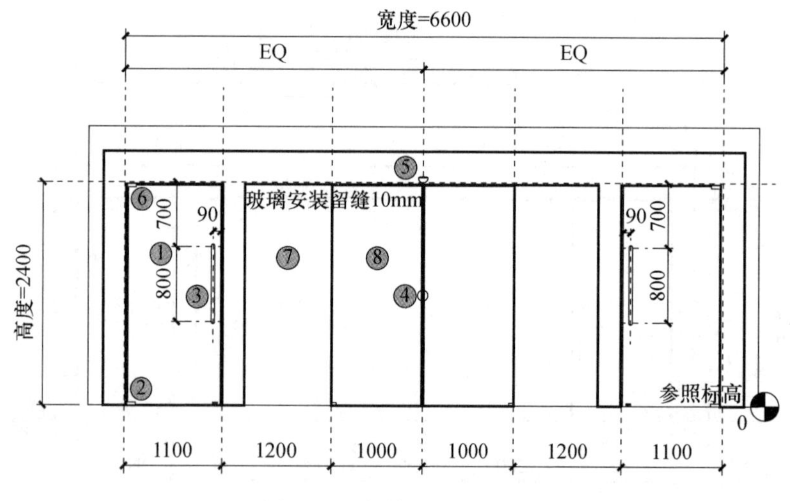

图 5.18　门族的组成对象

进入“创建”选项卡，单击“(放样)”工具→单击“(绘制路径)”→利用“(线)”和“(圆角弧)”两个工具绘制表 5-2 中序号③所示图例的草图线→单击绿色勾号“(完成)”→单击“(编辑轮廓)”→弹出“转到视图”，选择“三维视图：视图 1”，单击“打开视图”→进入三维视图“视图 1”，利用“(圆形)”工具，在红色中点位置处绘制半径 20mm 的圆，如表 5-2 中序号③所示图例→两次单击绿色勾号“(完成)”。

其他对象④～⑨的创建方式不再赘述，读者可参照以上对象的创建步骤和表5-2所示信息进行创建。

设置材质：进入“放置边”立面视图，选择最左侧门板→在属性面板中进入“材质编辑器”，新建并设置为“M1转动玻璃1”材质→同样道理，根据图5.19所示设置所有形体的材质→保存为“感应式推拉门.rfa”，并载入项目中即可使用。

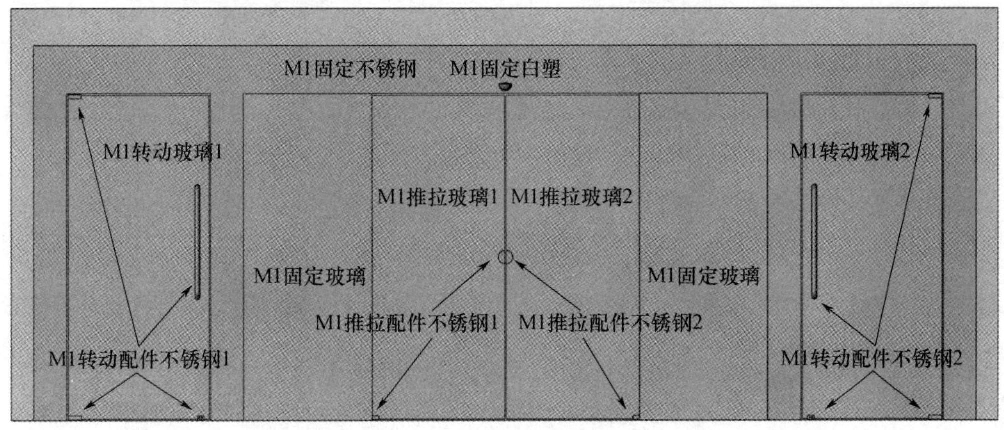

图5.19　M1族材质示意图

5.3　制作工程量表

5.3.1　明细表/数量

（1）创建门窗明细表

打开“2-6幕墙和卫生间.rvt”文件→进入“视图”选项卡，单击“创建”面板中的“明细表”下拉列表→选择“明细表/数量”，弹出“新建明细表”面板，如图5.20所示→在“类别”栏目中选择“窗”，名称已自动修改为“窗明细表”，单击“确定”→弹出“明细表属性”面板，在“可用的字段”栏目里依次选择“类型标记”“宽度”“高

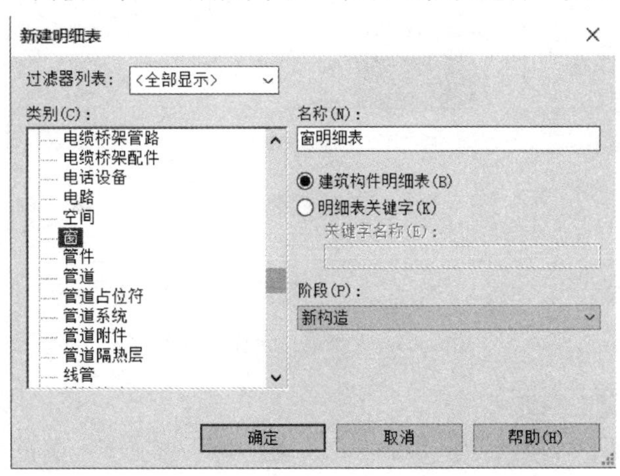

图5.20　“新建明细表”对话框

度”“底高度”“合计”→单击“fx（添加计算参数）”图标，按图 5.21 设置相应参数，单击“确定”，回到明细表属性面板，出现“面积”字段→使用（上移参数）和（下移参数）调整字段位置，如图 5.22 所示→分别进入“排列/成组”“格式”和“外观”面板，按图 5.23 设置参数，最终可得到图 5.24 所示的明细表样式。

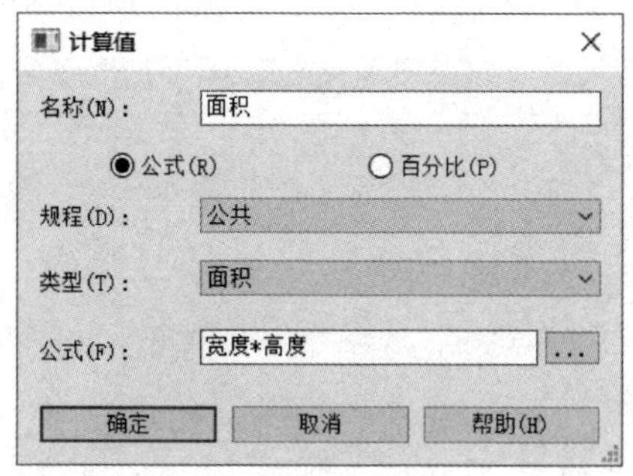

图 5.21　计算参数设置

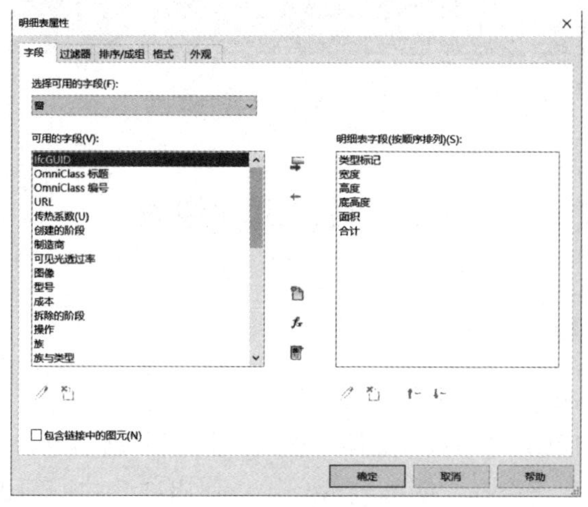

图 5.22　明细表属性

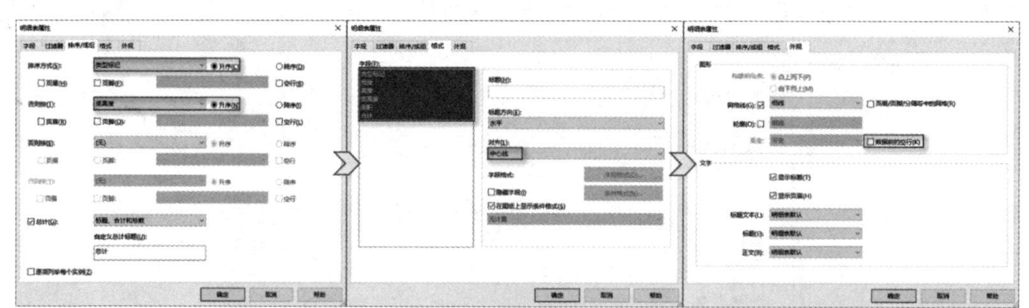

图 5.23　明细表显示样式设置

（2）创建柱混凝土明细表

打开“3-1 混凝土结构 . rvt”文件→进入“视图”选项卡，单击“创建”面板中的“明细表”下拉列表→选择“明细表/数量”，弹出“新建明细表”面板→在“类别”栏

<窗明细表>

A	B	C	D	E	F
类型标记	宽度	高度	底高度	面积	合计
C1	1600	1800	900	2.88	36
C2	1200	1800	900	2.16	9
C3	1800	1800	600	3.24	3
C3	1800	1800	900	3.24	3
C4	1500	900	1800	1.35	3
C4	1500	900	2100	1.35	1
C5	900		950		2
C6	1630	967		1.58	3
C7	3200	967		3.09	4
C8	3200	1067		3.41	2
总计: 66					

图 5.24　窗明细表样式

目中选择“结构柱”，名称已自动修改为“结构柱明细表”，单击“确定”→弹出“明细表属性”面板，在“可用的字段”栏目里依次选择“类型”“底部标高”“顶部标高”“长度”“体积”“合计”→按图 5.25 所示设置“排列/成组”面板参数，适当调整“格式”和“外观”属性后可得到图 5.26 所示的明细表样式。同理，读者可利用“明细表/数量”工具提取结构梁、楼板、墙和钢筋等构件的数据。当然，除了“明细表/数量”工具，实践中还可以利用“材质提取”工具提取数据。

进入“文件”菜单→选择“导出”→选择“报表”→选择“明细表”，将其导出为 .txt 格式文件，既可以使用 Excel 等表格编辑软件对数据进一步处理，也可将数据输入计价软件中进行组价操作。

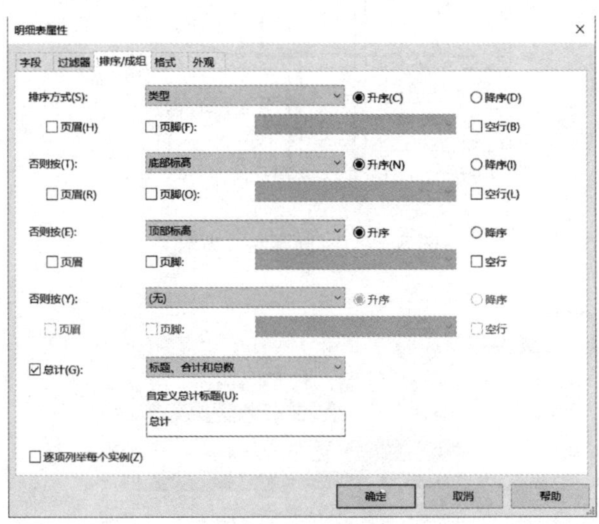

图 5.25　结构柱明细表排序设置

<结构柱明细表>

A	B	C	D	E	F
类型	底部标高	顶部标高	长度	体积	合计
Z1-500*500	结构标高 1	结构标高 2	4750	1.19 m³	30
Z1-500*500	结构标高 2	结构标高 3	3300	0.83 m³	30
Z1-500*500	结构标高 3	结构标高 4	3300	0.83 m³	30
Z1-500*500	结构标高 4	结构标高 5	3350	0.84 m³	24
Z2-400*400	结构标高 5	结构标高 6	1516	0.23 m³	13
Z2-400*400	结构标高 5	结构标高 7	3743	0.59 m³	11

图 5.26　结构柱明细表样式

5.3.2 多类别材质提取

设置“标记”属性：打开“3-1 混凝土结构 . rvt”文件→进入三维视图，选择所有“J-1”基础，修改实例属性“标记：J-1”→选择所有首层结构柱，修改实例属性“标记：基础顶-标高 2”→其余构件按图 5.27 对标记属性进行修改。

创建材质提取明细表：进入“视图”选项卡，打开“创建”面板中的“明细表”下拉列表，选择“材质提取”，弹出“新建材质提取”面板→在“类别”栏目中选择“多类别”，将名称改为“混凝土体积表”，单击“确定”→弹出“材质提取属性”面板，在“可用的字段”栏目里依次选择“类型”“标记”“材质：体积”“合计”→按图 5.28 所示设置“排列/成组”面板参数，适当调整“格式”和“外观”属性后可得到如图 5.29 所示的明细表样式。

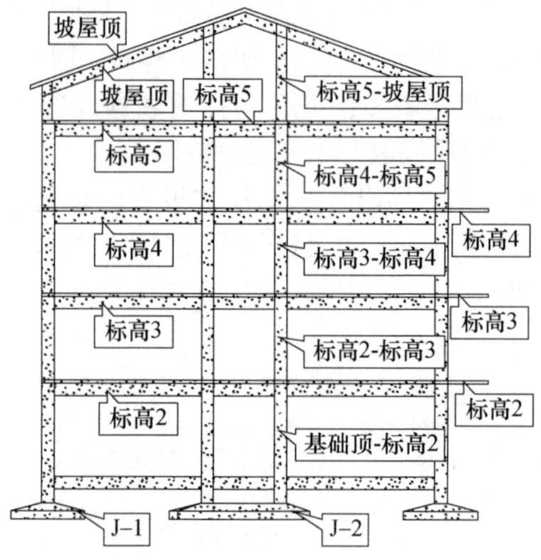

图 5.27 实例属性“标记”

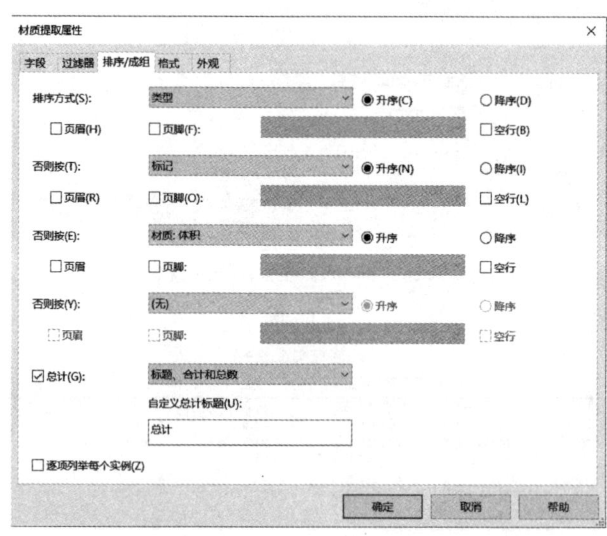

图 5.28 混凝土体积表排序设置

<混凝土体积表>			
A	B	C	D
类型	标记	材质：体积	合计
J-1	J-1	3.82 m³	16
J-2	J-2	7.13 m³	7
JLL1-250*500	正负零以下	0.73 m³	1
JLL1-250*500	正负零以下	1.75 m³	7
JLL1-250*500	正负零以下	3.98 m³	2
JLL1-250*500	正负零以下	4.04 m³	2
KL1-300*600	坡屋顶	3.97 m³	1
KL1-300*600	坡屋顶	4.03 m³	1
KL1-300*600	标高2	2.52 m³	2
KL1-300*600	标高2	5.72 m³	1
KL1-300*600	标高2	5.81 m³	1
KL1-300*600	标高3	1.07 m³	1
KL1-300*600	标高3	1.53 m³	1
KL1-300*600	标高3	2.52 m³	2
KL1-300*600	标高3	3.21 m³	1
KL1-300*600	标高3	5.72 m³	1

图 5.29 混凝土体积表样式（部分）

5.4 制作图纸

5.4.1 非参数化图框

新建标题栏族：在主页视图中→单击“族”栏目中的“新建”，弹出“新族-选择样板文件”对话框→选择“标题栏”文件夹中的“A2 公制 . rft”族样板文件→单击“确定”→进入标题栏族的编辑环境。

绘制图纸标题栏：在绘图区显示有矩形（类似于 A2 纸的边缘）→进入“创建”选项卡，单击“（线）”工具，利用“绘制”工具绘制如图 5.30 的图框线。

设置标题栏文字：进入“创建”选项卡，单击“A（文字）”工具→在图 5.30 中单击放置文本框，并输入文字“毕业设计题目”→鼠标拖动文本框左上角的“（移动标志）”将其移动至合适位置→选择该文本框，可进入属性面板修改合适的字体样式。

使用图框：保存为“A2 图框”→单击“（载入到项目）”图标→进入项目编辑环境，单击视图选项卡中的“（图纸）”工具→选择“A2 非参数化图框”→单击注释选项卡中的“A（文字）”工具，在图 5.30 中的“毕业设计题目”右侧空白处单击放置文本框，并输入文字“高校行政楼设计”即可完成该项内容的填写。请读者自行调整字体样式并填写其他内容项。

注意：若创建了多张图纸，在空白框内输入的这些文字信息并不会在图纸间自动传递，需要通过“Ctrl+C（复制）→粘贴：同一位置对齐”步骤进行手动操作，若创建的图纸数量较多，该方法较为烦琐。因此，我们希望不仅这些图纸文字信息可以传递，还可以像门窗等的属性一样，在属性栏中直接进行修改。这就是接下来要介绍的共享参数图框。

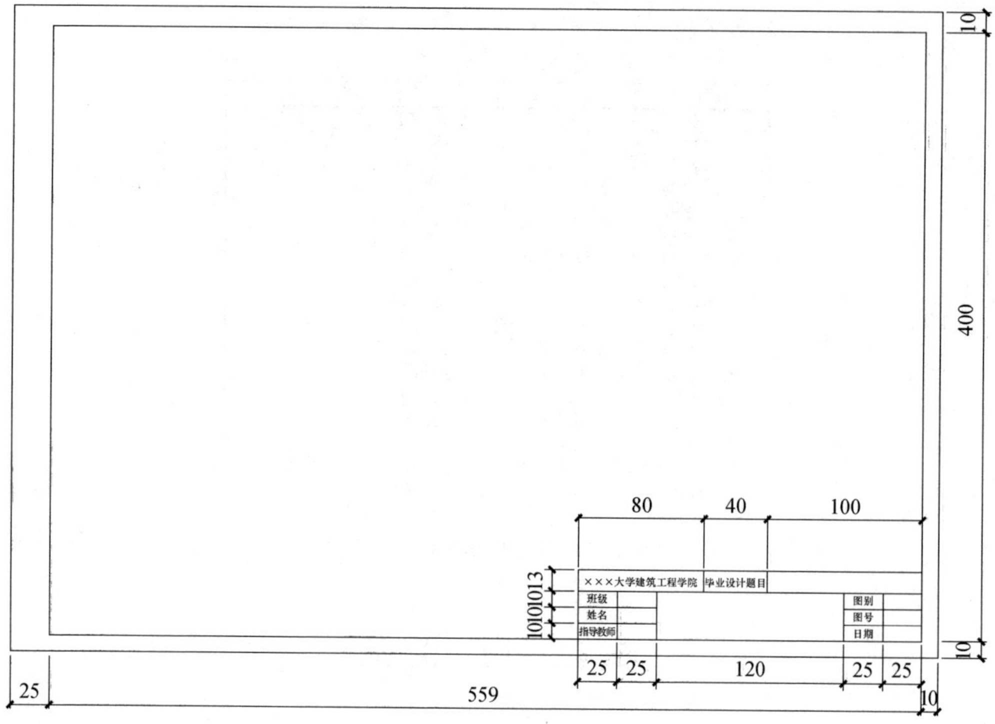

图 5.30　A2 图框样式

5.4.2　共享参数图框

新建标题栏族：同 5.4.1 节

绘制图纸标题栏：同 5.4.1 节

设置标题栏文字：同 5.4.1 节

设置共享参数：进入“管理”选项卡，单击“（共享参数）”→若弹出“共享参数文件不存在”提示信息，单击“关闭”→弹出“编辑共享参数”面板，单击“创建”，弹出“创建共享参数”面板，输入“图纸共享参数”，单击“保存”→返回“编辑共享参数”面板，单击“组：新建”，输入“图纸参数组”，单击“确定”→单击“参数：新建”，弹出“参数属性”面板→输入“名称：毕业设计题目”，选择“参数类型：文字”，单击“确定”，如图 5.31 所示。如此多次，可创建多个共享参数，如图 5.32 所示。

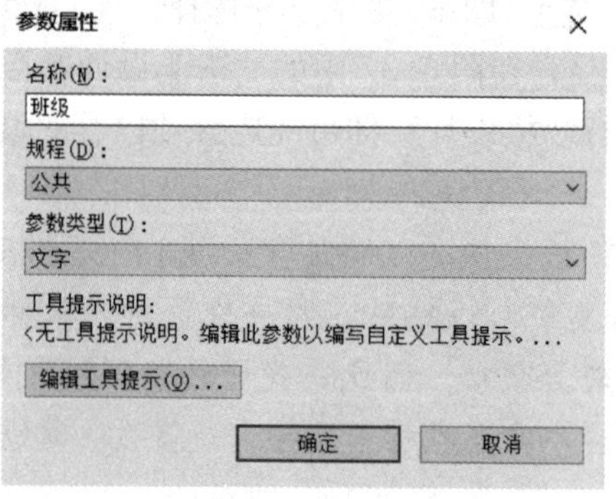

图 5.31　“参数属性”面板

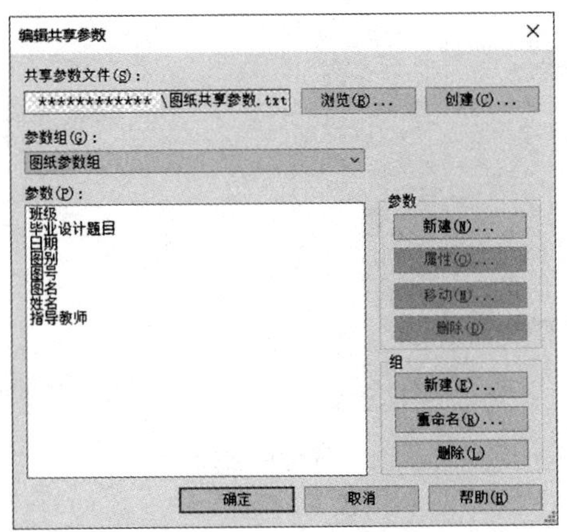

图 5.32　“编辑共享参数”面板

创建标签：进入“创建”选项卡→单击“(标签)”→在图 5.30 中的“毕业设计题目”右侧空白处单击，弹出“编辑标签”面板，单击“(添加参数)”→弹出“参数属性”面板，单击“选择”→选择“毕业设计题目”，如图 5.33 所示→两次单击“确定”即可返回“编辑标签”面板→保持“毕业设计题目”字段为默认选择状态，单击“(添加参数)”图标，修改“样例值：高校行政楼设计”，单击“确定”，如图 5.34 所示。至此，成功将“毕业设计题目”参数以标签（显示为“高校行政楼设计”字样）的形式布置在了标签栏中。同理，读者可按上述方法创建如图 5.35 所示的其他标签。

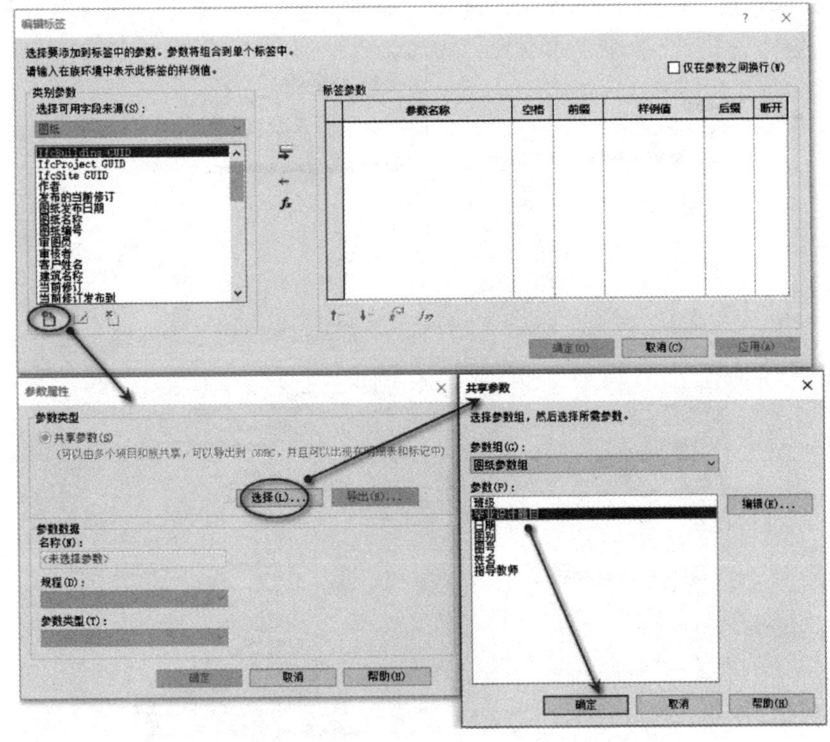

图 5.33　族环境中利用共享参数创建标签参数

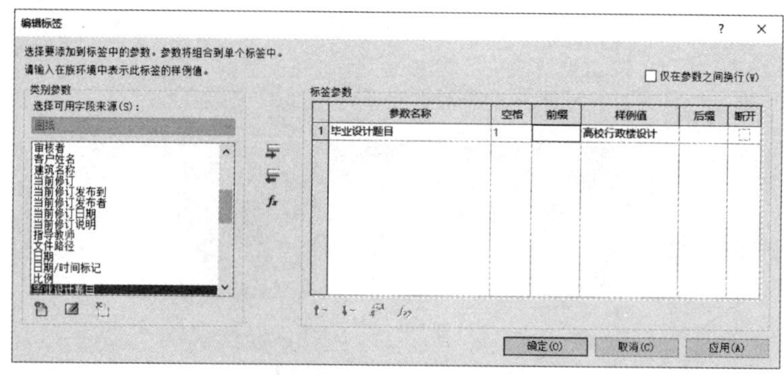

图 5.34　将参数添加至标签

×××大学建筑工程学院		毕业设计题目	高校行政楼设计		
班级	17土木2	首层平面图		图别	建施
姓名	张同学			图号	建施-01
指导教师	郎老师			日期	2021.06

图 5.35　参数化标题栏

使用共享参数图纸：将文件保存为“A2 参数化图框 . rfa”，并关闭项目文件→打开“2-6 幕墙和卫生间 . rvt”文件→进入项目编辑环境，单击“视图”选项卡中的“（图纸）”工具→弹出“新建图纸”面板，单击“载入”，载入之前保存的“A2 参数化图框 . rfa”文件，单击“确定”→绘图区出现了该图框。此时图框中的标签位置应是空白的。

同步共享参数：如图 5.36 所示，进入“管理”选项卡，单击“（项目参数）”图

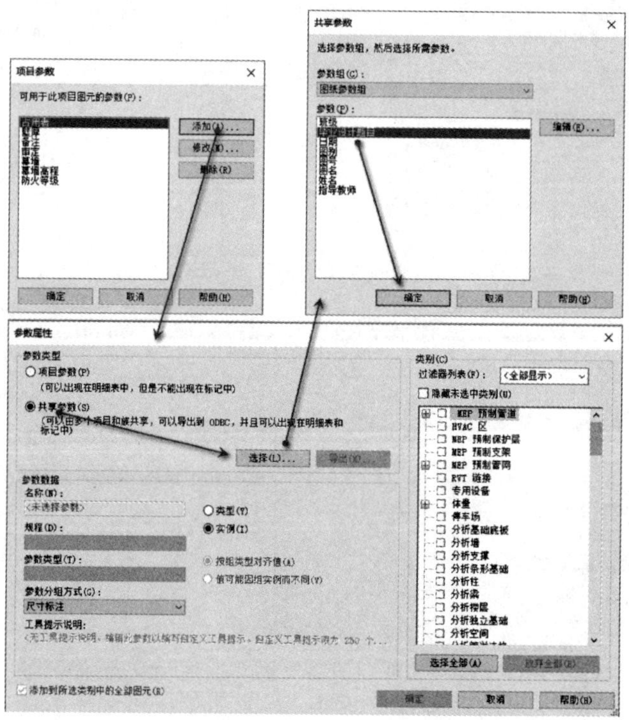

图 5.36　项目环境中同步共享参数

标→弹出“项目参数”面板，单击“添加”→跳出“参数属性”面板，选择“共享参数”，单击“选择”→（若弹出“找不到共享参数文件”提示，则单击“是”继续，进入“编辑共享参数”后单击“浏览”找到之前保存的“图纸共享参数.txt”即可，单击“确定”）→弹出“共享参数”面板，选择“毕业设计题目”，单击“确定”→返回“参数属性”面板，勾选图 5.37 中的“类别：项目信息”，两次单击“确定”→返回“管理”选项卡，单击“ （项目信息）”→弹出“项目信息”面板，可在图 5.38 所示位置输入“某高校行政楼设计”，单击“确定”后，图纸标签栏即出现相应字样。

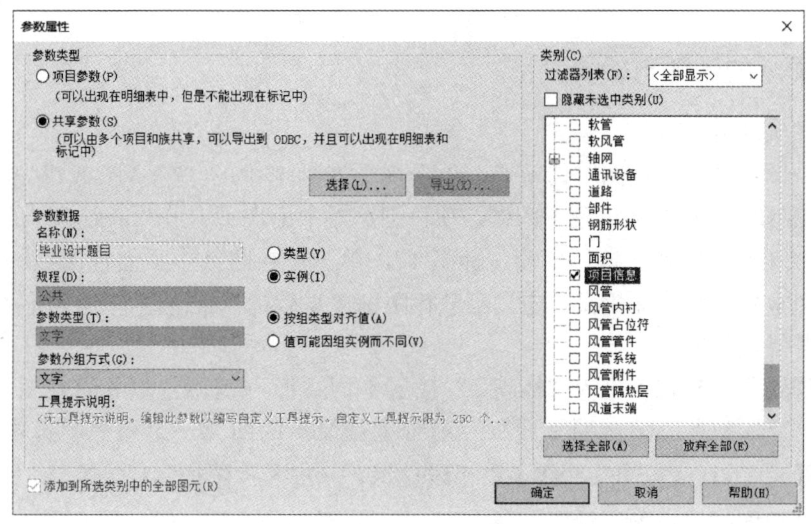

图 5.37　共享参数的类别设置

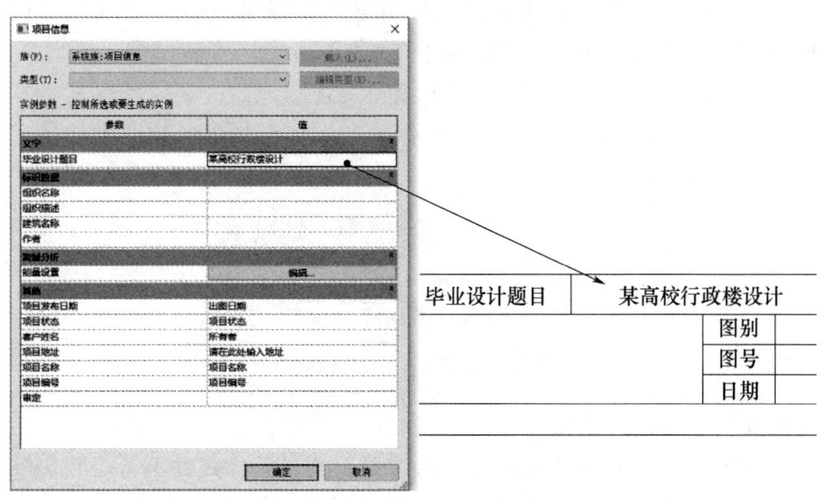

图 5.38　“项目信息”的共享参数

请读者按此步骤设置其他共享参数，注意“图别”“图号”和“图名”的参数类别应设置为“图纸”，其他共享参数仍设置为“项目信息”。在设置好全部共享参数后，按两下 Esc 键取消所有命令，出现图纸属性面板（注意不是图框属性面板）时，即可输入“图纸”类别的共享参数值，如图 5.39 所示。

毕业设计题目
某高校行政楼设计
图别
建施
二层平面图
图号
日期
2016

图 5.39 “图纸”的共享参数

5.4.3 图纸的创建与输出

(1) 图纸的创建

放置视图：进入“视图”选项卡，单击视图选项卡中的“(图纸)”工具→选择“A2 参数化图框”，绘图区出现了图框，项目浏览器中出现了“J0-1-未命名”的图纸→单击“(视图)”，选择“楼层平面：标高 1”，单击“在图纸中添加视图”→在合适的位置单击以放置视图。无论是自定义参数化图框还是软件自带的图框，使用它们创建图纸的方法都是类似的。

调整视图显示样式：进入“标高 1”楼层平面视图→使用“永久隐藏图元 (EH)”命令隐藏“立面符号”“参照平面”等不希望被显示的图元→进入视图选项卡，关闭“(细线)”工具（视图某些线条以粗线显示）→进入视图控制栏，确认“详细程度：粗略”和“视图样式：隐藏线”。

调整视图标题：双击项目浏览器中的“J0-1-未命名”，返回图纸→单击选择放置的“标高 1”视图（非视图标题）即可激活视图标题下的横线→拖动横线端部控制点即可调整其长短→按 Esc 键退出命令，单击视图标题，当光标变成“(移动标志)”时，将其移动至合适位置→单击选择放置的“标高 1”视图，修改视口实例属性“图纸上的标题：首层平面图 1∶100”，如图 5.40 所示。结合前面共享参数图纸的使用方法，最终可得到图 5.41 所示结果。

图 5.40 视图标题名称修改

(2) 图纸视图显示样式调整

默认的平面图、立面图和剖面图中，构件图元的显示样式并不符合我国建筑制图规范和习惯，需要对其显示样式进行修改。例如，平面视图中的结构柱截面应涂黑表示，剖切符号以上的楼梯部分应不显示。

柱截面涂黑样式：单击“(材质)”工具图标，弹出“材质浏览器”面板→找到结构柱使用的材质“柱-混凝土-现浇”→进入“图形”面板，修改界面填充图案“前景：图案（实体填充）”和“前景：颜色（黑色）”，单击“确定”即可。

剖切符号以上楼梯不显示：进入楼层平面视图（如“标高 1”）→进入“可见性/图

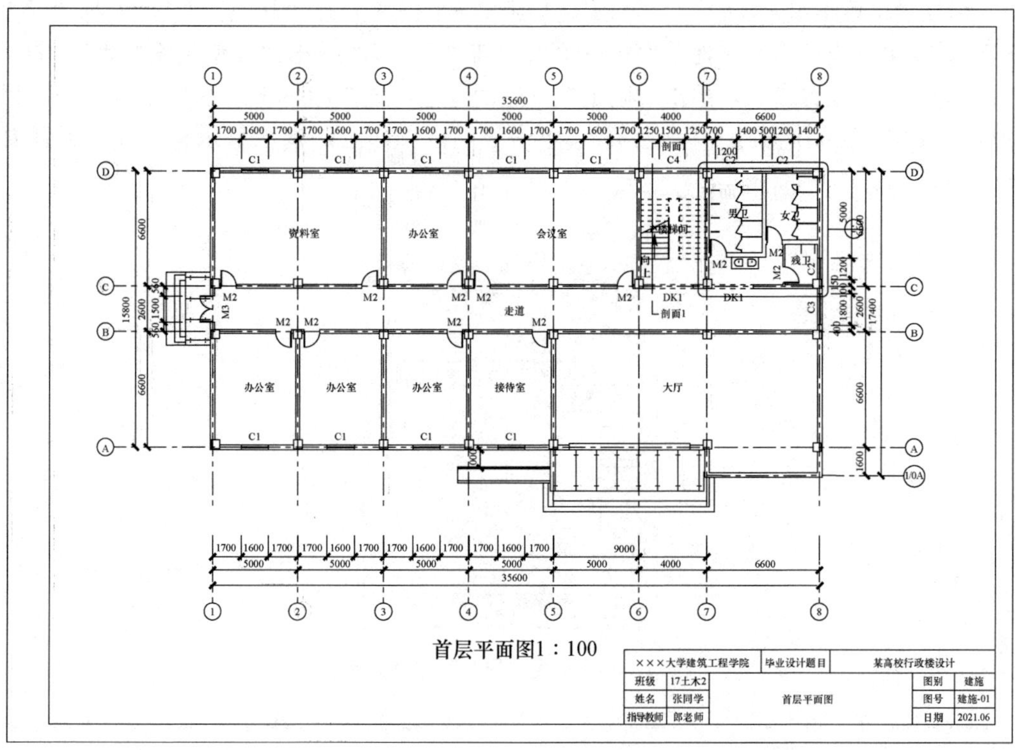

图 5.41　首层平面图图纸

形替换”面板，在“模型类别”面板中找到“栏杆扶手”项目和“楼梯”项目→按图 5.42所示取消勾选相应选项，单击“确定”即可。

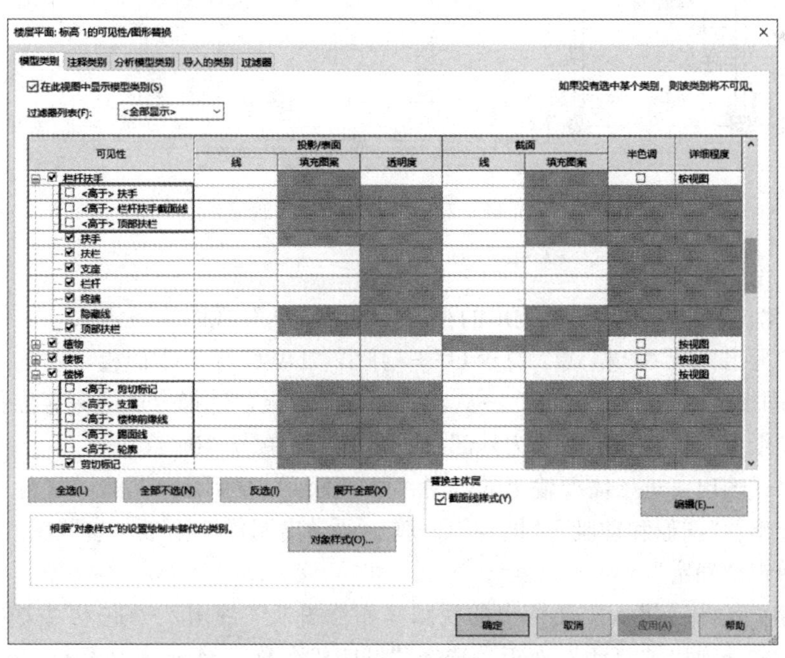

图 5.42　“栏杆扶手”和“楼梯”构件显示设置

标高线中段不显示：进入“管理”选项卡→单击并展开“其他设置”，选择“线型图案”，弹出“线型图案属性”面板→单击“新建”，再次弹出“线型图案属性”面板，按图 5.43 所示设置参数，单击“确定”→返回视图，选择标高线，并进入“类型属性”面板→修改“线型图案：中段隐藏”，单击“确定”即可。视图显示样式调整结果如图 5.44所示。

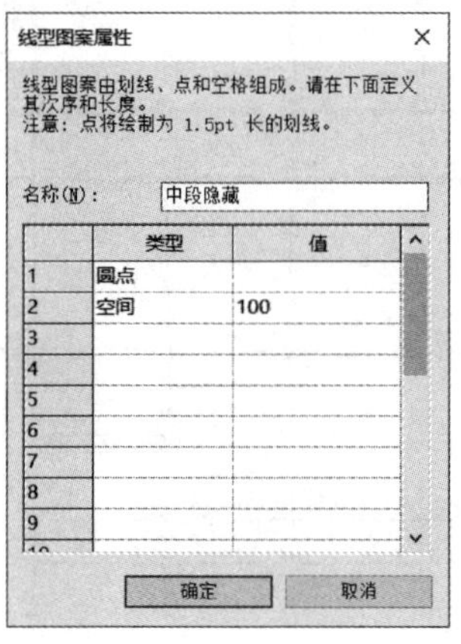

图 5.43　线型图案属性设置

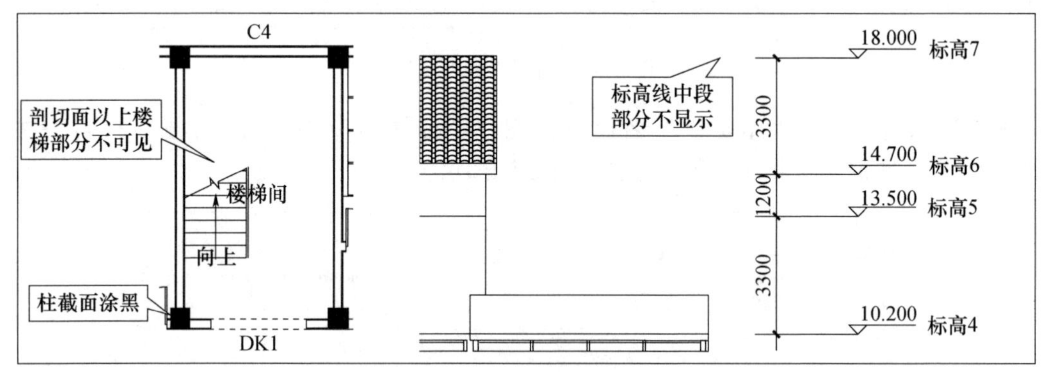

图 5.44　部分视图显示样式调整

（3）图纸输出

DWG 格式输出：进入需要输出的视图（如“图纸”视图）→进入“文件”菜单→依次选择“导出”“CAD 格式”“DWG”→弹出“DWG 导出”面板，确认“导出：仅当前视图/图纸”，单击“下一步”→弹出“保存”面板，选择合适的保存位置，并取消勾选“将图纸上的视图和链接作为外部参照导出”→单击“确定”。

图片格式输出：进入需要输出的视图（如“图纸”视图）→进入“文件”菜单→依次选择“导出”“图像和动画”“图像”→弹出“导出图像”面板，参照图 5.45 所示进行设置，单击“确定”。

PDF 格式输出：进入需要输出的视图（如“图纸”视图）→进入“文件”菜单→选择“打印”→弹出“打印”面板，选择“打印机名称：Microsoft Print to PDF”，单击“确定”。

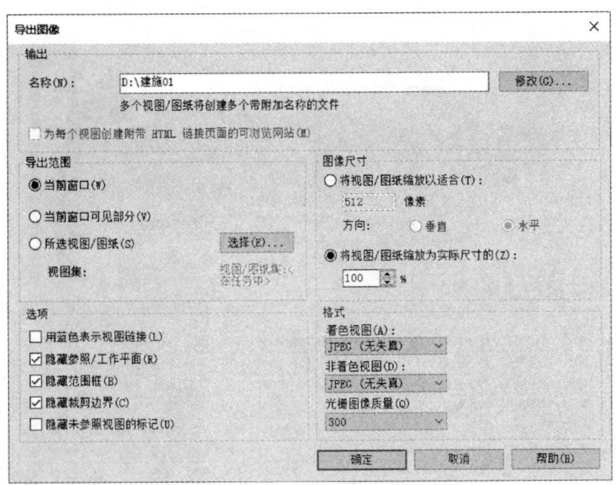

图 5.45　导出图像设置

5.5　碰撞检查与碰撞优化

5.5.1　碰撞检查

碰撞检查：打开“5-3 碰撞检查 . rvt”文件→进入“插入”选项卡，单击“（管理链接）”工具图标，弹出“管理链接”面板→确认“3-1 混凝土结构 . rvt”处于“已载入”状态，单击“确定”，如图 5.46 所示→进入“协作”面板，单击并展开“碰撞检查”，选择“运行碰撞检查”，按图 5.47 设置碰撞检查对象，单击“确定”→弹出“冲突报告”对话框（选择冲突项目，相应模型即高亮显示）→单击“导出”，即可生成 html 格式报告。如图 5.48 所示。

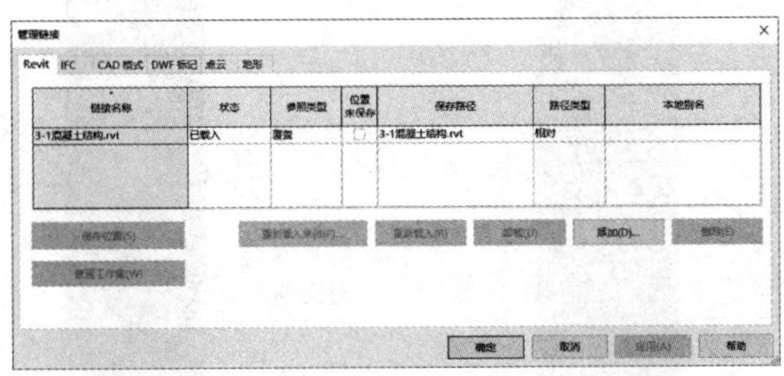

图 5.46　管理链接面板

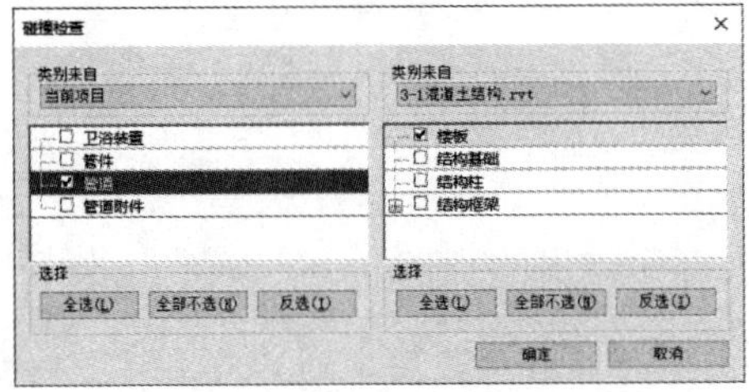

图 5.47　碰撞检查设置

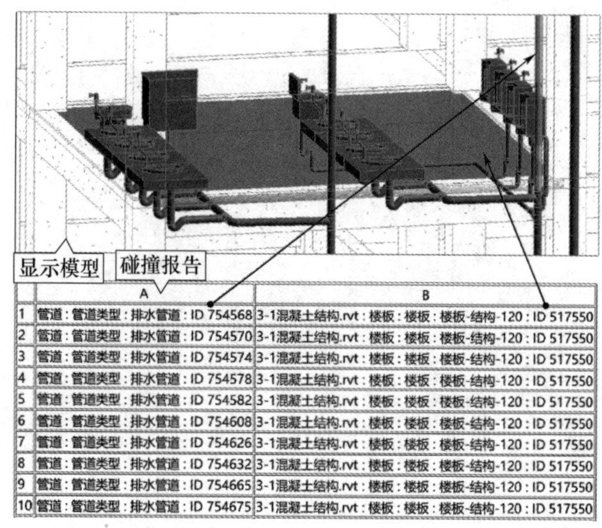

	A	B
1	管道：管道类型：排水管道：ID 754568	3-1混凝土结构.rvt：楼板：楼板：楼板-结构-120：ID 517550
2	管道：管道类型：排水管道：ID 754570	3-1混凝土结构.rvt：楼板：楼板：楼板-结构-120：ID 517550
3	管道：管道类型：排水管道：ID 754574	3-1混凝土结构.rvt：楼板：楼板：楼板-结构-120：ID 517550
4	管道：管道类型：排水管道：ID 754578	3-1混凝土结构.rvt：楼板：楼板：楼板-结构-120：ID 517550
5	管道：管道类型：排水管道：ID 754582	3-1混凝土结构.rvt：楼板：楼板：楼板-结构-120：ID 517550
6	管道：管道类型：排水管道：ID 754608	3-1混凝土结构.rvt：楼板：楼板：楼板-结构-120：ID 517550
7	管道：管道类型：排水管道：ID 754626	3-1混凝土结构.rvt：楼板：楼板：楼板-结构-120：ID 517550
8	管道：管道类型：排水管道：ID 754632	3-1混凝土结构.rvt：楼板：楼板：楼板-结构-120：ID 517550
9	管道：管道类型：排水管道：ID 754665	3-1混凝土结构.rvt：楼板：楼板：楼板-结构-120：ID 517550
10	管道：管道类型：排水管道：ID 754675	3-1混凝土结构.rvt：楼板：楼板：楼板-结构-120：ID 517550

图 5.48　冲突报告

5.5.2　碰撞优化

关闭“5-3 碰撞检查 . rvt”文件，并打开“3-1 混凝土结构 . rvt”文件→在竖管位置对楼板进行开洞，保存“3-1 混凝土结构 . rvt”文件，并打开“5-3 碰撞检查 . rvt”文件→再次进入“协作”选项卡，执行“碰撞检查”工具，结果显示：图 5.49 所示位置碰撞消失。同理，读者可自行根据碰撞报告优化其他碰撞点。

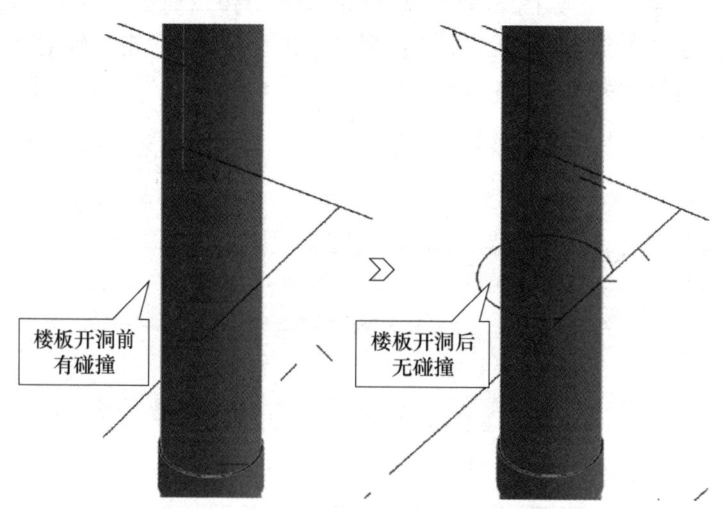

图 5.49　碰撞优化前后示意图

【思考与练习】

（1）如何创建二维详图，并在平面视图中创建对该详图的索引？

（2）试创建与二维剖面相应的三维剖切视图。

(3) 族编辑环境中有哪些基本工具?

(4) 试创建门、窗、结构柱和钢筋的明细表。

(5) 试利用“共享参数”创建A1图框。

(6) 试将详图布置在图纸上，注意观察索引符号的变化，并理解其含义。

6 BIM 可视化工作流程

【学习目标】

（1）掌握 BIM+Twinmotion 工作流程；
（2）掌握模型导入合并方式的区别与应用；
（3）掌握 Twinmotion 输出可视化成果。

在 BIM 的应用流程中，成果可视化是一项重要的工作。它不仅需要对模型进行合适的材质处理和灯光设置，渲染制作三维图片，还需创作一些简单的场景动画用以直观表达设计意图或施工工艺流程。本书使用 Twinmotion 2021.1.4 版软件介绍成果可视化的操作流程，包括 Twinmotion 的基本操作、效果图渲染、场景漫游等动画。读者可以进入官方网站 www.twinmotion.com 免费申请 Twinmotion 教育版，教育版与商业版的使用功能无差别。关于 Twinmotion 2022 版的新增功能请参见 7.35 节。

6.1 Revit+Twinmotion 工作流程

将 Revit 模型文件导入到 Twinmotion 软件中，需安装 Datasmith 插件。安装完毕后，打开 Revit 软件，即可发现软件界面中添加了 Datasmith 选项卡。该选项卡界面较为简洁，包括：模型同步、关联状态、模型导出以及信息提示四大功能，如图 6.1 所示。

图 6.1 Revit 软件界面中的 Datasmith 选项卡

注意：Twinmotion 软件及 Datasmith 插件可在网站 www.twinmotion.com/en-US/plugins/revit 中下载并安装。如读者使用的是较早版本的软件，可选择相应的老版本插件（老版本插件在 Revit 中的选项卡名称显示为“Twinmotion2020”，如图 2.2 所示）。

不同的项目需求对 Revit+Twinmotion 工作流程有不同的影响，本书仅给出基本应用流程供学习软件基础功能，如图 6.2 所示。通过 Datasmith 插件，可以在 Revit 软件和 Twinmotion 软件之间建立模型数据的桥梁。利用 Revit 软件创建的信息模型应具有合适的材质名称。为了便于导入的模型归类和动画创建，材质的命名可以采用“分部分项工程-构件-材质”方式，例如“二层-卫生间-地面-白色瓷砖”。当 Revit 模型和材质命名均已完成时，可以通过两种方式将模型传递到 Twinmotion 中：方法一是直接传递方式，即使用“模型同步（Synchronize）”功能将模型直接传递到 Twinmotion 软件中进行浏览，便于 Twinmotion 软件中的模型显示和分类与 Revit 保持一致；方法二是间接传递方式，即通过“模型导出（Export 3D View）”功能将模型导出为“. udatasmith”格式，再由 Twinmotion 的导入功能将其导入。该方法便于对模型进行本地化调整、修改和管理。按合并方式不同可将模型导入方式分为三种：“保留层次”“按材质合并”和“合并全部”。实践中，往往需要根据项目实际需要选择不同的模型传递方式与模型合并方式。

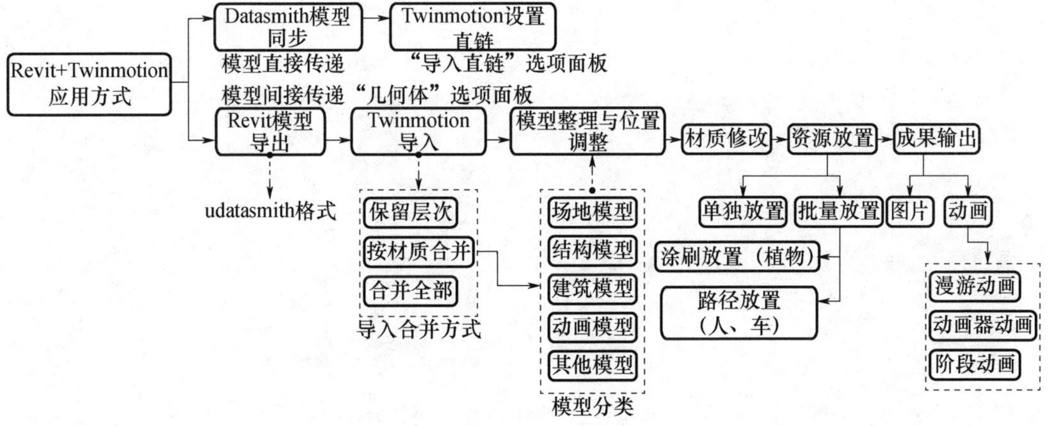

图 6.2　Revit＋Twinmotion 基础工作流程

由于 Revit 软件自身材质资源往往不能满足高质量模型渲染输出的需要，模型导入到 Twinmotion 软件后，一般需要根据可视化要求对材质进行替换或调整。然后，利用 Twinmotion 软件提供的内置资源或在线资源（Quixel Megascans）对场景进行素材布置。在 Twinmotion 软件中完成了所有模型的设置后，可使用动画器工具（Animators），并结合镜头的变化对场景动画进行创建。最后，Twinmotion 软件提供了简单易用的成果输出功能，可一键渲染并输出所有预设置的照片、视频或全景图片。

6.2　Twinmotion 的基本操作

6.2.1　Twinmotion 的启动与界面

打开 Epci Games Launcher 图标，进入“启动器”界面，如图 6.3 所示。进入 Twinmotion 面板并选择 Twinmotion（2021.1.4）后，单击“启动”按键，即可启动该版本的 Twinmotion。进入 Twinmotion 软件的初始界面，依次单击顶部菜单“Edit”“Preferences”，弹出“偏好设置”面板，进入 APPEARANCE 选项，将 Language 设置为“中文”。打开预览视窗右上角的“👁（视图控制）”工具，并选择最后一个“隐藏导航”，即可得到如图 6.4 所示的中文初始界面。软件界面布局如下：

图 6.3　Epci Games Launcher 界面

图 6.4　Twinmotion 软件界面

菜单栏：位于图 6.4 软件界面的顶部，设置有“文件”“编辑”和“帮助”三个菜单，可以对文件进行保存、导入、合并、撤销等基本操作。单击“帮助”→选择“快捷键”→选择“中文”，可打开 Twinmotion 软件的中文版快捷键文档，如图 6.5 所示。

预览视窗：位于菜单栏的下方，对模型的操作，都将在此视窗实时显示效果，是软件界面区域面积最大的部分。单击预览视窗右上角的“■（视窗最大化）”图标，可最大化显示预览视窗；单击“↗（最大化）”图标，可满屏显示软件，并自动隐藏菜单栏部分。

视图控制：位于“预览视窗”的右上角，呈眼睛形状，单击该图标后出现更多视图控制选项，如场景时间、移动速度、视图显示方式、导航面板等。

边栏资源库：位于预览视窗的左侧（默认隐藏），如图 6.6（a）所示。Twinmotion 软件内置丰富的资源和素材，包括材质、人物、车辆等，可以在资源库中直接使用，同时也提供在线资源（Quixel Megascans）供联网下载使用。

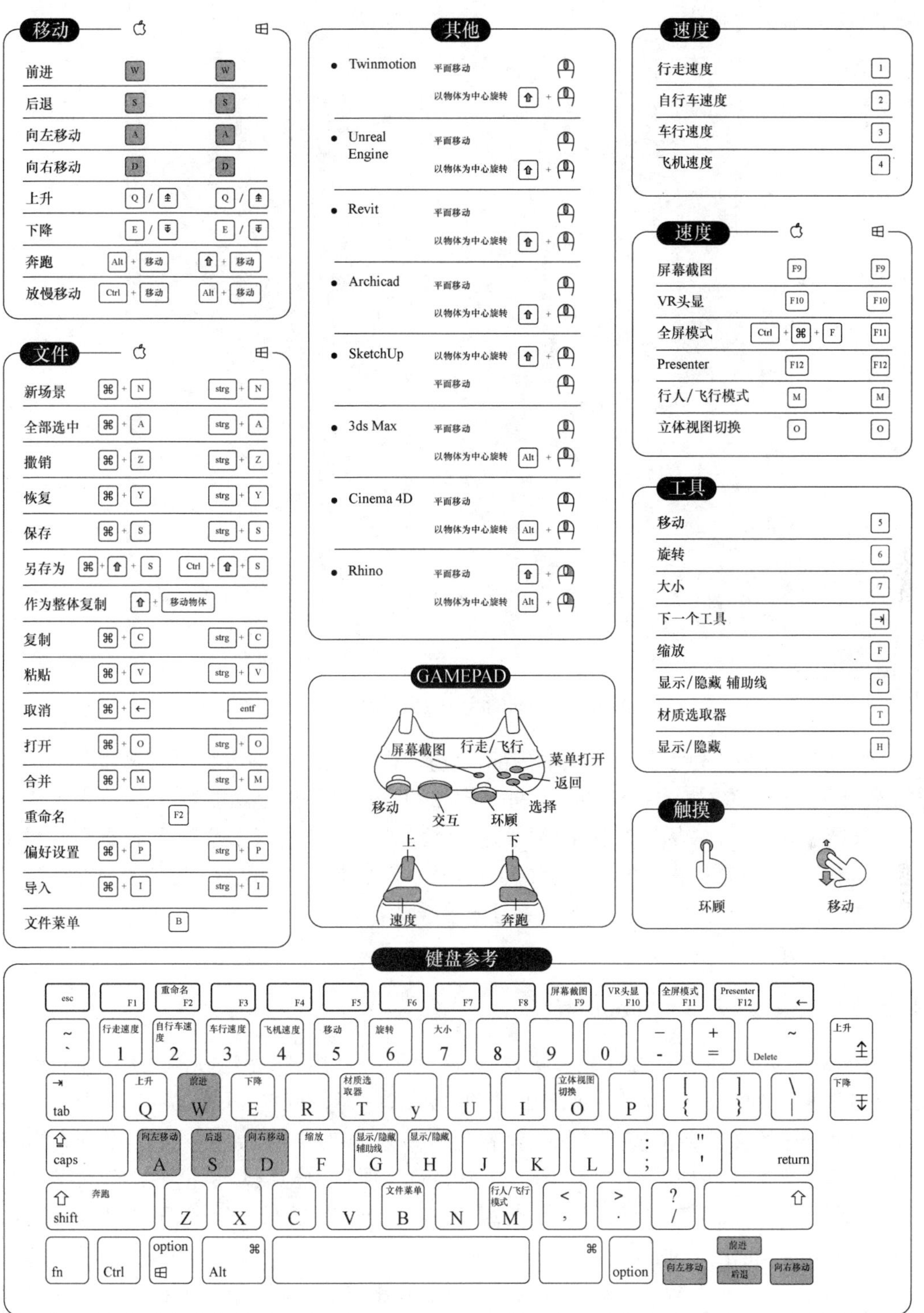

图 6.5　Twinmotion 快捷键

边栏物件库：位于预览视窗的右侧（默认隐藏），如图 6.6（b）所示。当模型被导入 Twinmotion 中，或通过“边栏资源库”放置素材后，在物件库中可以对模型进行查阅、删除、替换等操作。

(a) 资源库　　(b) 物件库

图 6.6　Twinmotion 边栏（默认隐藏）

场景控制面板：位于软件界面的底部，设置有“导入（Import）”“环境（Context）”“设置（Settings）”“媒体（Media）”和“导出（Export）”五个功能面板。

汉堡菜单：位于“场景控制面板”的左上角，单击“☰（汉堡菜单）”图标后将显示更多选项。汉堡菜单中提供的工具选项与顶部菜单栏基本一致，仅为了方便用户操作。

注意：为了避免软件中部分中文翻译产生歧义，本章 6.4 节和 6.5 节内容将以英文界面为例进行介绍。

6.2.2　Revit 导入 Twinmotion

在 Revit 软件中打开“2-7 场地规划 . rvt”项目→利用“隔离图元（HI）”工具将场地模型单独隔离出来→进入 Datasmith 选项卡，单击“⇨（Export 3D View）”工具图标→选择合适的文件夹位置，文件名设置为“01 场地 . udatasmith”，单击“保存”即可完成模型导出。同理，在“2-7 场地规划 . rvt”项目中隐藏场地模型，单独导出为“02 建筑 . udatasmith”；打开“3-1 混凝土结构 . rvt”项目，完整导出“03 结构. udatasmith”，如图 6.7 所示。

打开 Twinmotion 软件，单击场景控制面板中的“⊕（导入）”工具图标→弹出如图 6.8 所示对话框，展开选项并修改“合并：保留层次”，单击“打开”→出现“导入”面板，选择之前保存的“01 场地 . udatasmith”文件→依次单击“打开”“确定”即可→同理，需导入“02 建筑 . udatasmith”和“03 结构 . udatasmith”→通过键盘上的四个按键“W”“A”“S”“D”和鼠标右键，控制视窗显示为如图 6.9 所示方位→打开视窗右

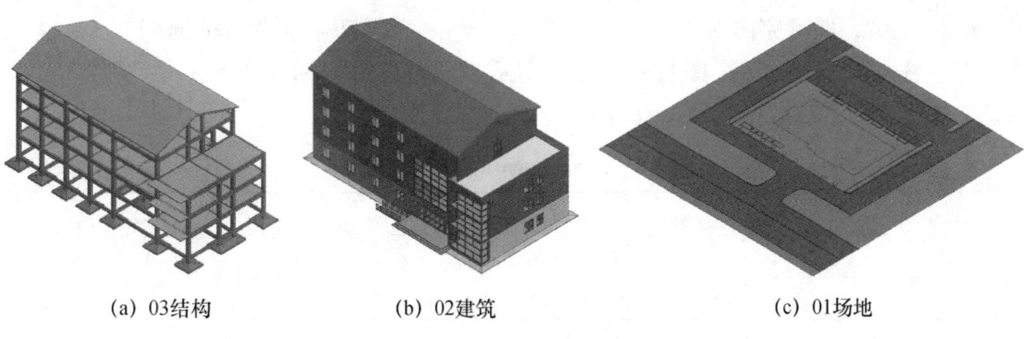

图 6.7 Revit 导出模型

侧的“边栏物件库”，选择物件库中的“Starting Ground”→进入“变形”面板，设置位置“Z：-1.8”（因建筑模型的基础底标高为-1.8m）。如图 6.9 所示样式。

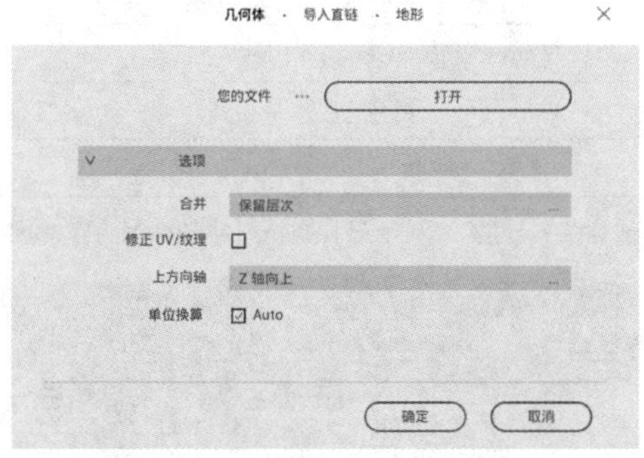

图 6.8 Twinmotion 导入对话框

图 6.9 Twinmotion 导入模型并调整位置

6.2.3 材质替换

单击“材质选取器🖉”点选图 6.11 所示的①位置，进入视窗左侧的“边栏素材库”面板，依次单击“材质→地面→土地”文件夹，将 Grass1 材质拖动到的“材质预览区”→

尺寸输入“10”，即可完成材质替换，如图6.10所示。同理，读者可根据表6.1对主要材质进行替换，并对所替换的材质参数进行适当调整，将得到如图6.11所示场景，将场景文件保存为“行政楼场景.tm”。

表6.1　Twinmotion主要材质创建表

位置序号	Twinmotion素材库材质	材质调整
①	材质→地面→土地→Grass 1	尺寸：10
②	材质→地面→人造地面→Asphalt 1	尺寸：10
③	材质→地面→人造地面→Pavement tiles 3	尺寸：5
④	材质→石头→Stone wall 3	尺寸：10
⑤	材质→砖→Clean brick 01	尺寸：10
⑥	材质→屋顶→Roof covering 18	尺寸：10
⑦	材质→玻璃→Blue tinted glass	（默认）
⑧	材质→瓷砖→Ceramic tiles 9	尺寸：10
⑨	黄色	（默认）
⑩	材质→地面→土地→Dirt	尺寸：5

注：创建纯色材质（如黄色地标线材质⑨），可通过在默认材质基础上清除纹理贴图，并设置黄色创建。

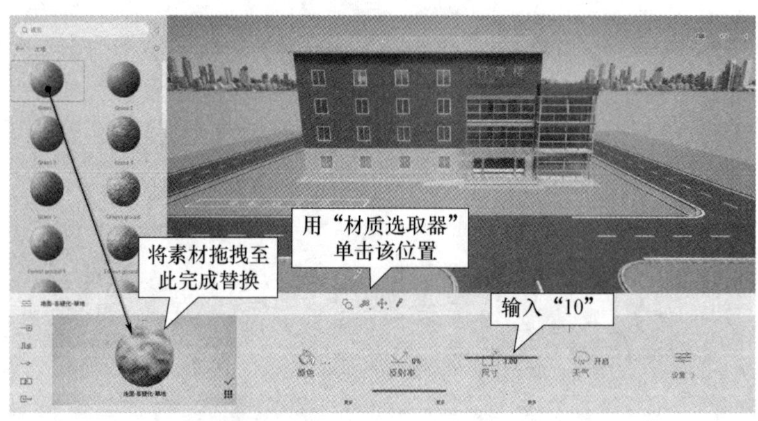

图6.10　材质替换步骤示意图

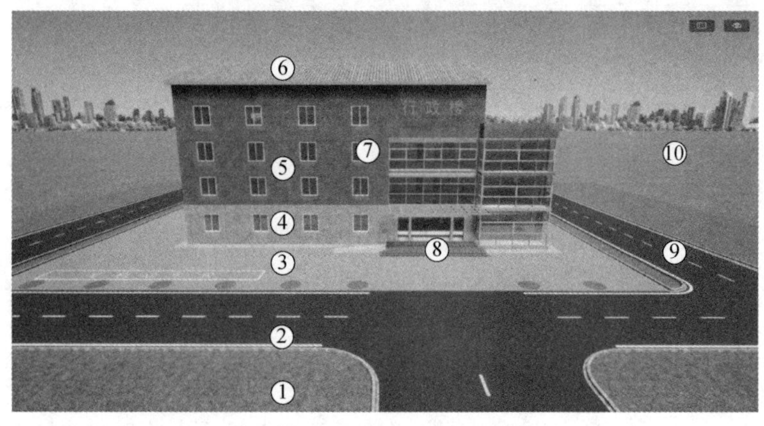

图6.11　材质替换后效果图

6.2.4 素材布置

(1) 单独布置

车辆布置：打开左侧“边栏素材库”，依次打开“车俩→轿车→Sedan01”→在建筑物后方的停车位布置好车辆→使车辆处于被选择状态，结合下方的“颜色”工具，调整车辆颜色，如图 6.12 所示→使车辆处于被选择状态，按住 Shift 键并拖动移动坐标轴可以“阵列复制”→进入右侧“边栏物件库”，右击任意车辆并选择“替换物体”，将其他车辆拖动到下方的“替换框”中，单击“开始替换”即可完成车辆替换，进入右侧“边栏物件库”，右击并选择“新文件夹”，重命名为“停车场车辆”，将之前布置的所有车辆拖动到“停车场车辆”文件夹下→单击“停车场车辆”文件夹左侧的“眼睛”图标，即可控制其隐藏或显示，如图 6.13 所示。读者可利用相同方法为场景布置人物素材。

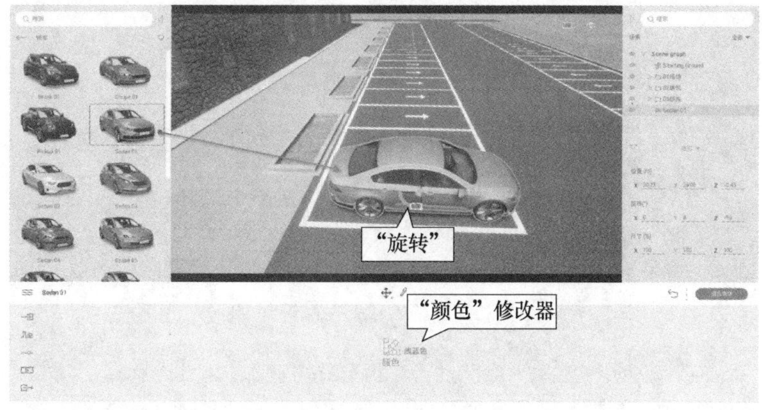

图 6.12 单独放置车辆

图 6.13 复制车辆并替换

绿篱布置：打开左侧“边栏素材库”，依次打开“植被和地形→其他→选择“Laurel hedge”→在图 6.14 位置布置 1 个绿篱，设置变形尺寸为“X：200”“Y：200”“Z：120”并调整其至合适位置，将其复制为多个。同理，读者可自行尝试为该场景布置其他绿植，最终如图 6.15 所示。

图 6.14　单独放置绿篱

图 6.15　放置多种绿植

（2）路径布置

车辆路径布置：单击“预览视窗”右上角的“（视图控制）”工具图标→选择“顶部视图”→进入“环境”控制面板→单击“路径”，选择“车辆路径”→单击“（绘制路径）”工具图标，根据图 6.16 绘制三条路径，并设置相应参数。

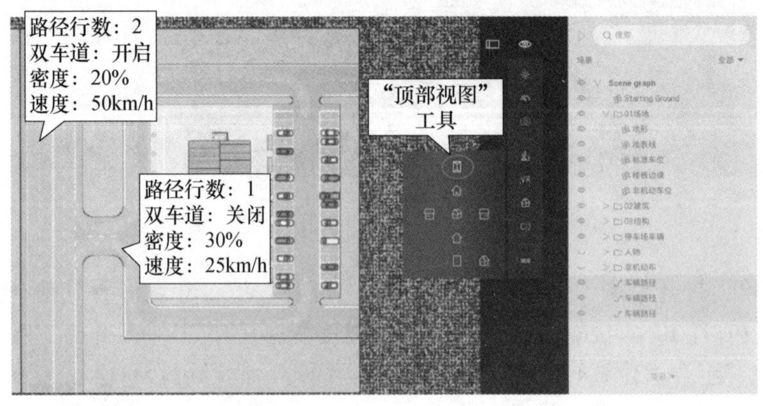

图 6.16　顶视图布置车辆路径

（3）批量布置

粉刷植被（图 6.17）：进入“环境”控制面板→单击“粉刷植被”→根据提示，拖动 Wild Grass 01（密度 40%）、Tall Grass 02（密度 20%）、Dandelions（密度 5%）和 Yarrows（密度 5%）四个素材至下方的面板中→在该面板中选中这四个素材，然后单击“植物绘画”，调整“直径：8m”→在图 6.11 所示的①区域按住鼠标左键进行涂刷→涂刷结束后，在面板中分别点选各植被素材，然后调整各素材“密度”为本段括号内相应数值。

注意：为了避免“植物绘画”工具的误操作，可以使用“”工具对多余植被进行清除。读者也可以使用“散布植被”工具批量布置素材。但由于该工具无法对局部素材进行数量控制，因此该工具往往只在大场景设计中酌情使用。

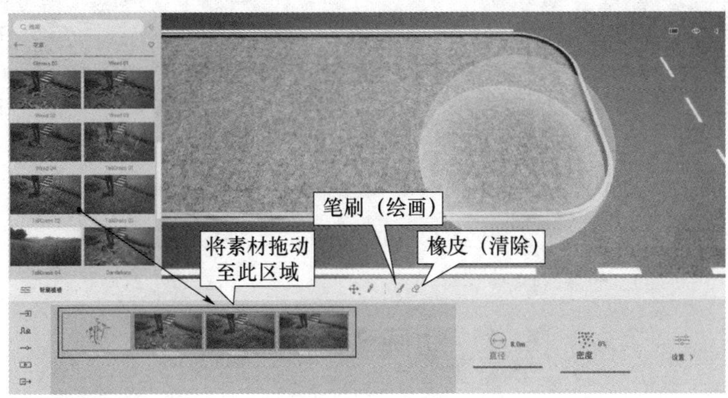

图 6.17　粉刷植被

6.3　图片创建与处理

图片创建：进入“媒体”控制面板→单击“图片”图标→通过键盘上的“W”“A”“S”“D”四个按键和鼠标右键，将镜头移动到合适的位置→单击“⊕（创建图片）”工具图标，即可创建一张预览照片，如图 6.18 所示。

图 6.18　Twinmotion 创建图片

效果处理：光标移动至预览图片，单击右下方出现的“more”，进入“图片”控制面板→单击“摄像头”，进入“摄像头”控制面板→设置“视觉矫正：开启”“景深：开启”，单击“景深”下方出现的“更多”，进入“景深”控制面板→通过“[○]（对焦）”工具将相机焦点定位在“行政楼”模型字上，如图6.19所示。

注意：需将“偏好设置（Ctrl+P）”中的视窗质量修改为“精致”，方能在视窗中实时预览景深效果。

图6.19 景深调节（视窗质量：精致）

6.4 动画创建与处理

6.4.1 镜头漫游动画

关键帧设置：进入“媒体”控制面板→单击“动画”图标→通过键盘上的“W”“A”“S”“D”四个按键和鼠标右键，将镜头移动到合适的位置→单击“创建动画”，即可生成第1个关键帧→将镜头移动到其他合适的位置，单击第一个关键帧右侧的符号“⊕”，即可创建第2个关键帧。如此多次，即可生成多个关键帧→单击“播放▷”可预览动画效果，如图6.20所示。这样，一部镜头漫游动画就完成了，若希望增加第二部动画，只需单击“新视频部分⊞”即可。

注意：若对某关键帧不满意，可将镜头调整到合适的视角后，再将光标移动至关键帧，单击“刷新”即可。

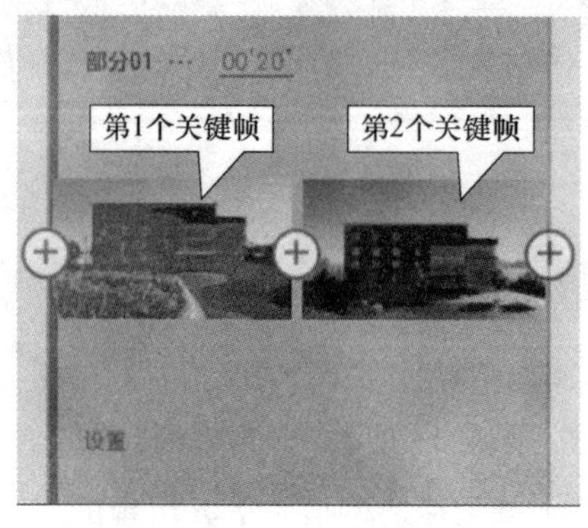

图6.20 关键帧创建预览

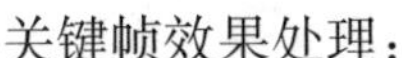
关键帧效果处理：

（1）单击“设置”，进入“位置”面板→修改 Open Street Map 坐标位置，使其调整在中国境内→返回上级面板；

（2）光标移动至第 1 个关键帧，单击“more”进入“设置”面板→进入“天气”面板，设置“增长：0”→进入“摄像头”面板，将摄像机焦点设置在近处的花草上，效果如图 6.21 所示→返回上级面板；

（3）光标移动至第 2 个关键帧，单击“more”进入设置面板→进入“天气”面板，设置“增长：1”→进入“摄像头”面板，将摄像机焦点设置在远处的建筑上，效果如图 6.22 所示→返回上级面板。读者可自行设置各关键帧的其他参数。

图 6.21　第 1 个关键帧（已设置效果）

图 6.22　第 2 个关键帧（已设置效果）

6.4.2　动画器动画

动画器动画的制作往往需要相应的模型（如本例中主入口大门）被单独导入，且合并类型设置为“按材质合并”，否则将给动画器设置带来麻烦。请读者删除 Twinmotion 场景中的建筑主入口大门模型，将“2-7 场地规划 . rvt”项目中的 M1 单独导出为“04M1. udatasmith”，并将其导入到 Twinmotion 软件中。

平移动画：进入左侧“边栏资源库”，单击“工具”→单击“动画器”→单击“平移器”工具→选择“Translator”，移动鼠标至推拉门下方的合适位置，单击鼠标左键进行放置，如图6.23所示→修改“Distance：-0.9m”，进入“More”中修改方向为X，修改Animation为“Once”→修改Trigger为“on”→单击“🔗（链接对象）”工具，当光标变为⚙时，依次选择玻璃门与感应配件等应为向左开启的对象。同理，读者自行设置放置另一个Translator，并关联右侧推拉门。完成后，当移动镜头接近推拉门时，玻璃门将会向两侧开启，当移动镜头远离推拉门时，玻璃门将会关闭。

旋转动画：进入“边栏资源库”，单击“工具”→单击“动画器”→单击“旋转器”工具→选择“Rotator”，并移动鼠标在旋转门的转轴位置进行放置，如图6.24所示→保持Rotator的Angle为“90°”，修改Animation为“Once”→修改Trigger为“on”→单击“🔗（链接对象）”工具，当光标变为⚙时，依次选择玻璃门与把手配件等应为转动开启的对象。由于门把手与转轴配件的材质名称相同，因此关联对象时只需要关联门把手即完成了对所有材质名称与之相同对象的关联。

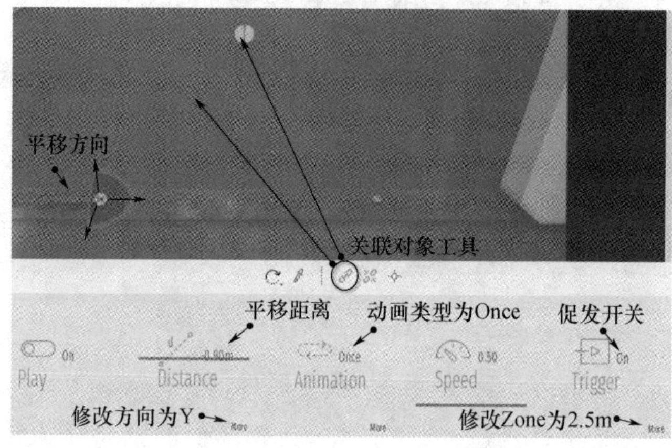

图6.23 Translator动画器设置

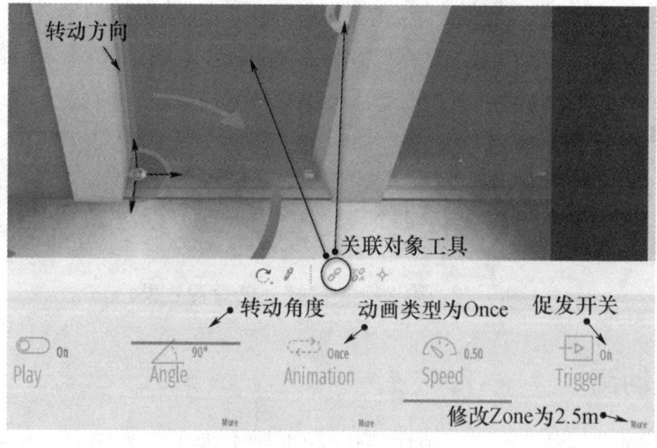

图6.24 Rotator动画器设置

6.4.3 阶段动画

创建阶段条和轨道：进入“Media”控制面板，选择“PHASING”→单击“⊕

(Create Phasing)”图标，出现阶段创建面板，其中已经有了一个“Phase1”阶段条，如图 6.25 所示→单击 Track1 上方的“More”，修改开始时间为“2021 年 7 月 15 日”，返回→选择阶段条，单击“⊕（Create Phase)”，即可创建另一个阶段条→通过拖曳阶段条的端部可以控制其时间长短，通过拖曳阶段条的中间部分可以移动其位置或放置到其他轨道中→修改轨道名称，如图 6.26 所示→选择“准备”阶段条，进入右侧“边栏物件库”并设置仅显示“Starting Ground”→选择“建筑”阶段条，进入右侧“边栏物件库”并设置仅显示“Starting Ground”和“03 结构”→其他同理。至此即可创建可显示不同对象的多个阶段条，如图 6.27 所示。

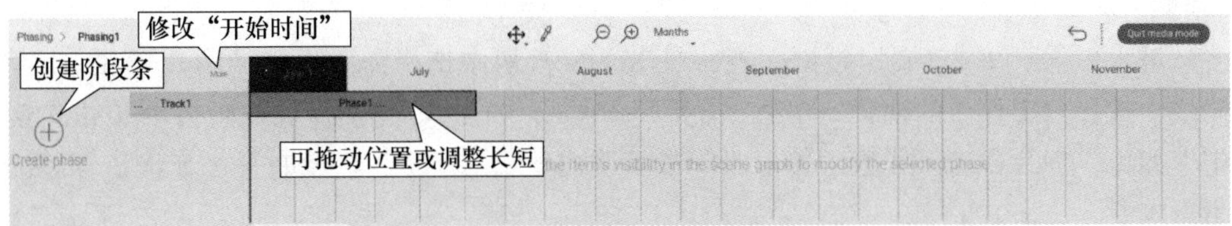

图 6.25　阶段创建面板

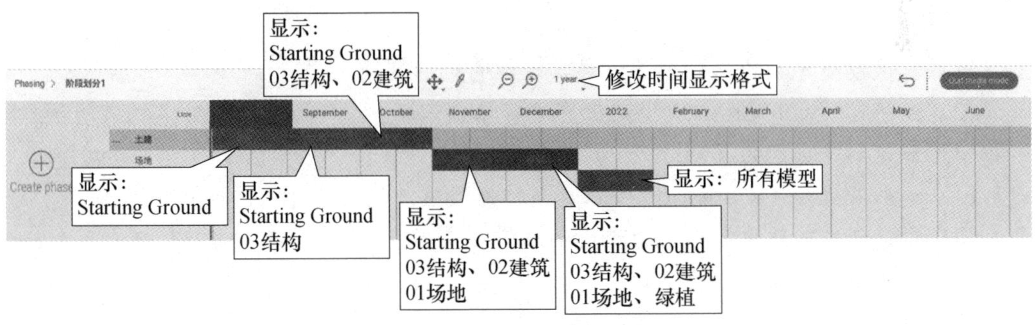

图 6.26　创建轨道和阶段条

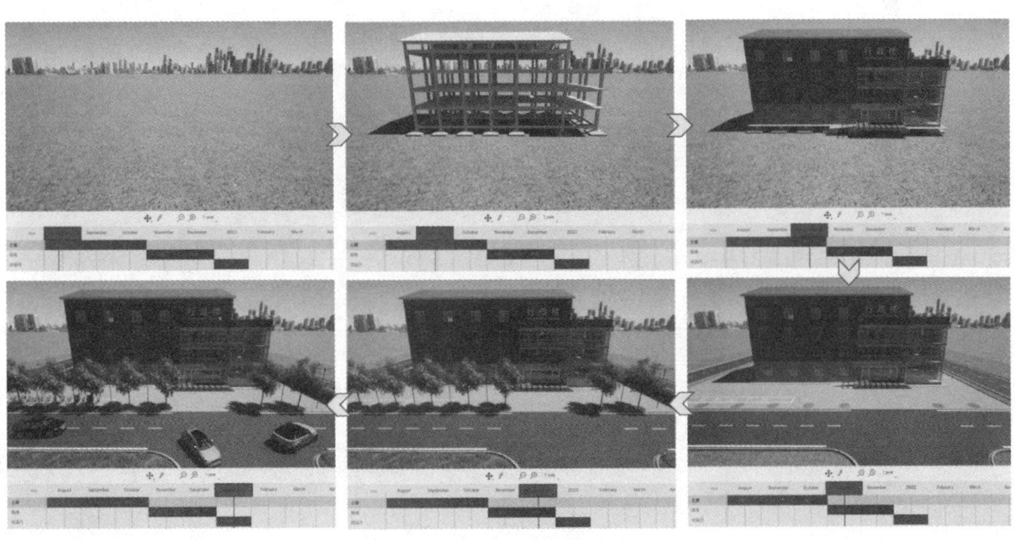

图 6.27　阶段化显示效果

阶段动画：进入“Media”控制面板→选择“video”→单击之前创建的关键帧漫游动画下方的“More”→单击Phasing右侧的选择菜单，并选择“Phasing1”，返回→进入动画编辑面板进行预览，即可发现漫游动画出现了场景阶段的变化。

注意：在显示或隐藏模型对象时应能体会到：如果在Revit软件中对各部分模型材质进行合适的命名以区分不同构件，将会给Twinmotion管理各部分模型带来极大便利。

6.5 成果输出

进入“⇥（Export）”控制面板→在Image模块中选择需要导出的图片→在Video模块中选择需要导出的视频→单击“▷（Start Export）”，并选择导出位置→单击“确定”即可。图片或动画成果的输出时间长短受成果输出质量、视频时长、显卡显存等因素影响。

【思考与练习】

（1）尝试模型导入的三种合并方式，理解它们的区别。

（2）如何对Twinmotion中模型位置进行精确调整？

（3）如何创建自己的Twinmotion材质库？

（4）如果不执行Twinmotion版本更新，能否继续使用软件？

（5）尝试创建建筑逐层生长的阶段动画。

（6）简述创建阶段动画的步骤。

7　常见软件使用问题汇总

7.1　视图控制的基本方式与软件操作习惯

以常见的四键鼠标为例，视图控制的基本方式如下：

缩放视图：滑动中间滚轮键；

平移视图：按下中间滚轮键不放，然后移动鼠标；

旋转视图：进入三维视图，按住 Shift 键+按住中间滚轮键（或右键）不放，然后移动鼠标；

绕物体旋转视图：进入三维视图，选择三维对象，按住 Shift 键+按住中间滚轮键（或右键）不放，然后移动鼠标。

良好的软件操作习惯可以提高软件使用效率。在 Revit 软件中，某个工具命令的操作执行完毕后，习惯上常通过按 Esc 键退出（一般按两次即可完全退出），然后去执行下一个命令。因此建议读者在使用软件时，右手放在鼠标上的同时，左手放在键盘上，随时为按 Esc 键或执行其他快捷键做准备，以提高效率。

7.2　安装 Revit 软件时是否需要断网

如果网速较快且稳定，在安装 Revit 软件过程中无须断网，软件将会自动从服务器中下载族库、项目样板等文件。但若网络不稳定，容易导致下载的族库不完整。因此一般推荐在安装过程中，先联网安装，当软件初始化结束并出现如图 7.1 所示界面时，再断网安装。待安装完成后，在图 7.2 所示位置为提前准备好的离线族库等文件路径进行手动设置。

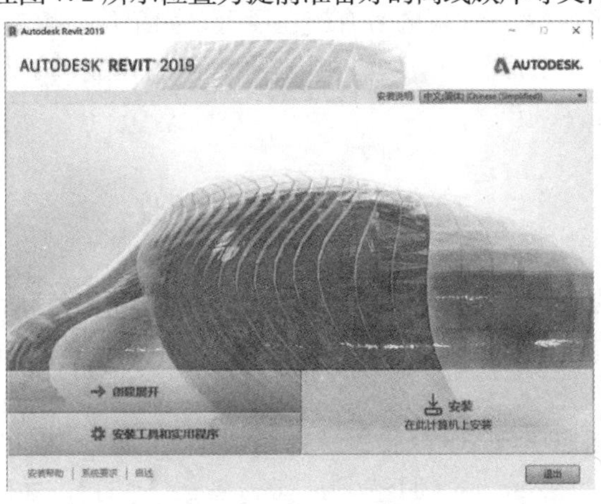

图 7.1　初始化界面

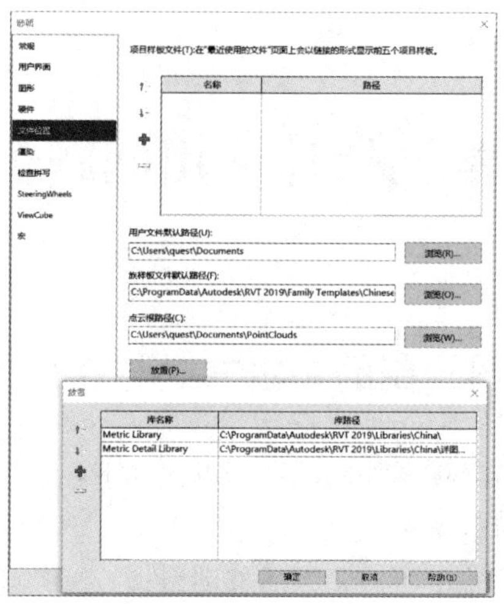

图 7.2　中国版文件夹位置

7.3　每次新建项目或族文件时是否都需要选择样板文件

无论是新建项目文件，还是族文件或体量，都需要选择样板才能新建对应的文件，这种新建项目套用样板文件做法和 Rhino、SketchUp 等软件相似。以中文版软件为例，在新建项目时，用户常常需要在图 2.9（b）所示面板中选择合适的样板文件，以便继续创建项目。实际上，这些样板文件选项都是在"文件→选项→文件位置"中预设好的。

7.4　如何理解项目样板，可以自定义样板文件吗

项目样板提供了项目的初始状态（做了很多符合专业要求的预设置），可以简单地理解为是类似预先设置了字体大小、背景图片等的 PowerPoint 母版文件。因此，基于样板的任意新项目均继承来自样板的所有族、设置（如单位、填充样式、线样式、线宽和视图比例），以及几何图形。Revit 软件针对中文版用户提供了基础样板文件。当然，读者也可以创建自己的样板文件。

7.5　软件语言修改

Revit 软件在安装过程中，会自动根据 Windows 系统语言判断 Revit 软件的默认安装语言。若在软件安装成功后，希望修改软件语言，例如将中文修改为英文，可按以下步骤进行操作：

右击桌面 Revit 图标→单击"属性"→弹出"Revit 2019 属性"面板→进入"快捷方式"选项卡→修改"language CHS"为"language ENG"，如图 7.3 所示→启动软件，软件界面语言即为英文，如图 7.4 所示。如果希望改回中文界面，按上述步骤进行

相反操作即可。

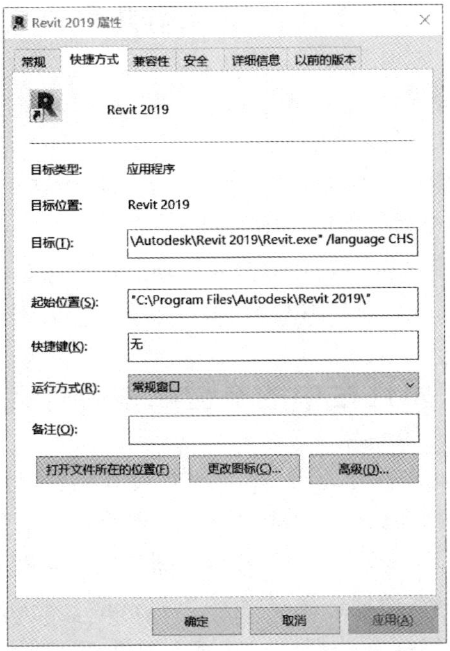

Revit 2019 属性

常规 | 快捷方式 | 兼容性 | 安全 | 详细信息 | 以前的版本

Revit 2019

目标类型: 应用程序

目标位置: Revit 2019

目标(T): \Autodesk\Revit 2019\Revit.exe" /language CHS

起始位置(S): "C:\Program Files\Autodesk\Revit 2019\"

快捷键(K): 无

运行方式(R): 常规窗口

备注(O):

打开文件所在的位置(F) | 更改图标(C)... | 高级(D)...

确定 | 取消 | 应用(A)

图 7.3　Revit 2019 软件语言修改面板

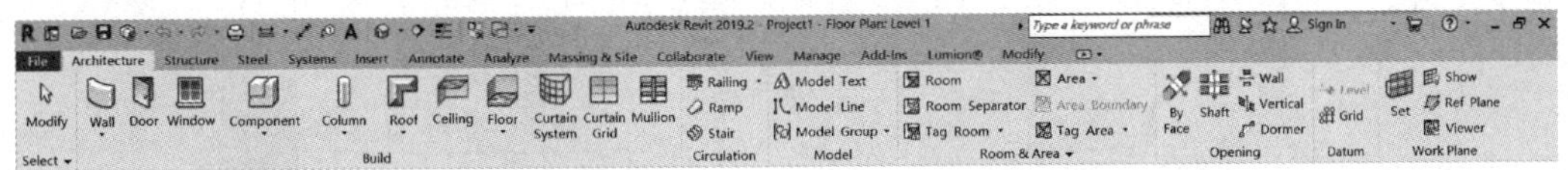

图 7.4　Revit 2019 软件英文版界面

7.6　为什么立面标头是方形的，而不是圆形的

读者在选择“建筑样板”新建项目并进入平面视图，会发现绘图区的立面标志是方形“◻”的，并不是圆形“◯”的样式。这是因为没有使用中国样板文件导致的，我们可以通过：单击“文件”菜单→单击“选项”→进入“文件位置”面板，将图 7.5 所示的样板修改为 China 文件夹里的对应样板。

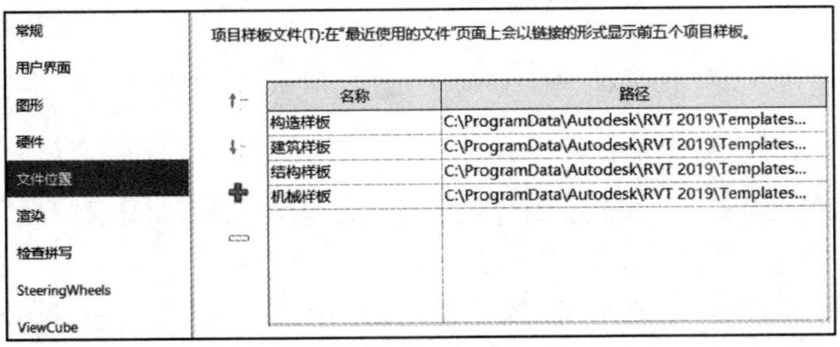

常规
用户界面
图形
硬件
文件位置
渲染
检查拼写
SteeringWheels
ViewCube

项目样板文件(T):在“最近使用的文件”页面上会以链接的形式显示前五个项目样板。

名称	路径
构造样板	C:\ProgramData\Autodesk\RVT 2019\Templates...
建筑样板	C:\ProgramData\Autodesk\RVT 2019\Templates...
结构样板	C:\ProgramData\Autodesk\RVT 2019\Templates...
机械样板	C:\ProgramData\Autodesk\RVT 2019\Templates...

图 7.5　“文件位置”面板

7.7 图元的选择有几种方式

在 Revit 软件中，一般有三种选择图元的方式：点选、左框选和右框选。

(1) 点选：单击某个图元即可选中；

(2) 左框选：(在绘图区空白处) 单击并拖动鼠标，从左至右绘制的窗口选择框具有实线边界，可以选中完全包含在窗口中的图元。

(3) 右框选：(在绘图区空白处) 单击并拖动鼠标，从右向左绘制的窗口选择框具有虚线边框，可以选中包含在窗口中以及与窗口边界交叉的图元。

7.8 属性栏中的类型属性有什么作用

在 Revit 软件中，图元属性分为两类：实例属性和类型属性。实例属性的参数调整仅影响图元自身，不影响相同族类型的其他图元。类型属性的参数修改会影响相同族类型的所有图元。为便于理解，基于“建筑样板”新建项目→进入“建筑”选项卡，单击“🗍 (柱：建筑)”工具→确认类型选择器中为“475mm×610mm (矩形柱)”，在平面视图中布置三根同类型的矩形柱→选择柱，并进入属性面板，设置如图 7.6 所示属性参数。可见，对于同类型的矩形柱，标高 (实例属性) 可设置不同，但材质 (类型属性) 完全一致。

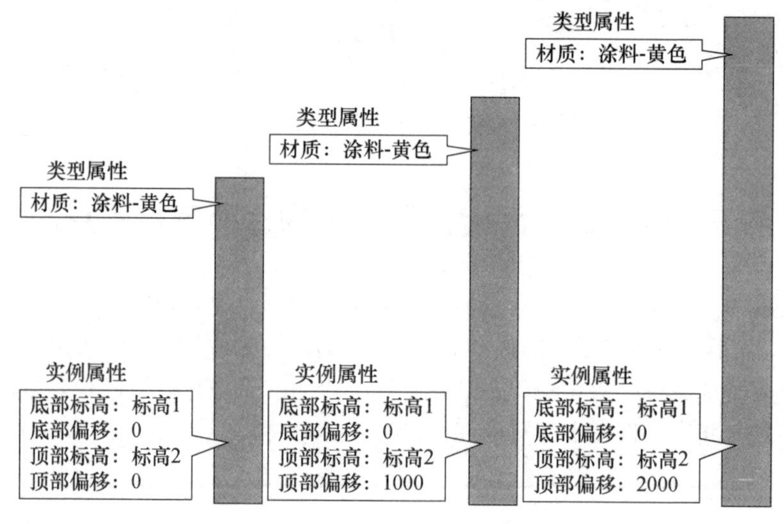

图 7.6　矩形柱 (475mm×610mm) 属性

7.9 选择轴线后，轴线端部附近出现的 3D 和 2D 有什么区别

选择轴线时，当附近显示为 3D 时，表明修改本轴线将同时影响其他标高的轴网；当附近显示为 2D 时，表明修改本轴线将不会影响其他标高的轴线；此功能可用于对不同标高的轴网进行不同设置。当 3D 切换为 2D 时，配合“修改 | 轴网”上下文选项卡

中的“影响范围”命令可以将轴线的修改应用到其他标高视图。

7.10 如何对项目浏览器中的楼层平面视图按标高降序排列

进入“项目浏览器”，右击“视图（全部）”→选择“浏览器组织”→单击“新建”→输入“按标高降序排列”，单击“确定”→弹出“浏览器组织属性”面板，进入“成组和排列”选项卡→成组条件选择“族与类型”，排序方式选择“相关标高”，选择“降序”→单击“确定”→选择“按标高降序排列”→单击“确定”，如图 7.7 所示。由于场地基础标高也是±0.000 平面，只不过视图显示方式设置得比较特殊而已，因此“场地”视图和“标高 1”排列在一起。

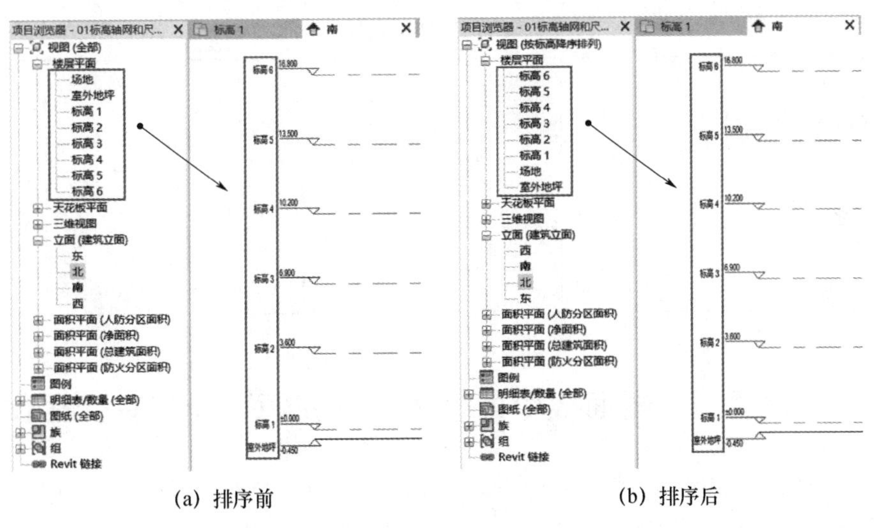

(a) 排序前　　　　(b) 排序后

图 7.7　视图排序

7.11 如何理解按“深度”绘制和按“高度”绘制墙体

墙体“快速访问属性栏”上的“深度”和“高度”，以及“实例属性”中“底部约束”“底部偏移”“顶部约束”和“顶部偏移”等参数控制的是从平面视图所在标高向上还是向下绘制墙模型。图 7.8 显示了在“标高 2”楼层平面中绘制的 6 片墙体，由于楼层平面实例属性中默认设置了“底图”为“标高 1”，因此 1～3 号墙体依然显示出其轮廓线，而 4～6 号墙体显示正常。图 7.9 显示了墙使用不同高度或深度设置创建的 6 面墙的立面图，并显示了修改标高前后的墙体。表 7.1 显示了墙体的具体属性。

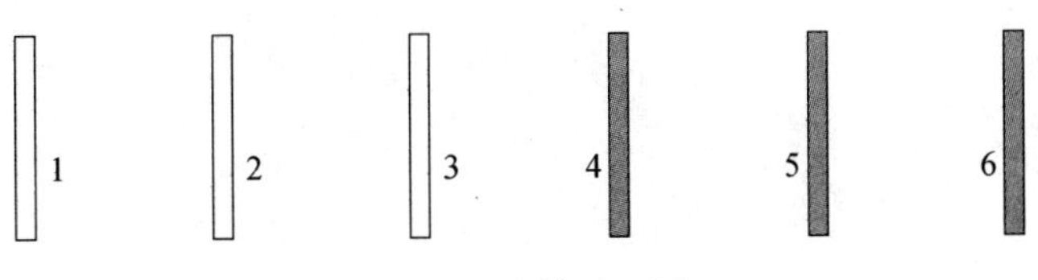

图 7.8　墙体平面图

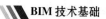

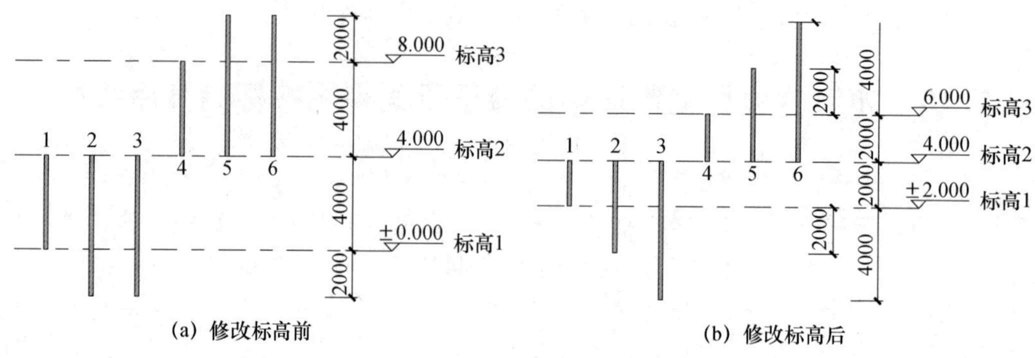

图 7.9 墙体立面图

表 7.1 墙体属性

属性	墙 1	墙 2	墙 3	墙 4	墙 5	墙 6
楼层平面（工作平面）	标高 2	标高 2	标高 2	标高 2	标高 2	标高 2
深度/高度	深度	深度	深度	高度	高度	高度
连接标高	标高 1	标高 1	未连接	标高 3	标高 3	未连接
底部偏移	0	-2000	-6000	—	—	—
顶部偏移	—	—	—	0	2000	6000

7.12 材质浏览器面板中的“复制此资源”功能有什么作用

通过“外观”面板中的“复制此资源”工具，可以避免两个材质相互干涉。即为了防止某一资源的材质参数被修改后，不影响其他使用同一资源的材质显示效果。例如，在材质浏览器中，创建名为“白色面漆”的材质，并复制出“白色面漆（1）”，是否使用“复制此资源”工具的区别在图 7.10 和图 7.11 中显而易见。

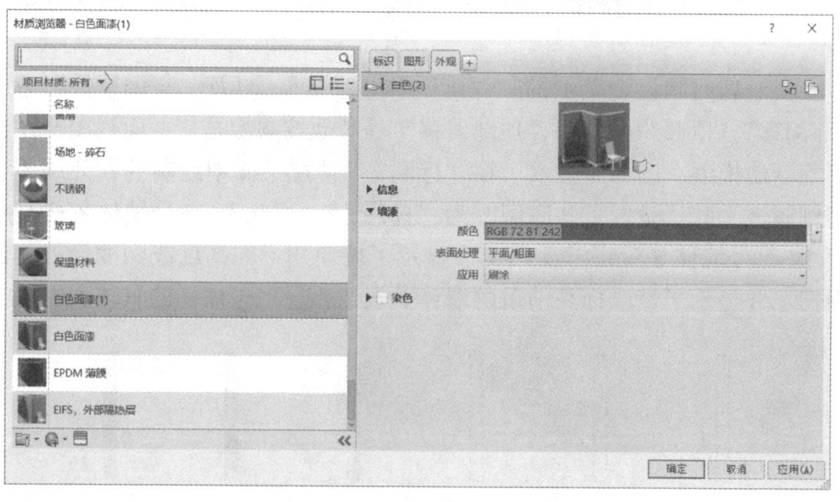

图 7.10 未使用“复制此资源”

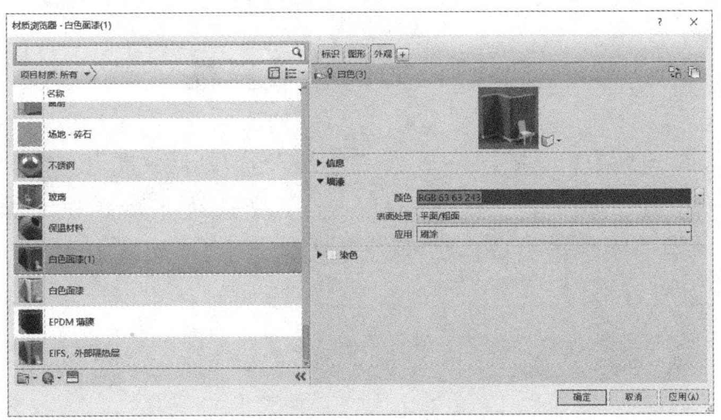

图 7.11 使用“复制此资源”

7.13 为何材质浏览器中有些资源带黄色标志

带有图标的，表示这个资源是旧资源，不带有图标的，表示这个资源是新资源，渲染效果更出色。因此，建议读者在选择材质的时候尽量使用新资源，以获得更逼真的渲染效果。Revit 软件不仅提供了外观库，也提供了物理资源。外观库资源使材质具有真实的外观和行为，如反射率和表面纹理；物理资源使材质具有能够支持工程分析的物理属性、屈服强度和热传导率。建议读者应根据实际需要选择外观库资源或者物理资源。

7.14 为什么在平面视图中不显示剖面符号

创建好剖面视图后，若再将视图比例设置为更大值，Revit 软件将不再显示该剖面符号。例如，在“标高 1”平面视图中，修改视图比例为“1∶101”，并创建“剖面 1”。再次修改视图比例为“1∶100”，然后创建“剖面 2”。随后，当修改视图比例为 1∶100 时，“剖面 1”和“剖面 2”符号当然会全部显示；当修改视图比例为 1∶101 时，“剖面 2”符号不显示；当修改视图比例为 1∶102 时，“剖面 1”和“剖面 2”全部不显示，如图 7.12 所示。若希望剖面符号始终显示，解决办法是：选择相应剖面符号，进入其属性面板，并修改“当比例粗略度超过下列值时隐藏”参数值为一个较大的比例（如 1∶1000）即可。

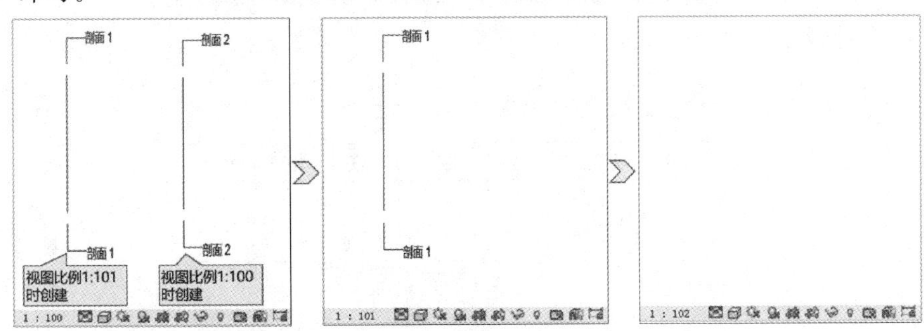

图 7.12 不同视图比例下剖面符号的显示与隐藏

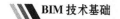

7.15　如何布置斜柱

进入“标高 1”楼层平面视图→进入“建筑”选项卡→展开“柱”下拉列表，选择“结构柱”→进入“修改｜放置结构柱”上下文选项卡，单击“放置”面板中的“斜柱”→设置“第一次单击：1F”，“第二次单击：2F”，如图 7.13 所示→在绘图区域中分别单击两次以放置斜柱。

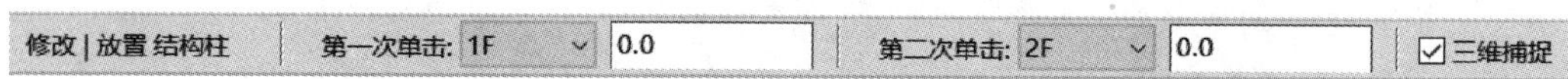

图 7.13　快捷属性栏中的“斜柱”属性

7.16　如何利用“类型名称”进行窗的标记

布置标记族：进入“注释”选项卡→进入“标记”功能区→单击“（全部标记）”图标→弹出“标记所有未标记的对象”对话框→点选“窗标记”和“门标记”两个类别，如图 2.64 所示→单击“确定”，所有的门窗已经做了标记。

注意：此时的标记并不是“类型名称”，而是“类别标记”，这需要对标记族进行修改。

修改标记族：单击任一窗的标注，进入“修改｜窗标记”上下文选项卡→单击“编辑族”，如图 7.14 所示→进入编辑族环境→单击“1t”标签，进入“修改｜标签”上下文选项卡→单击“编辑标签”，如图 7.15 所示→弹出“编辑标签”对话框→添加“类型名称”，并移除“类型标记”，如图 7.16 所示→单击“确定”→返回“修改｜标签”上下文选项卡，单击“载入到项目”→弹出“族已存在”对话框，单击“覆盖现有版本”。所有之前标记的内容已经显示为“类型名称”对应内容。

注意：选择任一“标记”后，按空格键可以旋转其方向，“上下左右”键可以控制位置，请读者自行调整标记方向和位置，使视图符合排版要求。

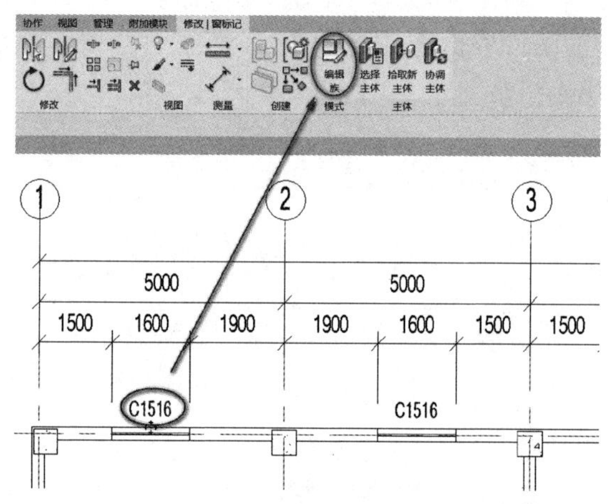

图 7.14　使用“编辑族”工具（注释标记）

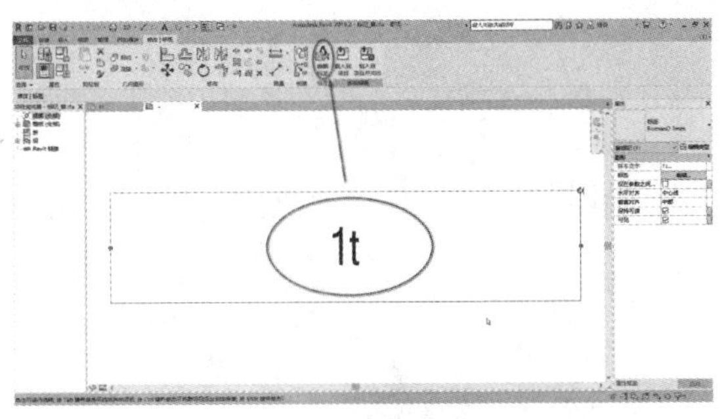

图 7.15 “编辑标签”工具

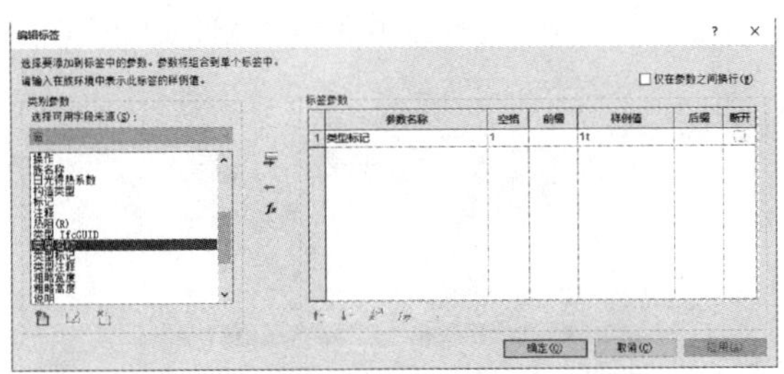

图 7.16 “编辑标签”面板

7.17 房间工具标注和文字工具标注有什么区别

对房间进行文字标注的方法有两种：房间工具标注和文字工具标注。利用前者可统计房间面积、周长等数据，后者则没有此功能。文字工具标注操作步骤是：进入“注释”选项卡→单击“**A**（文字）”工具图标→在视图中单击完成文本框的放置，输入文字→在空白处单击即可完成。

7.18 材质等属性的命名有什么要求

《建筑信息模型设计交付标准》（GB/T 51301—2018）中关于属性的命名方式推荐为：字段内部组合使用半角连字符“-”，字段之间使用半角下画线“ _ ”分隔，且各字符之间、符号之间、字符与符号之间均不宜留空格。

7.19 嵌板对象无法直接找到属性面板该如何创建和编辑

对于幕墙嵌板、栏杆扶手嵌板等不容易直接通过选择对象找到属性面板进行创建和编辑的，往往可在项目浏览器中搜索找到并编辑。以栏杆扶手嵌板为例：进入项目浏览器→右击“族”→选择“搜索”（或 Ctrl＋F 键）→弹出搜索对话框，输入“嵌板”→单击“下一步”，直到在项目浏览器中找到栏杆扶手嵌板，如图 7.17 所示→展开后，双击“800mm”，即可弹出“类型属性”面板→读者可自行创建“栏杆玻璃-800”，如

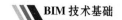

图 7.18所示。

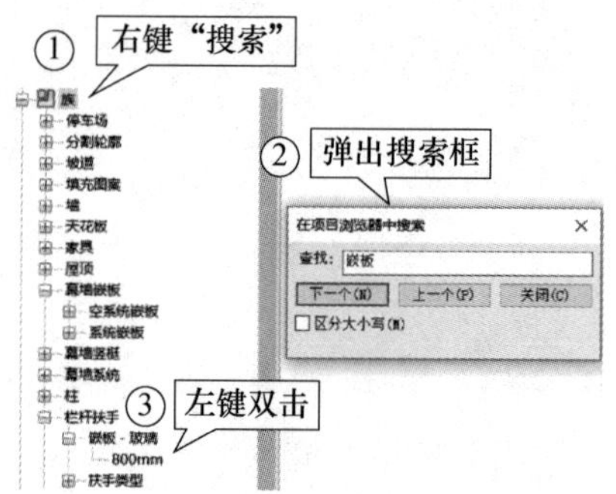

图 7.17　项目浏览器中搜索“族”效果图

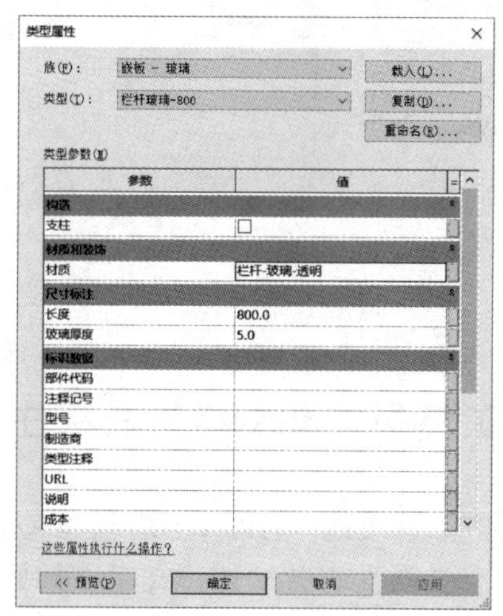

图 7.18　栏杆扶手嵌板类型属性设置图

7.20　如何将第三方三维软件的模型导入到 Revit 中

进入“插入”选项卡→单击“导入 CAD”→弹出“导入 CAD 格式”面板→打开“文件类型”，选择相应格式文件。

注意：Revit 支持 SketchUp、Rhino 等主流软件的原生格式，但导入到 Revit 中往往丢失材质且无法再次赋予材质。目前较好的解决办法是将“.dxf”格式导入 Revit 软件，然后在“材质浏览器”面板中修改随着“.dxf”文件一起导入的材质，这些材质一般被命名为“渲染材质+随机编码”。

7.21　创建楼板时，楼板边界应该绘制在外墙的内层还是外层

在建筑专业创建信息模型时，应当根据实际工程的具体设计方案确定楼板边界。若无特别说明，习惯上将外墙核心层作为楼板边界，待后期布置梁结构模型时再精准确定

楼板边界。

7.22 楼层平面视图中为什么不需要设置工作平面

Revit 软件中的工作平面是一个用作视图或绘制图元起始位置的虚拟二维平面。每个视图都与工作平面相关联。例如，平面视图与标高相关联，标高即为水平工作平面，通常无须另外指定工作平面；立面视图与垂直工作平面相关联，因此只能指定垂直工作平面。除平面视图以外，在其他视图（如立面视图和剖面视图）中，常须设置工作平面。指定新的工作平面，实质就是将图元与工作平面进行锁定。

7.23 如何设置结构柱的偏心

Revit 默认的临时尺寸标注界线范围是从柱中到轴线，当结构柱被居中布置在轴线交点位置时，临时尺寸标注则不会出现。读者可以“故意”布置一根偏心柱，然后通过调节尺寸界线上的“拖曳点”来控制临时尺寸标注界线所处的位置，而设置结构柱的偏心，通常有以下两种方法：

方法 1：放置一个非居中布置柱后，会默认显示临时尺寸标注（柱中到轴线），输入相应的偏心数值即可，如图 7.19 所示。

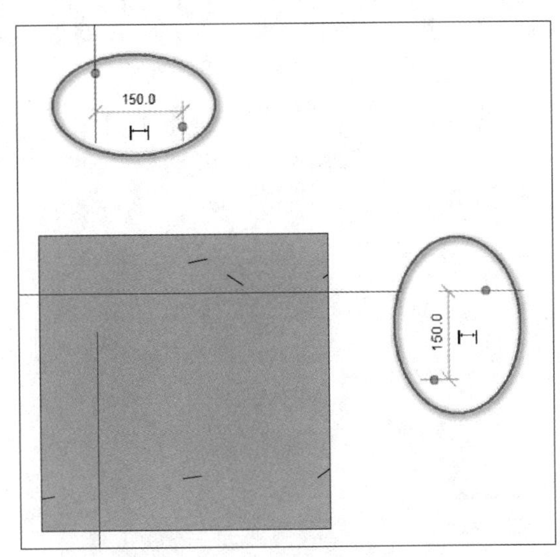

图 7.19 偏心柱的临时尺寸修改效果图

方法 2：放置一个居中布置的柱→单击“ （对齐尺寸标注）”命令→依次点选轴线和柱边进行标注→再次选择柱，此时尺寸数字变小→单击变小的尺寸数字即可修改。

注意：由于柱中线与轴线重合，在进行尺寸标注时，一定不能将原本应标注为“轴线”和“柱边”的尺寸错误地标注为“柱中线”和“柱边”尺寸；否则标注尺寸将无法修改，如图 7.20 所示。

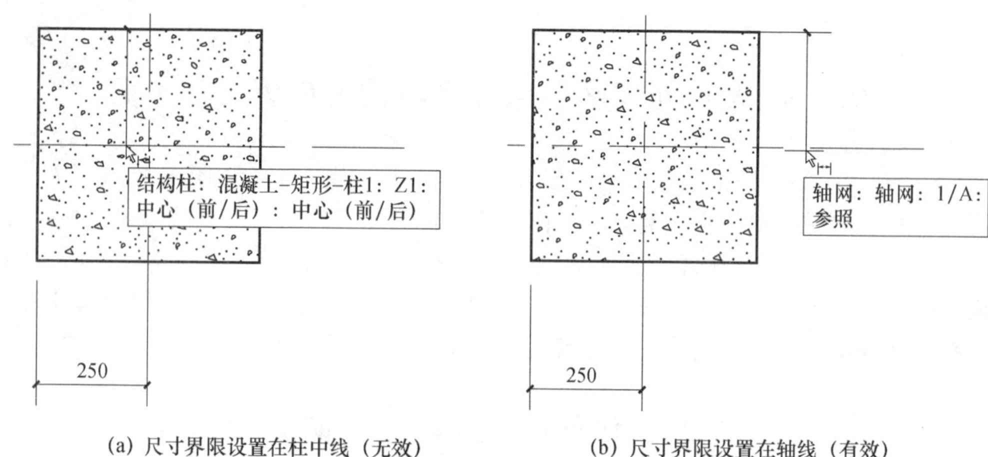

(a) 尺寸界限设置在柱中线（无效）　　(b) 尺寸界限设置在轴线（有效）

图 7.20　偏心柱的注释尺寸修改效果图

7.24　Revit 模型做好后能否更改项目样板

项目在新建之后，其使用的项目样板将不可以被直接更改。但根据不同使用目的，实践中可以采取一些变通的方法。以基于“结构样板”的项目转“建筑样板”为例。

方法 1（复制图元）：打开基于“结构样板”的项目（项目 1），进入三维视图，复制所有图元→新建一个基于“建筑样板”的空白项目（项目 2），粘贴所有图元即可。

方法 2（传递标准）：进入项目 2 的“管理”选项卡→单击“传递项目标准”工具（保持项目 1 为打开状态）→弹出“选择要复制的项目”面板→确认“复制自：项目 1.rvt”，单击“确定”。如图 7.21 所示。

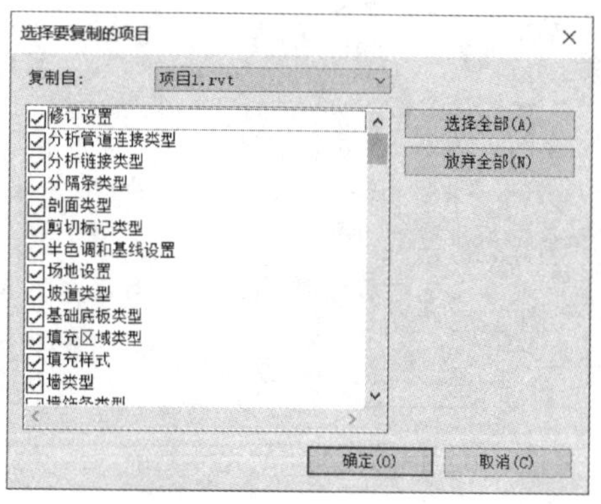

图 7.21　传递项目标准

7.25　“机械样板”中创建的标高无法进入“卫浴”视图规程

基于“机械样板”创建新项目，进入“南-卫浴”立面视图→通过复制“标高 2”创建“标高 3”→进入“视图”选项卡，单击“平面视图”工具→选择“楼层平面”，单击“确定”→进入项目浏览器，单击“标高 3”→进入“属性”面板中，修改“视图样板：卫浴平面”（或修改“视图样板：无”，设置“规程：卫浴”和“子规程：卫浴”）→单击“确定”即可（图 7.22）。

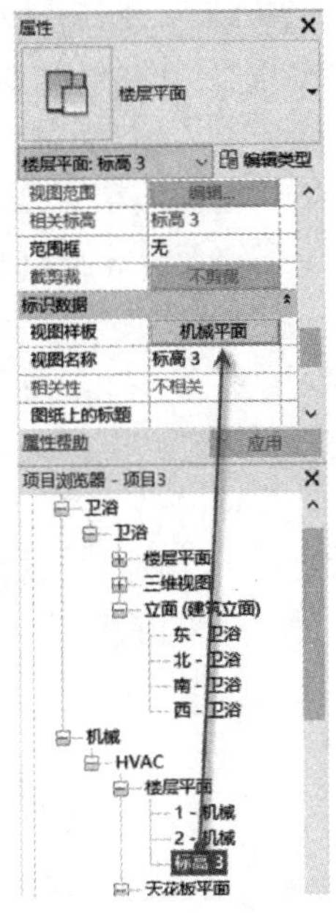

图 7.22　修改视图样板

7.26　如何将链接的 DWG 图纸与 Revit 轴网进行重合

（1）水平方向轴线对齐：将 DWG 轴网①轴对齐至 Revit 轴网①轴。

（2）竖直方向对齐：将 DWG 轴网Ⓐ轴对齐至 Revit 轴网Ⓐ轴。

7.27　连接两根管道有什么快捷方法

利用“修剪/延伸为角”工具或“修剪/延伸单个图元”工具最为快捷，可快速连接两根管道为 L 形或 T 形。

7.28　为什么对两根管道“修剪”后会连接失败

原因一：没有载入连接件。

原因二：角度太大或太小，导致预设的连接件不合适。

7.29　如何制作分解图（爆炸图），如何恢复为原状

分解：选择要移动的图元，单击上下文选项卡中的“（选择图元）”位移集→移

动图元上的坐标轴，即可对模型进行分解。

还原：选择被移位的对象→单击上下文选项卡中的“（重置）”。

7.30 以“机械样板”新建项目后，类型为“循环供水”的管道不可见

在默认的“1-卫浴”平面视图或“三维卫浴”三维视图中绘制系统类型为“循环供水”的管道时均提示不可见（其他类型的管道无此问题）。考虑到视图可见性一般受三方面因素控制：可见性/图形替换、视图范围以及规程。一般情况下，模型在三维视图中不可见，则可以排除“视图范围”因素。另外，由于修改“规程”也不起作用，因此“规程”因素也可以排除。那么问题可能依然是由“可见性/图形替换”引起的，进入“卫浴的可见性/图形替换”面板，勾选“模型类别”选项卡中所有模型项目依然无效。因此，打开“过滤器”选项卡，发现一个名称为“循环”（基于循环类型创建）的过滤器（图 7.23），尝试勾选其“可见性”或删除这个过滤器，单击“确定”，问题即可解决。

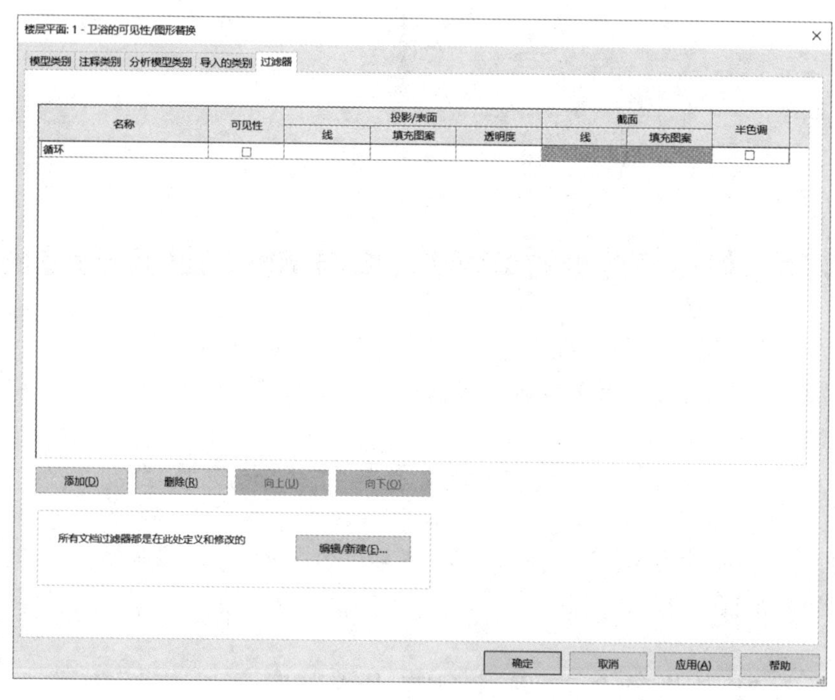

图 7.23 可见性过滤器（默认）

7.31 不同选项卡中的相同图标，其功能是否相同

Revit 软件在早期版本中，建筑专业、结构专业和 MEP（即水暖电系统，简称系统）专业被设计成相互独立的软件，后来这些专业模块被合并设计成为一款综合软件，合并后就难免在三个专业选项卡中出现相同的工具，例如建筑选项卡中的“（楼

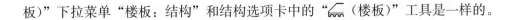

板)”下拉菜单“楼板：结构”和结构选项卡中的“（楼板）”工具是一样的。

7.32 如何修改尺寸标注界线的方向

在进行尺寸标注时，尺寸界线的指向往往跟自己期望的方向不一致，如图 7.24（a）所示，本书提供两种方法供读者参考。

方法 1：选择尺寸标注，此时每根尺寸界限上均出现两个“拖曳点”，按住鼠标左键拖动尺寸界线端部的“拖曳点”往相反的方向拖动即可。

方法 2：选择尺寸标注→进入属性面板，单击“编辑类型”→进入类型属性面板，修改“标注字符串类型：纵坐标”，单击“确定”→返回绘图区，单击尺寸界线上的“翻转按钮”，如图 7.24（b）所示→再次进入类型属性面板，修改“标注字符串类型：连续”，单击“确定”。

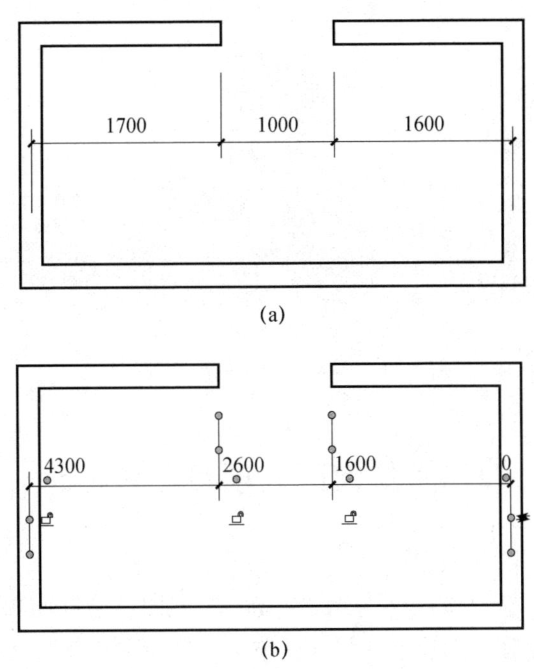

图 7.24 调整尺寸界线方向

7.33 如何理解钢筋的三个放置平面

在创建构件剖面后，进入其“剖面”视图创建钢筋，软件提供三种放置平面（钢筋被放置的平面）方式，即当前工作平面（剖切面）、近保护层参照（垂直剖切面向外的保护层位置）、远保护层参照（垂直剖切面向里的保护层位置）。我们在 3—3 剖面图（图 7.25）中通过这三种方式分别布置三根钢筋，得到了三个不同的钢筋布置位置，如图 7.26 所示。

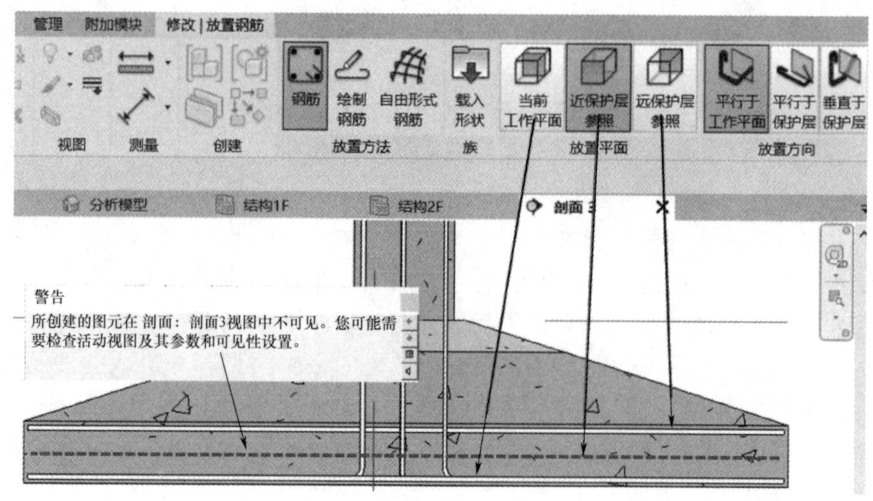

图 7.25　3—3 剖面图

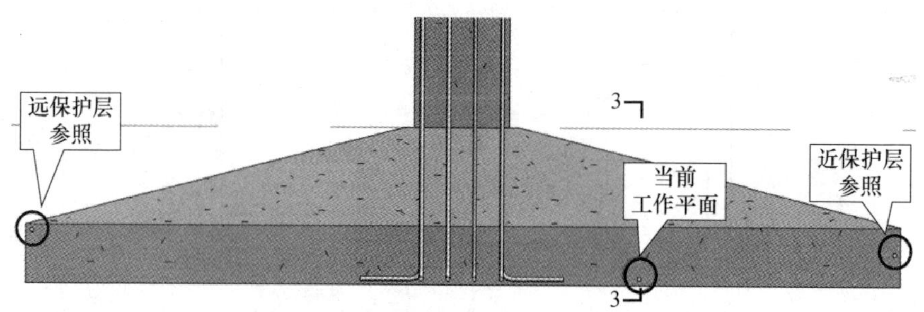

图 7.26　垂直剖面方向的立面视图

7.34　如何区别项目北和正北

（1）项目北（绘图区的上方）

基于“建筑样板”新建项目→进入“标高 1”视图，绘制如图 7.27（a）所示的箭头形状墙体→进入“管理”选项卡→位置→单击“旋转项目北”→弹出“旋转项目”面板，单击“顺时针 90°”→模型如图 7.27（b）所示。结果显示：平面视图中的模型顺时针旋转了 90°，但是模型所指向的北方保持不变。可以理解为实际手工制图的图纸沿顺时针方向旋转 90°后，图纸上的图元当然也随之发生旋转，而模型所指的北方当然也不发生改变。

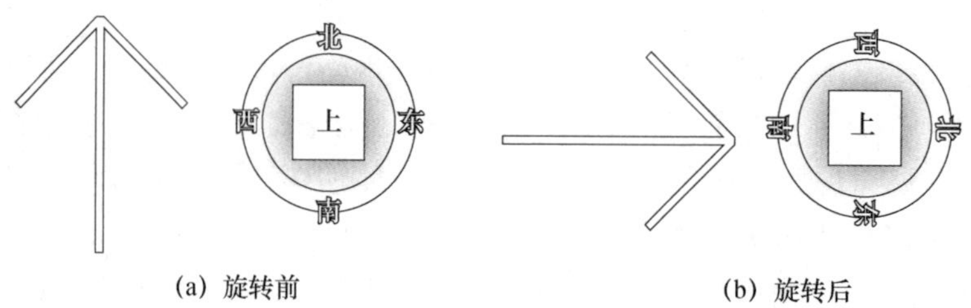

(a) 旋转前　　(b) 旋转后

图 7.27　“项目北”顺时针旋转 90°前后示意图

（2）正北（真实世界的北）

基于“建筑样板”新建项目→进入“标高 1”视图，绘制如图 7.28（a）所示的墙体→进入实例属性面板，修改“方向：正北”→进入“管理”选项卡→位置→单击“旋转正北”，通过顺时针旋转起始线至 90°→模型如图 7.28（b）所示→进入实例属性面板，修改“方向：正北”。结果显示：平面视图中的模型顺时针旋转了 90°，模型指向也从“北”指向了“东”。

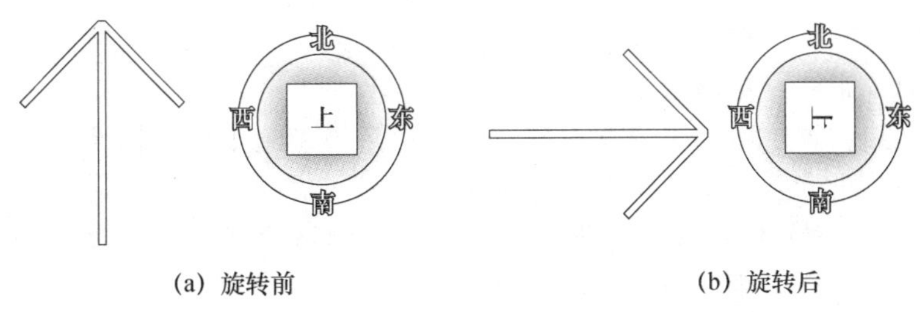

(a) 旋转前　　(b) 旋转后

图 7.28　“正北”顺时针旋转 90°前后示意图

7.35　Twinmotion 2022 无法使用 Path Tracer 怎么办

Twinmotion 软件工作流程简洁，操作顺畅，版本更新节奏较快。Twinmotion 2022 版软件增加支持了 Path Tracer（路径追踪器）和 HDRI 天空球功能，极大地提升了可视化成果输出的效果。但由于路径追踪器需要 Windows DirectX 12 和支持 DXR 实时光线追踪的 GPU（8G 以上显存），在计算机配置不满足上述要求的情况下，默认无法正常使用 Path Tracer。若计算机配置不足但显卡兼容 DirectX 12，也可强行开启 Path Tracer 功能，但这会导致软件运行不稳定。开启方法如下：

按 Ctrl＋P 组合键，进入偏好设置面板→按图 7.29 选择“DirectX 12”→重启软件后即可强行开启 Path Tracer 功能。工具面板将发生如图 7.30 显示的变化。不仅如此，Twinmotion 2022 版软件也增加了整体坐标系与局部坐标系的切换、枢轴编辑等工具，极大地提升了软件的操作效率。2021 版和 2022 版的 Twinmotion 软件与 Revit 协同工作流程一致，读者可根据计算机实际配置情况选择适合的软件版本。

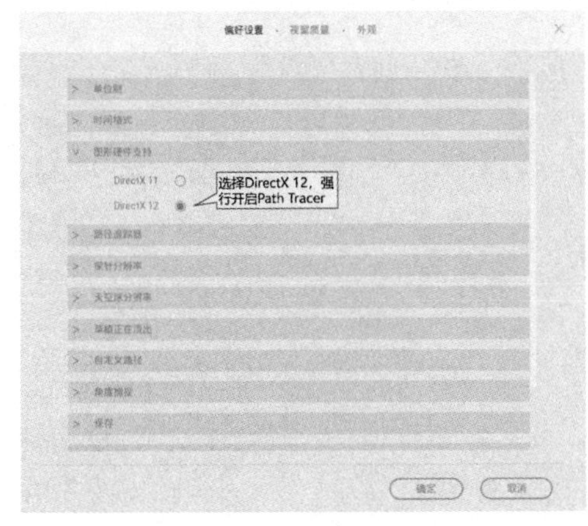

图 7.29　在偏好设置面板中选择“DirectX 12”

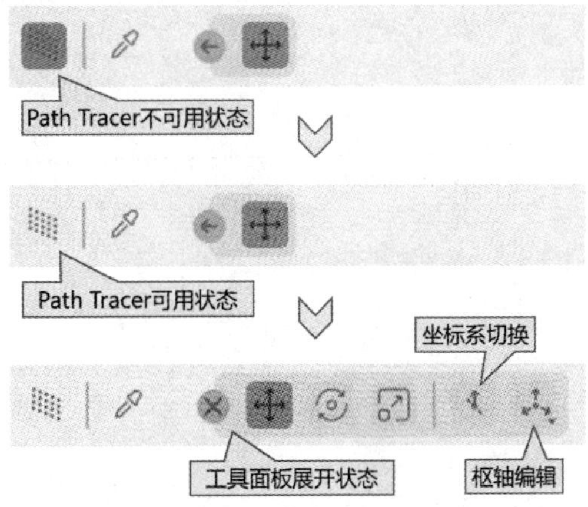

图 7.30　Twinmotion 2022 快捷工具面板

参考文献

［1］中华人民共和国住房和城乡建设部．建筑信息模型应用统一标准：GB/T 51212—2016［S］．北京：中国建筑工业出版社，2017.

［2］中华人民共和国住房和城乡建设部．建筑信息模型施工应用标准：GB/T 51235—2017［S］．北京：中国建筑工业出版社，2018.

［3］中华人民共和国住房和城乡建设部．建筑信息模型分类和编码标准：GB/T 51269—2017［S］．北京：中国建筑工业出版社，2018.

［4］中华人民共和国住房和城乡建设部．建筑信息模型设计交付标准：GB/T 51301—2018［S］．北京：中国建筑工业出版社，2019.

［5］中华人民共和国住房和城乡建设部．制造工业工程设计信息模型应用标准：GB/T 51362—2019［S］．北京：中国计划出版社，2019.

［6］黄强．论 BIM［M］．北京：中国建筑工业出版社，2016.